全国"新标准"学前教育专业系列

# 学前儿童发展心理学

主　编 ◎ 张丽丽　高乐国
副主编 ◎ 王　娟　贾素宁
参　编 ◎ 王来圣　张露丹　李　鹏
　　　　 杜青芬　杜召荣

华东师范大学出版社
·上海·

图书在版编目(CIP)数据

学前儿童发展心理学/张丽丽,高乐国主编. —上海:华东师范大学出版社,2016

全国新标准学前教育专业系列
ISBN 978-7-5675-5365-1

Ⅰ.①学… Ⅱ.①张…②高… Ⅲ.①学前儿童-儿童心理学-发展心理学-幼儿师范学校-教材 Ⅳ.①B844.12

中国版本图书馆 CIP 数据核字(2016)第 238130 号

## 学前儿童发展心理学

| 主　　编 | 张丽丽　高乐国 |
|---|---|
| 项目编辑 | 蒋　将 |
| 特约审读 | 郑　月 |
| 特约校对 | 邓华琼 |
| 装帧设计 | 俞　越 |

| 出版发行 | 华东师范大学出版社 |
|---|---|
| 社　　址 | 上海市中山北路3663号　邮编 200062 |
| 网　　址 | www.ecnupress.com.cn |
| 电　　话 | 021-60821666　行政传真 021-62572105 |
| 客服电话 | 021-62865537　门市(邮购)电话 021-62869887 |
| 地　　址 | 上海市中山北路3663号华东师范大学校内先锋路口 |
| 网　　店 | http://hdsdcbs.tmall.com |

| 印 刷 者 | 常熟市大宏印刷有限公司 |
|---|---|
| 开　　本 | 787×1092　16开 |
| 印　　张 | 15.5 |
| 字　　数 | 342千字 |
| 版　　次 | 2016年9月第1版 |
| 印　　次 | 2021年1月第6次 |
| 书　　号 | ISBN 978-7-5675-5365-1 |
| 定　　价 | 34.00元 |

出版人　王　焰

(如发现本版图书有印订质量问题,请寄回本社客服中心调换或电话021-62865537联系)

# 前　言

《学前儿童发展心理学》是面向学前教育专业学生和幼儿园一线教师编写的一本学前教育教材。根据本教材使用群体的特点，在编写过程中，我们既重视基础理论，又注重实践应用。一方面突出基础性的特点，将各单元内容的组织以学前儿童心理发展的基础知识和基本理论作为主线，力求全面呈现学前儿童心理发展的规律和特点，并为后续课程的学习做好知识储备；另一方面，突出了实践性的特点，对学前儿童的心理现象和特点分析深入浅出，多用案例和事件解读心理学知识，旨在教会学习者如何观察、分析幼儿行为，为解决教育教学中的实际问题提供理论指导和实践帮助，强化读者应用能力的培养。

全书共分为十三个单元，主要阐述了学前儿童心理发展的基本规律和各年龄阶段儿童心理发展的特征，着重介绍了各年龄阶段儿童心理的整体面貌，揭示了儿童心理发展的内部矛盾及其在各个发展阶段的不同表现。主要内容包括：绪论，学前儿童心理发展的年龄特征，学前儿童注意的发展，学前儿童感知觉的发展，学前儿童记忆的发展，学前儿童想象的发展，学前儿童思维的发展，学前儿童言语的发展，学前儿童情绪情感的发展，学前儿童意志的发展，学前儿童个性的发展，学前儿童社会性的发展，学前儿童发展心理学主要理论流派。教材的每一单元分别由"学习目标"、"基础理论"、"实践实训"、"思考与练习"等四部分构成。

本书由张丽丽、高乐国担任主编，王娟、贾素宁担任副主编。各章编写分工为：单元一、单元七由高乐国编写；单元二由王来圣编写；单元三由张露丹编写；单元四由杜青芬编写；单元五由李鹏编写；单元六、单元十二由贾素宁编写；单元八由杜召荣编写；单元九、单元十由王娟编写；单元十一、单元十三由张丽丽编写。

由于我们水平有限，书中所存在的疏漏和不当之处，敬请读者批评指正。

# 目录

单元一 绪论 ·················································· 1
 一、学前儿童发展心理学的研究对象 ················· 1
 二、学前儿童心理发展研究的意义 ····················· 5
 三、学前儿童心理发展的影响因素 ····················· 6
 四、学前儿童心理发展的特点 ·························· 11
   单元习题及答案 ····································· 14

单元二 学前儿童心理发展的年龄特征 ················ 15
 一、学前儿童心理发展年龄特征概述 ················· 15
 二、新生儿的发展 ·········································· 20
 三、乳儿期的发展 ·········································· 24
 四、先学前期的发展 ······································· 31
 五、学前期的发展 ·········································· 35
   单元习题及答案 ····································· 44

单元三 学前儿童注意的发展 ····························· 45
 一、注意的基本概念 ······································· 45
 二、学前儿童注意的发展 ································ 48
 三、学前儿童注意的培养 ································ 53
   单元习题及答案 ····································· 59

单元四 学前儿童感知觉的发展 ························· 60
 一、感知觉发展概述 ······································· 60
 二、学前儿童感觉的发展 ································ 65
 三、学前儿童知觉的发展 ································ 71
   单元习题及答案 ····································· 78

单元五 学前儿童记忆的发展 ····························· 79
 一、记忆概述 ················································ 79
 二、学前儿童记忆发展的特点 ·························· 84
 三、学前儿童记忆的培养 ································ 88
   单元习题及答案 ····································· 92

单元六 学前儿童想象的发展 ····························· 93
 一、学前儿童想象发展概述 ····························· 93
 二、学前儿童想象的发展特点 ·························· 98

三、学前儿童的想象与现实 …………………………………… 103
　　四、学前儿童想象力的培养 …………………………………… 104
　　　　单元习题及答案 …………………………………………… 106

## 单元七　学前儿童思维的发展 …………………………………… 107
　　一、思维概述 …………………………………………………… 107
　　二、学前儿童思维发展概述 …………………………………… 110
　　三、学前儿童思维发展的一般特点 …………………………… 112
　　四、学前儿童概念的发展 ……………………………………… 115
　　五、学前儿童判断和推理的发展 ……………………………… 118
　　六、学前儿童理解的发展 ……………………………………… 122
　　　　单元习题及答案 …………………………………………… 124

## 单元八　学前儿童言语的发展 …………………………………… 125
　　一、学前儿童言语发展概述 …………………………………… 125
　　二、学前儿童言语的发展 ……………………………………… 128
　　三、学前儿童口头言语的发展 ………………………………… 131
　　四、学前儿童言语能力培养 …………………………………… 136
　　　　单元习题及答案 …………………………………………… 139

## 单元九　学前儿童情绪情感的发展 ……………………………… 140
　　一、学前儿童情绪情感发展概述 ……………………………… 140
　　二、学前儿童情绪情感的发生和发展 ………………………… 142
　　三、学前期基本情绪和高级情感的发展 ……………………… 146
　　四、学前儿童情绪情感的培养 ………………………………… 152
　　　　单元习题及答案 …………………………………………… 155

## 单元十　学前儿童意志的发展 …………………………………… 156
　　一、意志概述 …………………………………………………… 156
　　二、学前儿童意志的发生和发展 ……………………………… 159
　　三、学前儿童意志力的培养 …………………………………… 161
　　　　单元习题及答案 …………………………………………… 163

## 单元十一　学前儿童个性的发展 ………………………………… 164
　　一、个性发展概述 ……………………………………………… 164
　　二、学前儿童个性的形成与发展 ……………………………… 166

三、学前儿童自我意识的发展 …………………………………… 166
四、学前儿童个性倾向性的发展 ………………………………… 173
五、学前儿童气质的发展 ………………………………………… 178
六、学前儿童性格的形成与发展 ………………………………… 181
七、学前儿童能力的发展 ………………………………………… 187
八、学前儿童个性的评价 ………………………………………… 191
　　单元习题及答案 ……………………………………………… 196

**单元十二　学前儿童社会性的发展** ………………………………… 197
一、学前儿童社会性发展概述 …………………………………… 197
二、学前儿童的亲子交往 ………………………………………… 198
三、学前儿童的同伴交往 ………………………………………… 205
四、学前儿童的社会性行为 ……………………………………… 209
　　单元习题及答案 ……………………………………………… 215

**单元十三　学前儿童发展心理学主要理论流派** …………………… 216
一、西方学前儿童心理研究 ……………………………………… 216
二、中国学前儿童心理研究发展概况 …………………………… 234
　　单元习题及答案 ……………………………………………… 237

**综合练习题及答案（共十一套题）** ………………………………… 238

**参考文献** …………………………………………………………… 239

# 单元一 绪 论

**学习目标**

1. 了解心理学所研究的心理现象的主要构成;
2. 理解并掌握心理的实质、儿童心理发展的特性和儿童心理发展的一般趋势;
3. 在实践中能够对影响儿童心理发展的因素作出判断和分析;
4. 明确"学前儿童发展心理学"在专业学习中的意义,强化学好本课程的意识。

**基础理论**

学前儿童发展心理学是心理学的一个研究分支,是构成一名幼儿教师专业知识的重要组成部分。通过学习,掌握不同年龄幼儿身心发展特点和规律,了解幼儿在发展水平、速度与优势领域等方面的个体差异,可以为学前儿童的保育和教育工作提供心理学的依据。

## 一、学前儿童发展心理学的研究对象

**(一) 心理学的研究对象**

1. 心理的实质与分类

(1) 心理的实质

人的心理现象丰富多彩,复杂而奇妙。人有心理,动物也有心理,但人的心理与动物的心理有着本质的不同。人的心理现象也不同于物理、化学现象,虽然心理的发展变化也有一定的规律,但它发生于人的内心世界。自古以来人们对于心理现象的研究一直没有停止过,一些心理学专家也对心理现象的实质进行过描述,但没有形成统一的认识。直到近代,随着科学的发展和辩证唯物主义的出现,人们对心理现象的实质有了比较准确、客观的描述。概括起来说,心理是人脑对客观现实主观能动的反映。

① 心理是人脑的机能

人脑是心理产生的器官,心理是脑的机能。不以大脑为载体的心理是不存在的,正常发育的大脑为心理的发展提供了物质基础。心理是物质发展到高级阶段的属性。心理现象是动物在适应环境的活动过程中,随着神经系统的产生而出现,并随着神经系统的不断发展和完善,由初级到高级逐步发展和完善的。一个人如果生来脑发育严重不健全,那么即使经过极大的努力,也很难达到正常人的心理水平。儿童的心理是在大脑发育的基础上发展的,儿童的脑还没有发育成熟,不能有和成人一样的心理。经过现代科学研究的证明,"心理是人脑的机能"已经成为一种常识。

② 心理是对客观现实的反映

客观现实是心理产生的源泉,只有当客观现实作用于人脑时,人脑才产生心理。各种心理现象就是人脑对客观现实反映的不同形式。即使是一个发育正常的个体,一旦离开人类社会,其心理的发展也无从谈起。人只有生活在社会里,生活在一定的社会关系中,不断与他人、环境相互交往和作用,从社会和环境中接受影响,汲取知识,掌握生活方式和技能,发展能力,形成自己的理想、信念和性格,才能适应社会生活。

③ 心理的反映具有主观能动性

人的心理是人脑对客观现实的反映,但不是消极、被动地反映,而是在实践活动中积极地、主动地、有选择地反映现实和作用于现实。每个人的成长经历、兴趣爱好、知识修养和个性特点各不相同,因此对于同一事物、现象的认识也各不相同。人的心理的能动性主要表现在以下几个方面:首先,人对现实的反映是具有目的性和选择性的。人既不是像镜子一样机械地反映客观事物,也不像动物一样消极、被动地适应环境,而是有目的有选择地反映人类需要的事物;其次,人能认识事物的本质和规律。这是人与动物心理相区别的本质特征之一,人类不仅能够反映事物表面现象和外部联系,还能认识到事物的本质规律和内在联系,还可以推测过去,预测未来,反映出人类的心理活动具有巨大的自觉性;再次,心理的能动性还表现在人能通过意志努力来实现计划,能动地改造自然,改造人类社会,推动人类文明的发展;最后,心理的能动性还表现在人在认识世界和改造世界的同时,能够主动地认识自己,改造自己。

④ 心理是在实践活动中发生发展的

人的心理是对客观现实的反映,这种反映是在实践活动中进行的。人的实践活动越丰富,接触的事物越多,心理生活就越丰富。离开人的社会实践,就不可能有丰富的心理生活,甚至没有人的心理。人的心理反映就是在实践活动任务的要求下产生的。实践活动不断变化和发展,促使人的心理也随着实践活动而变化发展。人的心理不仅在实践活动中发生和发展,它也在实践活动中表现出来。人是否正确地反映了客观现实,也必须由实践来检验。

(2) 心理的分类

心理学上通常把心理现象分为心理过程和个性心理两大类。

① 心理过程。心理过程是指人的心理活动发生、发展和消失的过程,是指在客观事物的作用下,在一定时间内,大脑反映客观现实的过程,具有时间上的延续性。心理过程包括认识、情绪与情感和意志过程。

认识过程是指人脑对客观事物的现象、特性、意义及其本质的反映过程,是人脑对接收的信息进行加工的过程,它主要包括感觉、知觉、记忆、思维、想象等心理现象。人对世界的认识始于感知觉。通过感觉我们获取事物个别属性的信息,如颜色、亮度、声调、粗细等,通过知觉我们获得事物的整体属性,如一幢教学楼、一辆汽车、一名教师等。感知过的经验储存在头脑中,必要时还能提取出来,就是记忆。人不仅能够反映直接作用于感觉器官的客观事物,还能对客观事物进行间接和概括的反映,从而认识事物的本质和规律,这就是思维。此外,人还能够对头脑中储存的感知材料进行加工、组合,产生新的形象,这个过程就是想象。

情绪与情感过程是人们在实践活动中对客观事物能否满足自己需要而产生的态度和体验。它反映的是具有一定需要的主体与客体之间的关系。凡是能满足人的需要或符合人的愿望、观点的事物,就会引起人积极、肯定的情绪情感体验,相反则使人产生烦闷、厌恶等否定的情绪情感体验。快乐、愤怒、恐惧、悲伤、道德感、理智感、美感等都是情绪情感的表现形式。

意志过程指人们自觉地确定一定的目的,克服种种困难,力求实现预定目标的心理过程,它是人的积极能动性的集中体现。

认识过程、情绪情感和意志过程彼此之间不是孤立的,而是相互联系、相互作用的。认识过程是情绪情感和意志过程产生的基础,情绪情感对认识过程和意志行为会产生动力或阻力作用,同时意志过程又会反过来影响认识过程和情绪情感。

② 个性心理。个性心理是个体所具有的稳定的心理现象,是在完成一般心理过程后发展起来的,没有一般的心理过程的发生、发展,就不可能有个性心理的发生、发展。个性心理主要包括个性倾向性系统和个性心理特征系统两个方面。

个性倾向性是决定个体对事物的态度和行为的内部动力系统,是具有一定的动力性和稳定性的心理成分,它主要包括需要、动机、兴趣、理想、信念和世界观等。每个个体对客观世界的事物、事件都各有自己的倾向,人会根据这种倾向对客观事物作出有目的、有选择的反映。具有不同的理想、信念和世界观的人,对心理活动的组织和引导也是不同的。个性倾向性是个性心理的重要组成部分,是心理活动的动力源泉。

个性心理特征是个体社会活动中经常表现出来的本质的、稳定的心理特征。它主要包括能力、气质和性格,其中以性格为核心。个性心理特征影响着个体的行为举止,集中体现了人的心理活动的独特性。直接影响人的活动效率,使活动得以顺利进行的个性心理特征指的是能力,如有的人记得快、记得牢,而有的人记得慢、忘得快,表现出在认知方面的能力差异。人在心理活动或行为中表现出来的动力特征,如速度、强度、平衡性、稳定性、灵活性、指向性等就是人的气质。性格是指人对现实稳定的态度以及与之相适应的、习惯化了的行为方式的心理特征,例如有人勤劳勇敢,有人懒惰怯懦,有人坚韧果敢,有人优柔寡断。

心理过程和个性心理彼此密切联系构成整体。个性心理以心理过程为基础,没有心理过程,个性心理就无法形成。人的个性心理的形成和发展,是通过心理过程反映客观现实而逐渐定型化的结果,是个体社会化的过程。同时个性心理又影响着心理过程,并在心理过程中得以表现,使人的各种心理过程总是带有个人的色彩,如性格不同的人,其情感和意志的表现也不一样,性格坚毅者,更善于克制自己的情感,做事也更具坚持性,而性格软弱者,更容易产生消极的情感,遇到困难的时候也更容易放弃。

2. 心理学的概念与研究领域

心理学是一门研究人的心理现象及其发生、发展规律的科学。一直以来人们都力图对心理现象的本质作出科学的解释,直到19世纪以后,随着物理、化学和生物学的发展,许多学者开始用实验的方法来研究人的心理活动的特点和规律,人类对心理现象的认识才上升到了一个新的台阶。1879年,德国哲学家、生理学家冯特(1832—1920)在莱比锡大学创立了世界上第一个心理学实验室,采用实验手段研究人的心理现象,被公认为心理学诞生的标志。在世界各国心理学家的共同努力下,人们在心理现象的研究方面积累了大量的资料,提出了许多理论,心理学逐渐成为一门内容丰富、体系完整的学科。

目前心理学的研究成果已经深入到人类生活实践的各个领域,心理学的研究范围也越来越广泛,形成了众多的分支学科。根据研究的内容不同,大致可把心理学划分为基础性和应用性两大领域。基础性心理学研究的是心理科学的基础理论和基本方法,以及心理发生发展的基本问题,其研究的成果为应用研究提供理论和方法论的指导作用,并且不断提供新的知识资源。它主要包括普通心理学、实验心理学、比较心理学、发展心理学、社会心理学、生理心理学、认知心理学等。应用性心理学研究的是如何把基础性心理学所揭示出的基本规律应用于生活实践的各个方面,并进一步探索在各领域中心理活动的具体规律问题,与基础性心理学相比,更注重实用价值。它主要包括教育心理学、管理心理学、医学心理学、咨询心理学、军事心理学、消费心理学、运动心理学、法律心理学等。

(二) 学前儿童发展心理学的研究内容

学前儿童发展心理学是研究从出生到入学前儿童(0—6岁)心理特点和发展规律的科学。由于学前儿童处于人的心理发生和发展的初期,其心理的变化和发展与生理、动作、社会性活动等的发展是密不可分的,所以其研究也不仅仅局限于心理过程和个性心理两个方面,所涉及的内容是十分广泛的,主要包括:

1. 学前儿童生理、动作和活动的发展及个体心理的发生

生理的发展和成熟是学前儿童心理发展的生物学基础,学前儿童的心理伴随着生理机能,特别是脑和神经系统的日趋丰富而发展起来。出生后的第一年,儿童经历了人生第一次发育高峰,无论是身体还是神经系统,都发生着重要变化,生理的成熟给各种心理现象的发生和发展提供了最原始的条件。动作和活动的发展一方面促进着学前儿童心理的发展,另一方面也是心理发展水平的重要标志。儿童动作的发展和身体的发育是紧密相连的,两者的发展顺序类似。学前儿童的活动主要包括游戏、学习及生活活动等,儿童在这些活动中成长和发展,完成心理发展的过程。

学前阶段是各种心理活动开始发生的阶段,新生儿只有最简单的感知活动,与生理活动难以区分。随着儿童生理的不断发展成熟,活动范围的不断扩大,一些更加复杂的心理活动如想象、思维、言语、意志、自我意识等开始发生,因此,研究个体心理的发生发展变化,是学前发展心理学的重要内容之一。

2. 学前儿童心理发展的一般规律和特征

学前儿童不是浓缩后的"小大人",其各种心理过程的发展具有一定的阶段性、顺序性和方向性。也就是说儿童在某一年龄阶段会表现出该年龄阶段的年龄特征,这种年龄特征带有客观规律性,是不以人的意志为转移的。尽管每个儿童在心理发展上表现出个体差异,但儿童心理发展的趋势和顺序大致相同。同时儿童的心理发展过程并不是孤立进行的,它总是受到遗传、环境及其他因素的影响,这些因素的影响作用尽管复杂,但也有其规律性。研究这些规律,是学前儿童发展心理学的另一重要内容。

3. 学前儿童心理过程和个性心理的发展

学前儿童心理过程的发生发展和个性心理的形成与发展是学前儿童发展心理学的主要内容。

4. 学前儿童社会性的发展

学前儿童社会性的发展主要体现在语言的掌握和运用、亲子交往、同伴交往、性别角色和自我意识等方面。儿童心理是在实践活动中发展的,研究学前儿童社会化发展的趋势,探索其社会化发展的规律,有利于全面把握儿童个性形成的机制,有利于对儿童心理发展历程的理解。

## 二、学前儿童心理发展研究的意义

### (一) 理论意义

学前儿童心理发展研究的理论价值最突出的表现是可以丰富和充实心理学的一般理论。通过研究诸如学前儿童心理的发生与脑的关系、心理发展的过程和趋势、思维和语言的关系、心理发展的动力等一系列问题,不仅有利于从总体上把握儿童的心理,完善儿童发展心理学的内容结构,而且也可以帮助我们更全面、更深刻地认识人类的心理现象与规律,从而推进心理科学研究的发展。

此外,学前儿童心理发展的研究还为辩证唯物论提供理论依据。学前儿童发展心理学要研究个体心理发生、发展的条件,揭示个体脑的发育情况和个体所接触的客观环境对其心理发展的制约作用,这些资料有助于论证辩证唯物主义关于"物质第一性,意识第二性"的基本原理。学前儿童发展心理学从个体发展的角度,探索人的意识的起源问题,分析从感知到思维的发展过程,研究心理发展与主客体的关系,揭示心理现象发展变化的规律,这些研究成果都有助于论证辩证唯物主义关于认识论的基本原理及矛盾运动的法则、质量互变规律等的基本思想。

### (二) 实践意义

学前儿童发展心理学是一门实践性很强的科学,它与社会实践尤其是儿童教育实践密切联系。

首先,学前儿童心理发展研究为学前儿童教育提供心理学依据。学前教育阶段属于基础教育的奠基阶段,具有特殊性,对人生启蒙教育具有重要意义。有关研究表明,学前阶段(0—6岁)是儿童大脑发育最快的时期,如果在这时能够为儿童提供丰富的生活,根据年龄特点给予正确的教育,就能加速儿童智力的发展,为良好的行为习惯和个性品质的形成奠定基础。教育者要明白,教育活动要遵循儿童心理发展的规律,考虑儿童成熟的状况和发展的可能性,而不是仅仅考虑客观的教育要求,或者把自己的意愿强加到儿童身上。因此,掌握必要的学前儿童心理发展的知识是做好儿童教育工作的前提,无论是家长还是幼儿教师,只有充分了解学前儿童身心发展的规律和各年龄阶段的心理特征,才能引导儿童健康地成长和发展。

其次,学前儿童心理发展研究为儿童的卫生保健工作提供相关的学科知识。学前教育遵循"保教结合"的教育原则,学前儿童的卫生保健工作也是幼儿园教师的重要工作内容之一。目前学前儿童卫生保健的内容由生理扩大到心理及社会适应、学前儿童疾病的防治,特别是心理健康的维护,需要幼儿园保健医生及教师了解一定的儿童心理发展知识,根据儿童的心理发展的特点和规律开展工作。

再次,学前儿童心理发展研究为儿童文学作品的创作提供心理学知识上的指导。儿童文学创作与儿童发展心理学关系密切,从事儿童文学创作,必须懂得各年龄段的儿童心理和生理发展的特点、兴趣、接受能力,要认识到不同年龄的儿童有不同的行为特点,有活动范围、知识量的差异,只有了解和把握儿童心理发展的特点和规律,才能根据儿童的特点,创作出他们喜爱的作品。其实不仅仅是儿童文学创作,一切与儿童有关的领域和项目,如服饰设计、玩具开发、食品调配等,都离不开心理学的支持和影响。

### 三、学前儿童心理发展的影响因素

影响儿童心理发展的因素多种多样,归纳起来有:生物因素、社会因素、主观因素等,现代心理学主要关注这些因素是如何对儿童的心理发展产生影响的。

#### (一) 生物因素

1. 遗传素质

遗传是一种生物现象。遗传是指祖先的生物特性传递给后代的现象。遗传素质是指人类从祖先那里遗传来的与生俱来的生物特性,如人体的形态、机体的构造、血型、头发和神经系统等特征,其中神经系统的结构与机能对儿童的心理发展更具有重要意义。

遗传素质对儿童心理发展的作用表现在:

(1) 遗传素质为儿童心理发展提供自然的物质前提

儿童正是在这种生物的物质前提下形成了自己的心理。遗传素质作为基本的物质前提对儿童的心理形成与发展有着非常重要的影响作用。这好比一粒要生根发芽的种子,如果这粒种子是坏的,那么,就会影响到它的正常发芽和生长。生理学和心理学的研究表明,由遗传缺陷造成的脑部发育不全的儿童,其智力障碍往往难以克服。聪明的黑猩猩即使处在良好的人类生活条件下,经过精心的训练,其心理发展的水平也无法达到人类的水平。环境和教育对儿童心理的作用在一定程度上也不能离开遗传的条件。这些事实从多方面证明了遗传素质对儿童心理的形成和发展起到物质前提的作用。

(2) 遗传素质奠定了儿童心理发展个别差异的基础

心理学的研究表明,遗传素质的不同是造成个别差异的重要基础。它规定了每个儿童不同的心理发展的可能性。

由于遗传素质不同,每个儿童的心理发展都是差异化的,具有各自心理发展特点的基础。英国心理学家西里尔·伯特(Cyril Burt)为研究遗传与环境对人智力的影响进行了一系列的调查。他的调查结果表明,同卵双生子有近乎相同的智力,而在一起长大的、没有血缘关系的儿童,其智力的相关性很小。有血缘关系的儿童,其智力的相关性则依其家族谱系的亲近和生活方式的接近而增高,其中,同卵双生子的相关性最高(见表1-1)。

表 1-1　不同血缘关系的儿童的智商相关表

| 遗传变量 | 同卵双生子 | | 异卵双生子 | 非孪生兄弟姐妹 | 无血缘关系儿童 |
|---|---|---|---|---|---|
| 环境变量 | 一起长大 | 分开长大 | | 一起长大 | |
| 智商相关 | 0.87 | 0.75 | 0.53 | 0.49 | 0.23 |

美国教育心理学家詹森(Jenson,1968)对8个国家100多种有关不同亲属关系者的智力相关的研究文献作了总结,也得出类似的结论:儿童与亲生父母的智商相关性高于与养父母的相关性,异卵双生子与一般兄弟姐妹间的智商相关相似,同卵双生子的智商相关最高。遗传关系越近,智力发展越相似。

相关研究也表明,遗传因素对儿童心理发展不同方面的影响存在较大的差异。一般认为,特殊能力的发展受遗传的影响更大一些,如音乐能力、运动能力、绘画能力等,一些人在该领域取得辉煌的成就,除了与本人的刻苦努力密切相关外,其良好的遗传素质也提供了有利的条件。

总之,遗传素质是人的身心发展的物质基础和自然条件。

2. 生理成熟

生理成熟是指儿童身体生长发育的程度或水平。生理成熟主要依赖于人类种系遗传的既定程序,遵循一定的规律性。制约儿童心理发展的,主要是大脑和神经系统结构和机能的成熟。

儿童的生理成熟或发展是有一定顺序的。如儿童生长发育的顺序是头部发育最早,其次是躯干,再是上肢,然后是下肢。儿童动作发展的顺序是先会抬头,然后会翻身,再会坐,会爬,会站,最后才会用腿走路,先发展手臂动作,后发展手指的动作。生理成熟的顺序性为儿童心理活动的出现与发展的顺序性提供了基本的前提。如孩子没有学会坐、爬、站时,他就不会走路。儿童不是生下来就会说话的,需要在一定的生理发育成熟时,即1岁左右才开始说话。可以说,生理没有成熟就不会产生语言能力。

儿童生长发育的速度,也服从一定的规律。总的来说,在出生的头几年,即婴幼儿期,生长发育很快,以后会减慢,到了青春期,又出现一个迅速生长的阶段。在此基础上,婴幼儿的心理变化发展也很快。由此说明,儿童心理活动的产生与发展是在一定生理成熟的基础上实现的。

生理成熟在一定程度上对儿童心理发展起制约作用。美国心理学家格赛尔(A. Gesell)所做的著名的"双生子爬楼梯"实验就证明人的生理成熟对儿童学习技能有明显的制约作用。许多心理学家发现,儿童早期动作、语言等心理发展与他们的生理成熟具有一定的相关性。当某种生理机能达到成熟水平时,儿童获得心理能力的时机就会出现。认识和掌握儿童不同生理成熟的时机,有利于把握儿童心理发展的契机,即儿童心理发展的关键期。

(二) 社会因素

影响儿童心理发展的社会因素主要指环境和教育。在其他条件相似的情况下,社会因素是儿童心理发展的决定性因素。

儿童所处的客观世界，就是儿童所处的环境。环境可分为自然环境和社会环境。自然环境提供儿童生存所需要的物质条件，如空气、阳光、水、食物等。儿童健康的成长和发展依赖于自然环境，相关的研究也表明，不同区域不同的自然环境在儿童个性的塑造上会产生一定的影响。

对儿童心理发展影响最大的是社会环境。社会环境指儿童的社会生活条件，包括社会的经济发展水平、社会制度、传统文化、家庭状况、社会气氛、教育条件等。教育因素是社会环境中最重要的组成部分，是目的性和方向性最强、最有组织地引导儿童发展的环境。社会环境对儿童心理发展的影响主要表现在以下3个方面：

1. 社会环境可以使遗传所提供的心理发展的可能性变为现实

儿童出生后，人类社会为他提供了有别于动物生活环境的社会生活条件，儿童必须处于人类社会环境，其遗传所得的发展的可能性才会变为现实，否则，这种可能性就不能得以实现。其中比较典型的例子是印度"狼孩"卡玛拉和阿玛拉，她们被带回人类社会后，不会直立行走，也不能真正学会说话，没有人类的动作和感情，对他人不感兴趣，阿玛拉被发现不久即死于肾炎，卡玛拉直到十六七岁去世，智力仅仅相当于三四岁幼儿的水平。由此看来，似乎正常儿童自然而然学会的说话和走路，都是社会生活环境潜移默化的结果。没有人类社会的生活环境，即使有人类的遗传素质，也不能发展成为一个正常的人类个体。

威恩·迪尼斯博士对德黑兰孤儿院的研究表明，孤儿院里的孩子几乎一直被单独安置在床上躺着，直到自己能够爬起来为止，从来没有人将他们撑起或代为翻身。除必要时换换地方、隔天入浴一次外，连奶瓶都是吊在一根绳子上，对准婴儿嘴巴喂奶的。他们几乎没有玩具，这些孩子实际上完全生活在人类社会环境之外，感官没有得到应有的刺激，也就没有得到足够的训练。结果发现，58%的孤儿1岁以上还不会独立坐，85%到3岁多还不会走路，他们开始站立和扶着栏杆走的年龄平均为5岁10个月。后来抽出10个婴儿进行实验，增加保育员，这些孤儿开始站立和扶着走的年龄提前到平均3岁5个月，提前了两年多。

对动物进行的早期隔离（剥夺）实验也证明了环境的影响作用。比较典型的例子是"恒河猴行为发展研究"。实验室长大的猴子（失去母爱）常常只是呆呆地坐着，两眼发直，有陌生人接近时，不像野生猴子那样对陌生人做出恐吓或攻击性行为，而是自己打自己，甚至撕咬自己，极大地损害了社交行为的发展。

心理是对客观现实的反映，没有了社会环境这个客观现实，也就不会有儿童心理的正常发展。

2. 社会环境影响遗传素质的变化和生理成熟的进程

从受精卵形成开始，人的身体发育就受到环境的影响，"胎教"就是胎内环境对胎儿生长发育产生影响的例子。出生后环境对儿童生理发展的影响更为明显。随着社会经济发展水平的提高，社会生活条件的好转，儿童的身高、体重都较上一代有所增加，成熟期也有所提前，这些改变说明社会经济文化条件的变化对儿童的生长发育产生了影响。

社会环境不仅影响儿童的身体发育，对儿童神经系统的发育也产生重大影响。相关的实验研究表明,对出生6周的婴儿进行左手或右手的训练,按摩他们的手部或屈伸他们的手指,两个月后,不论受训的是左手还是右手,其对应大脑半球的相关区域都得到了明显的发展,这说明手接受外界的刺激会影响大脑的成熟。尽管儿童的生理成熟主要按照遗传的程序进行,但环境对儿童生理成熟的影响也很大。

遗传素质和生理成熟是儿童心理发展的自然物质前提,而生活环境可以使他们发生变化,从而影响到儿童心理的发展。

3. 社会环境是制约儿童心理发展水平和方向最重要的客观因素

儿童一出生就生活在丰富多彩的世界里,他们所生活的这个世界将会使他们成为一个具有某种个性特点的人。

(1) 社会生活条件与教育水平影响儿童的心理发展水平

生产力的发展水平,影响国民经济生活、科学文化水平和教育水平。近百年来,社会经济、科学技术发生了翻天覆地的变化,儿童的生活环境越来越多样化和复杂化,这些变化也影响到儿童的心理发展水平,当代儿童的智力发展超过前一辈。另外,我们可以比较明显地感到,教育水平先进与教育水平落后地区的孩子心理发展水平的差异。教育之所以能对儿童的心理产生很大的影响,其重要原因是由于教育是一种有目的、有系统地对儿童施加影响的过程,因而它能更为充分而有效地利用各种因素促进儿童的发展。

(2) 儿童的社会地位及交往活动对儿童心理的形成与发展具有极其重要的影响作用

社会环境中人与人之间的关系很重要。社会生产关系、社会制度以及儿童所处的社会地位,对儿童心理的发展有极大的影响。被剥夺了学习机会的儿童与接受良好教育的儿童相比,其心理发展水平明显较低。此外,交往活动对儿童心理的形成和发展也至关重要。皮亚杰(J. Piaget)指出,社会性经验是影响儿童认知发展的因素之一。儿童在与成人、同伴的交往活动中学到许多行为方式,形成他们的性格,这些对儿童心理特点的形成和发展有很大的影响。

(3) 具体的生活条件和教育条件是形成儿童个别差异的重要条件

儿童所处的生活条件千差万别,受教育的条件也各不相同。在相同的社会条件下,儿童所处的微观环境依然存在巨大的差别,这种差别的多样性远远超过遗传模式的多样化,即使在一个家庭中长大的同卵双胞胎,其各自的环境也有所不同。加拿大的布莱兹曾经报道,一家同卵生五姐妹的性格、能力有很大差别:老大严肃自信,老二有一定的社交领导才能,老三似乎很自得,老四有点反复无常,老五则依赖性极大。造成这些差别的原因主要是父母对五姐妹的要求有所不同而造成的。

在影响儿童心理发展的社会环境中,那些经常而又系统的因素往往起较大的作用。对于学前儿童来讲,家庭环境最为重要。

家庭环境,一般指家庭的物质生活条件、家长的职业和文化水平,家庭的结构及教养方式等。这些因素,大多是家长一时难以改变或难以控制的,相对来说比较稳定,变化缓慢。在家庭环境中对儿童影响最大的是家庭的教养方式。这一因素是家长能够并且应该自觉控制的。家庭的教养行为的差异主要表现在两个方面,一是父母对待儿童的情感态度,二是父母对儿童的要求和控制程度。

#### (三)主观因素

主观因素是相对于客观因素而言的。客观因素主要包括生物因素和社会因素,主观因素指儿童心理本身内部的因素。

1. 儿童心理本身内部的因素是儿童心理发展的内部原因

影响儿童心理发展的主观因素,笼统地说,包含儿童的全部心理活动。具体地说,包括儿童的需要、兴趣爱好、能力、性格、自我意识以及心理状态等。

需要是心理活动中最活跃的因素。儿童从出生时起,就有对食物的需要、对温暖的需要。稍大的孩子,有和人交往的需要、认识的需要、游戏的需要等等。成人对儿童进行教育,如果不引起儿童接受教育的需要,那么教育也不可能奏效。

兴趣和爱好是影响心理发展的重要因素。比如,有趣的游戏,会使幼儿的坚持性有明显的提高。兴趣和爱好是儿童最好的老师,是推动儿童不断探索外部世界的内部驱动力。

自我意识在人的心理活动中起控制和调节作用。儿童最初不能自觉地调节和控制自己的心理与行为,心理活动在很大程度上受外界刺激与情景特点的直接制约,随着生理的成熟及环境教育的作用,儿童的自我意识逐渐形成,到幼儿晚期,才可以达到自觉按照自己的要求调整自己的心理与行为。自我意识的调节与控制作用,体现了儿童心理主观能动性的发展。

心理状态包括注意、激情、心境等,是心理活动的背景,即心理活动进行时所处的相对稳定的水平,起着提高或降低心理活动积极性的作用。

2. 儿童心理的内部矛盾是推动儿童心理发展的根本原因或动力

儿童心理活动的各种心理成分或因素之间既是不可分割的,又是对立统一的。例如有的幼儿有完成任务的动机,却缺乏坚持到底的意志力。儿童心理的内部因素之间的矛盾,是推动儿童心理发展的根本原因。儿童心理的内部矛盾可以概括为新的需要和旧的心理水平或状态之间的矛盾。需要是由外界环境和教育引起的。随着儿童的成长和生活条件的变化,外界对儿童的要求也不断变化。客观要求如果被儿童接受,它就变成儿童的主观需要。需要是新的心理反映。旧的心理水平或状态是过去的心理反映。这两种心理反映之间总是不一致的。不一致即差异,差异就是矛盾。两者构成心理内部不断发生的矛盾。它们总是处于相互否定、相互斗争中。有了新的需要就不满足于已有的水平,发展也就发生了。

儿童心理内部矛盾的两个方面又是互相依存的。一方面,儿童的需要依存于儿童原有的心理水平或状态。因为需要总是在一定的心理发展水平或状态的基础上产生的。另一方面,一定的心理水平的形成,又依存于相应的需要。没有需要,儿童就不会去学习任何知识技能,心理水平就不能提高。教育的任务是根据已有的心理水平和心理状态,提出恰当的要求,帮助儿童产生新的矛盾运动,促进其心理发展。

影响儿童心理发展的客观因素和主观因素是相互联系、相互影响的。只有正确认识它们的相互作用,才能弄清儿童心理发展的原因。首先,我们充分肯定客观因素对儿童心理发展的作用。其次,不可忽视儿童心理的主观因素对客观因素的反作用。再次,主客观因素相互作用的循环始终伴随着儿童心理发展的全过程,并通过儿童的活动得以实现。

## 四、学前儿童心理发展的特点

### (一)心理发展的概念与特性

**1. 心理发展的概念**

发展就是指个体成长过程中生理和心理方面有规律地进行的量变和质变的过程。儿童的发展就是指在儿童成长过程中生理和心理方面有规律地进行的量变与质变的过程。学前儿童心理发展与一切事物的发展一样,是一个量变引起质变的发展过程,即量变和质变的统一。先有量变,量变积累到一定的程度发生质变。儿童时期心理发展全部过程的总的矛盾、总的质变是由软弱无能、被动简单、具体机械的状态转化为具有一定的认知水平和行动能力的独立个体的状态。

**2. 学前儿童心理发展的特性**

(1)发展具有方向性和顺序性

学前儿童的心理发展具有一定的方向性和先后顺序,既不能逾越,也不会逆向发展,按由低级到高级、由简单到复杂、由无意到有意的固定顺序进行。

如个体动作的发展,就遵循自上而下、由躯体中心向外围、从粗动作到细动作的发展规律,这些规律可概括为动作发展的头尾律、近远律和大小律,体现在每个儿童身上。同时,儿童体内各大系统成熟的顺序是:神经系统、运动系统、生殖系统。大脑各区成熟的顺序是:枕叶、颞叶、顶叶、额叶。脑细胞发育的顺序是:轴突、树突、轴突的髓鞘化。这种方向性和不可逆性在某种程度上是由遗传因素所决定的发展程序的体现。

(2)发展具有连续性和阶段性

连续性是指学前儿童心理发展是一个连续的过程。这种连续性主要表现在两个方面:一是指心理的前后发展有着内在的必然联系,先前的发展是后期发展的基础,而后期的发展是先前发展的结果;二是指心理的发展进入高一级水平后,原先的发展水平并不是简单地消亡,而是被高一级的水平所整合和包容。跟一切事物发展一样,心理的发展也是一个不断矛盾统一、量变质变的发展过程,即量变和质变的统一。先有量变,量变积累到一定程度发生质变。

儿童心理发展的过程也是一个矛盾运动的过程,矛盾运动的激化或缓和,使心理发展过程表现出不同的阶段,形成了发展的阶段性。学前儿童从出生到成熟大约经历了新生儿期、乳儿期、婴儿期、幼儿期、童年期、青年期等不同的阶段。

儿童心理发展的连续性和阶段性不是绝对对立的,而是辩证统一的。如学前儿童思维发展的主要特征是具体形象性,但幼儿初期仍保留直观行动的特征,幼儿晚期抽象逻辑思维开始萌芽。

(3)发展具有不平衡性

整个学前阶段,儿童心理发展变化迅速,但学前儿童心理发展并不是等速前进的,其心理发展的不平衡性表现在:

① 不同年龄阶段的心理发展具有不同的速度。儿童年龄越小,发展速度越快,这是学前期儿童心理发展的规律。一岁以内是儿童身心发展的第一个"高峰期",一周岁以后,发展的速

度就相对缓慢下来,两三岁以后的儿童,相隔一周或两周后,前后变化就没有那么明显了。到了青春期,儿童发展表现出第二个"高峰期",相比较童年期,发展速度又显著增加。因此,在儿童心理发展的过程中,体现出发展的不等速现象。

② 不同的心理过程具有不同的发展速度。尽管学前儿童心理发展具有整体性的特点,但心理活动的各个方面并不是均衡发展的。比如感知觉等认识过程在出生后迅速发展,单纯的感知能力很快就达到比较发达的水平,而想象和思维的发生则要经过相当长的孕育过程,两岁左右才真正发生发展起来,到学前晚期,儿童仍处于比较低级的发展阶段,逻辑思维才刚刚萌芽。

③ 不同的儿童具有不同的心理发展速度。学前儿童虽然年龄相同,但心理发展的速度往往有所差异。比如有的孩子开口说话比较早,言语的表达能力也比较强,而有的孩子说话就比较晚一些,表达能力也差一些。在实践中也发现,男孩和女孩在发展的速度上也存在着性别上的差异。

(4) 发展具有个别差异性

虽然同一年龄阶段的儿童无论在身体还是心理方面都存在着发展共同的趋势和规律,但对于每一个儿童而言,其发展的速度、发展的优势领域、最终达到的发展水平等都可能是不同的。

如有的人观察能力强,有的人记性好;有的人爱动,有的人喜静;有的人善于理性思维,有的人长于形象思维;有的人发育早,心理成熟早,有的就晚。在个性方面也存在很大差异,在兴趣、性格及能力等方面也都有不同。

### (二) 学前儿童心理发展的一般趋势

**1. 从简单到复杂**

儿童最初的心理活动,只是非常简单的反射活动,以后越来越复杂化。这种发展趋势又表现在两个方面:

(1) 从不齐全到齐全。儿童的各种心理过程在出生的时候并非已经齐全,而是在发展过程中先后形成。

(2) 从笼统到分化。儿童最初的心理活动是笼统、弥漫而不分化的。无论是认识活动还是情绪,发展趋势都是从混沌或暧昧到分化和明确。

**2. 从具体到抽象**

儿童的心理活动最初是非常具体的,以后越来越抽象和概括化。儿童思维的发展过程就反映了这一趋势。幼小儿童对事物的理解是非常具体形象的,成人典型的思维方式——抽象逻辑思维的发展在学前末期才开始萌芽。

**3. 从被动到主动**

儿童心理活动最初是被动的,心理活动的主动性后来才发展起来,并逐渐提高,直到形成成人所具有的极大的主观能动性。儿童心理发展的这种趋势主要表现在两个方面:

(1) 从无意向有意发展。儿童心理活动是由无意向有意发展的。新生儿的原始反射是本能活动,是对外界刺激的直接反应,完全是无意识的。随着年龄的增长,儿童逐渐开始出现了自己能意识到的、有明确目的的心理活动,然后发展到不仅意识到活动目的,还能够意识到自己的心理活动进行的情况和过程。大班幼儿不仅能知道自己要记住什么,而且知道自己是用什么方法记住的。这就是有意记忆。

(2) 从主要受生理制约发展到自己主动调节。年龄越小,儿童的心理活动越受生理局限,随着生理的成熟,心理活动的主动性也逐渐增长。比如,两三岁的孩子注意力不集中,主要是由于生理上不成熟所致,随着生理的成熟,心理活动的主动性逐渐增长。四五岁的孩子在有的活动中注意力集中,而在有的活动中注意力却很容易分散,表现出个体主动的选择与调节。

4. 从零乱到成体系

儿童的心理活动最初是零散杂乱的,心理活动之间缺乏有机的联系。比如,学前期儿童一会儿哭,一会儿笑,一会儿说东,一会儿说西,这些都是心理活动没有形成体系的表现。正因为不成体系,心理活动非常容易变化。随着年龄的增长,心理活动逐渐组织起来,有了系统性,形成了整体,有了稳定的倾向,出现了个性特征。

## 实践项目:小女孩吉妮

小女孩吉妮的故事是20世纪曾经轰动一时的事情,震动了美国整个社会,这个故事的主人公吉妮也成了众多学科的研究对象,特别是心理学和语言学。

1970年,在加利福尼亚州发现了一个"野孩"。这个年仅13岁的女孩自出生不久就被关在一间小房子里,父母从不肯对她说话。对她测试和保护她利益的心理语言学家给她起了一个名字"吉妮",意思是"怪物"。

吉妮的父亲十分憎恨儿童,在吉妮的母亲怀头胎时,他就想绞死胎儿。由于照管不善,先后有两个孩子出生不久就夭折。第三个孩子三岁时被祖母救出抚养,现在还活着。吉妮是第四个孩子,她没能得到祖母的帮助,因为在她出生后不久,祖母就被汽车撞死了。

吉妮出生20个月后,全家移居到祖母的房子。从那时起到13岁,她完全被隔离。被发现时,她赤裸的身上套着父亲做的套具,天天坐在一个不显眼的固定位子上,除了仅仅可以移动手脚外没有任何事情可做。到了晚上,如果她没有被忘记的话,就被塞进一个狭窄的硬套,然后被关入一个小铁笼里,再用布将笼子盖上。她经常挨饿。

如果她发出任何声音,父亲马上打她。她母亲很害怕自己的丈夫,而且因为自己是个瞎子而不能照顾吉妮。照料孩子的事情都由吉妮的哥哥去做。但是哥哥遵照父亲的指示,也同样不同妹妹说话。他每天迅速、安静地给妹妹喂大量的牛奶和婴儿食物。吉妮从来听不到任何声音。由于害怕父亲,母亲和哥哥说话的声音都非常非常轻。

在吉妮刚被发现时,她不能站立,也不会说话,只会呜咽。1970年11月,吉妮被送入儿童医院时,她是一个凄惨的、畸形的、未开化的、大小便失禁和严重营养不良的小动物。虽然已出现发育的迹象,但体重只有59磅,手脚都不能伸直。她分泌很多唾液,不断地吐口水,安静得可怕。

此后科学家尽了最大的努力去训练她,帮助她学会了走路,并训练她梳头洗脸,教她说话。尽管其语言能力有了一定的发展,但进展十分缓慢,四年后,她才开始组词。她讲的话大部分像摘要的电报。

根据吉妮母亲的描述,吉妮出生时是一个正常的孩子,在刚被锁起来时,她还听到过吉妮说过一些词。

结合本章所学的知识,尝试分析为什么吉妮在13岁被发现时还是一个"未开化的小动物"?影响吉妮心理成长和发展的因素有哪些?

**分析提示:**

1. 因为心理是人脑对客观现实能动的反映,客观现实是心理的源泉。吉妮虽然有人类正常的遗传基因,但却没有生活在正常的社会环境中,缺少与环境相互作用的实践过程,没有正常的社会交往活动,其发展的可能性便由于环境和教育的缺失而无法实现,所以其心理不能像正常孩子那样得到发展。

2. 影响吉妮心理成长和发展的因素主要有:(1)遗传因素和生理的成熟;(2)环境因素,包括物质环境和精神环境;(3)社会性交往因素;(4)社会生活实践活动。

### 思考与练习

1. 简述心理的实质。
2. 简述学前儿童心理发展的一般趋势。

扫一扫二维码
轻松获取单元
习题及答案

# 单元二　学前儿童心理发展的年龄特征

1. 了解新生儿心理产生的条件，无条件发射、条件反射的出现和心理的发生；
2. 了解乳儿动作发展的规律和心理发展的特点；
3. 能够分析各年龄段儿童心理发展的特点。

## 一、学前儿童心理发展年龄特征概述

儿童心理发展的阶段往往以年龄为标志，这是因为年龄是儿童生活时间的标志。而儿童的生理发展和儿童经验的积累都与成长时间相联系。年龄是儿童心理发展的一个重要条件，它对儿童心理的发展起着规律性的制约作用。

（一）学前儿童心理发展的年龄特征

学前儿童心理发展跟一切事物发展一样，是一个不断量变和质变的发展过程。学前儿童心理发展过程表现出不同的阶段，形成了发展的阶段性。学前儿童在各个发展阶段，表现出与其他年龄阶段不同的质的特征，即儿童心理发展的年龄特征。

通常所说的年龄特征包括儿童的生理年龄特征和儿童的心理年龄特征。学前儿童心理发展的年龄特征是指在一定的社会和教育条件下，学前期儿童在发展的每个年龄阶段中所形成并表现出来的一般的、典型的、本质的心理特征。

这个定义包含了以下几个含义：

1. 学前儿童心理发展的年龄特征是在一定的社会和教育条件下形成和发展起来的

儿童心理年龄特征并不是随着年龄的增长而自发出现的。儿童所生活的外界条件，对儿童心理发展年龄阶段特征的形成起着非常重要的作用。因为儿童心理是对外界环境的反映，儿童所生活的时代，儿童所接触的社会环境，特别是儿童所受的教育，都是儿童心理发展年龄特征的基础。

2. 学前儿童心理发展的年龄特征与儿童的生理发展有一定的关系

儿童心理的发展以生理的发展为基础。正因为如此，不同的儿童心理上虽然有差异，但同一年龄段的儿童也表现出大体相同的特征。

3. 学前儿童心理发展的年龄特征是从许多个别儿童心理发展的事实中归纳概括出来的

儿童心理发展的年龄特征是从许多个别儿童的心理表现、心理特征中概括出来的。因此,它代表的只是这一年龄阶段大多数儿童心理发展的一般趋势和普遍特点,而不是说,这一年龄阶段中每一个儿童都具有这些特点。也就是说,儿童心理发展的特征所代表的是各年龄儿童的本质的心理特点。

4. 心理发展的年龄特征区别于生理发育的年龄特征

我们所说的年龄特征主要指心理发展的年龄特征,区别于生理发育的年龄特征。学前儿童的心理年龄与其生理年龄,并不是绝对对应的。例如,有的孩子发展较快些,他的心理年龄可能比他生理年龄高;相反,有的孩子的心理年龄可能低于其生理年龄。

(二) 学前儿童心理年龄阶段的划分

1. 历史上有关儿童心理年龄阶段划分的依据

(1) 以生理发展作为划分标准

最典型的是美国心理学家柏尔曼(L. Berman)以内分泌腺作为分期的标准,将其分为胸腺时期(幼年时期)、松果腺时期(童年时期)、性腺时期(青年时期)。这种观点具有一定的可取之处,因为儿童的生理发展对心理发展有重要影响,但这种划分依据犯了生理决定论的错误。

(2) 以种系演化作为划分标准

德国的儿童心理学家斯特恩(W. Stern)的分期可以作为代表。他依据"复演说",把儿童心理发展分为:幼儿期(6岁以前)是从哺乳类动物到原始人类的阶段;意识的学习期(6岁到13岁)是人类古老的文化阶段;青年成熟期(14—18岁)是近代文化阶段。这种观点用种系进化的规律解释儿童心理发展阶段,显然是不完全可取的。但也有一定价值,因为它注意到个体发展和种系发展之间存在一定的关系,如心理发展由低级到高级,智力发展由具体到抽象,心理能动性不断增长等趋势。

(3) 以智力或思维水平作为划分标准

瑞士儿童心理学家皮亚杰(J. Piaget)的分期可以作为代表。他以儿童智力结构或思维作为依据,把儿童心理发展分为:感知运动阶段(0—2岁),前运算阶段(2—7岁),具体运算阶段(7—12岁),形式运算阶段(12岁—成人期)。

(4) 以个性特征作为划分标准

奥地利神经科医生、精神分析学派的创始人弗洛伊德(S. Freud)以心理性欲发展作为划分儿童心理阶段的依据,把儿童发展阶段分为:口唇期(0—1岁),肛门期(1—3岁),性器期(3—5岁),潜伏期(5—11岁),生殖期(12—20岁)。

现代精神分析学派的代表人物之一,美国的埃里克森(E. Erikson)提出了"人生八阶段"的分期说,其中,把儿童心理发展分为:第一阶段,信任感对怀疑感(0—1.5岁);第二阶段,自主对羞怯或疑虑(1.5—3岁);第三阶段,主动对内疚(3—5岁);第四阶段,勤奋感对自卑感(6—12岁);第五阶段,同一对角色混乱(12—18岁)。

(5) 以活动特点作为划分标准

苏联的心理学家艾利康宁和达维多夫的分期可以作为代表。他们把儿童心理发展分为:

直接的情绪性交往活动(0—1岁);摆弄实物活动(1—3岁);游戏活动(3—7岁);基本的学习活动(7—11岁);社会有益活动(11—15岁);专业的学习活动(15—17岁)。

我们认为:划分儿童心理发展阶段时,应该以儿童心理发展的每一时期的质的特点作为主要依据。同时,既应看到重点,又要照顾全面。

在一定的社会和教育条件下,儿童心理发展的各个不同时期质的特点主要表现在儿童的主导活动上,表现在智力水平和个性特征上,表现在他们的生理发展(特别是高级神经活动的发展)和言语发展水平等上面。

2. 我国现行儿童心理年龄阶段的划分

在儿童心理学领域中,各种派别由于理论观点不同,提出了不同的划分儿童心理发展阶段的标准和依据。目前我国心理学工作者划分儿童心理发展阶段的标准主要是根据心理学研究资料和教育工作经验提出的,因其与现行的学制基本一致,因而被广泛采纳(见表2-1)。

表2-1 儿童期各阶段的划分

| 序号 | 年龄/岁 | 阶段 |
| --- | --- | --- |
| 1 | 0—1个月 | 新生儿期 |
| 2 | 1个月—1岁 | 婴儿期(又称乳儿期) |
| 3 | 1岁—3岁 | 先学前期(又称先幼儿期) |
| 4 | 3岁—6岁 | 学前期(又称幼儿期) |
| 5 | 6岁—12岁 | 童年期 |
| 6 | 12岁—15岁 | 少年期 |
| 7 | 15岁—18岁 | 青年早期 |

心理学中所涉及的"儿童"这一概念,与日常生活所说的"儿童"略有不同,其年龄跨度为0—18岁。学前期有广义和狭义之分,狭义的学前期指3—6岁,而广义的学前期指0—6岁。我们在探讨学前儿童发展心理学的研究对象时,用的是广义的概念。

(三) 学前儿童心理年龄特征的稳定性与可变性

一般来说,在一定社会环境和教育影响下,儿童心理年龄特征具有一定的稳定性和普遍性。如阶段的顺序,每一阶段的变化过程和速度,大体上都是稳定的、共同的。但另一方面,由于社会环境和教育条件在儿童身上所起的作用不尽相同,因而在儿童心理发展的过程和速度上有一定的差距,这就是所谓的可变性。

1. 儿童心理年龄特征的稳定性

儿童心理年龄特征是相对稳定的。其主要原因在于:

(1) 儿童的脑和神经系统的结构与机能的发展有一个大致稳定的顺序和阶段,而脑和神经系统的结构与机能发展的稳定性为儿童心理年龄特征的稳定性奠定了生理基础。

(2) 人类知识本身是有一定顺序性的,儿童不能违背这个顺序。如对儿童而言,先要识字,才能阅读;先要朗读,才能默读;先要阅读,才能写作;先要学动物植物,才能学生物进化;先要知道历史事物,才能懂得社会发展史;等等。对于掌握同一门科学知识,掌握的深度和广度也是循序渐进的。

（3）儿童由掌握知识经验到心理机能得到改变和提高，也要经过一个不断量变质变的过程。比如，儿童由直觉行动思维上升到具体形象思维，再上升到抽象逻辑思维，是在掌握知识经验的过程中实现的，不是立刻实现的。最初儿童的智力或思维活动主要是依靠感知运动来调节（如乳婴儿），以后主要依靠表象来调节（如学前儿童），最后才渐渐学会主要依靠逻辑思维，即逻辑概念和判断推理来调节（如学龄儿童）。

2. 儿童心理年龄特征的可变性

儿童心理年龄特征的稳定性是相对的，随着各种条件的不同，儿童心理年龄特征在一定范围或程度内，可以发生某些变化，但这些变化又是有限度的。儿童心理年龄特征之所以是可变的，其主要原因在于：

（1）处在不同的社会条件下，儿童心理年龄特征的发展不完全相同。如近些年来我国的经济政治和社会文化与任何历史时期相比，都发生了翻天覆地的变化，今天的儿童，无论是生理上还是心理上的发展都超过以往任何历史时期。

（2）教育条件不同，儿童心理年龄特征的发展也不完全相同。如我国近年的教育改革，大力倡导和实施素质教育，特别是中小学（包括幼儿园）新课程的实施，使教师的教育理念、教材及教学方法的运用更加符合儿童的年龄特点和学习要求、学习规律，使儿童能更加有效地掌握知识经验，从而在一定程度上使儿童心理有更快的发展。

3. 儿童心理年龄特征的稳定性与可变性的辩证统一

我们要全面地、辩证地理解儿童心理年龄特征的稳定性和可变性之间的关系。儿童心理年龄特征的稳定性和可变性是相对的，稳定中有变化，变化是相对稳定的变化。儿童心理发展年龄特征具有稳定性，使我们可以参照前人所揭示的有关儿童年龄特征的表现来了解和教育今天的儿童。但也要反对过分夸大其稳定性，以免忽视社会条件和教育工作对儿童心理发展年龄特征的作用。儿童心理发展年龄特征的可变性，使我们坚信改善儿童的社会生活条件和教育条件，能够促进儿童心理发展年龄特征的变化。当然，也要反对过分强调儿童心理发展年龄特征的可变性，以免不顾儿童年龄特征而盲目地对儿童提出过高的要求，过分夸大社会条件特别是教育工作的作用。只有全面地、辩证地理解儿童心理发展年龄特征的稳定性与可变性之间的关系，才能真正把握儿童心理发展年龄特征的实质。

4. 儿童心理发展阶段的几个相关概念

（1）关键期

关键期这一概念最初是由奥地利生态学家康罗德·劳伦兹（K. Lorenz）(1937)提出来的。他在对禽类自然习性的观察中发现，刚孵出的小动物，如小鸡、小鹅等，会在出生后很短的一段时间内学会追逐自己的同类或非同类，过了这段时间便再也不能学会此类行为或"印刻"自己的母亲，而这段时间是很短的，因此，劳伦兹把这段时间称为"关键期"。关键期是指对特定技能或行为模式的发展最敏感的时期或者做准备的时期。个体发育过程中的某些行为在适当环境刺激下才会出现的时期。如果在这个时期缺少适当的环境刺激，这种行为便不会再产生。后来，关键期的概念被引入儿童心理发展，指儿童在某个时期最容易学习某种知识技能或形成某种心理特征，过了这个时期，发展的优势就难以再产生了。

儿童心理发展的关键期现象主要表现在语言发展和感知方面。学前期是幼儿掌握口语的最佳时期，如果错过了这个时期，就难以掌握口语。研究表明，4岁儿童能基本掌握本民族语言的全部语音，发音开始稳定，趋于方言化，如果在这时不能学说普通话，今后儿童的语言中就带有明显的方言色彩，很难改变，所以4岁是培养儿童正确发音的关键期。对婴儿的临床研究也表明，新生儿的视觉需要适度光的刺激，如果不接触光线，那么视力就会退化。除了语言发展和感知方面外，其他方面是否存在关键期也受到人们的关注。

**知识拓展**

### 印刻实验

奥地利生物学家劳伦兹曾发现，小鸭子在出生后不久所遇到的某一种刺激或对象（母鸡、人或电动玩具），会印入到它的感觉之中，使它对这种最先印入的刺激产生偏好和追随反应。当它们以后再遇到这个刺激或和这个刺激类似的对象或刺激时，就会引起它的偏好或追随。但是，如果小鸭子在孵出蛋壳后时间较久才接触到外界的活动对象，它们就不会出现上述的偏好或追随行为。这一现象被劳伦兹等称为"印刻"。劳伦兹在进行这项实验时，让刚刚破壳而出的小鸭子不先看到母鸭子，而首先看到劳伦兹自己，于是，有趣的事情发生了。劳伦兹在小鸭子前面走着，身后跟随着几只小鸭子。小鸭子将劳伦兹当成了自己的母亲（见图2-1）。进一步的研究发现，小鸡、小鸟等辨认自己母亲和同类，都是通过这一过程实现的，而且，这一现象在其他哺乳动物身上也有所发现。一般说来，小鸡、小鸭的"母亲印刻"的关键期发现在出生后的10—16个小时，而小狗的"母亲印刻"关键期发现在出生后的3—7周。研究还发现，动物在关键期内，不仅可以对自己的妈妈发生"母亲印刻"，而且如果自己的妈妈在小动物出生后不久就离开的话，它们也可以对其他动物发生"母亲印刻"。这就是为什么小鸭子追随劳伦兹的原因。

图2-1 "母亲印刻"现象

（2）敏感期

儿童心理发展的许多方面，在错过特定的时机之后，并非不能弥补，因此关键期的概念不能普遍使用。敏感期一词是荷兰生物学家德·弗里在研究动物成长时，首先使用的名词，后来蒙台梭利在长期与儿童的相处中，发现儿童的成长也会产生同样的现象，因而提出了"敏感期"的概念，并将它运用在幼儿教育上。儿童心理发展的敏感期，是指儿童学习某种知识和行为比较容易，心理某个方面发展最为迅速的时期。错过了敏感期，则学习起来较为困难，发展比较缓慢。

从整个人生的心理发展来说，学前期是心理发展的敏感期。在语音学习方面，2—4岁是敏感期,在数概念的掌握方面,5—5.5岁是敏感期,在动作发展方面,0—6岁是敏感期。

(3) 转折期

在儿童心理发展过程中,会出现心理发展在短期内突然急剧变化的时间段,这一时间段称之为儿童心理发展的转折期。比如,儿童从家里进入幼儿园的时候,即从先学前期到学前期过渡的时候,或儿童从幼儿园转到小学的时候,都可能出现转折期。

在儿童心理发展的转折期,往往容易产生强烈的情绪表现,可能出现儿童和成人关系的突然恶化。例如:儿童满周岁的时候,虽然走路还很不稳,晃晃悠悠,但却坚持要自己走,不再像以前那样顺从成人的指挥。三岁儿童常常表现出各种反抗行为或执拗现象。对成人的任何指令都说"不"、"偏不",以示反对。有个孩子听到妈妈说:"你是好孩子。"他说:"不,我不是好孩子。"7岁左右的儿童也常常出现心理平衡失调现象,情绪不稳定。

由于儿童心理发展的转折期常常出现各种否定性行为,因此,转折期往往被称为"危机期"。事实上,用"危机期"来标示"转折期"是不妥当的。转折期是儿童心理发展中必然出现的,而"危机"则不是必然的。如果成人掌握了儿童心理发展的规律,在儿童心理发展矛盾尖锐化的时期加以正确引导,矛盾将得到顺利解决,"危机"就会在不知不觉中度过。

(4) 最近发展区

最近发展区的概念由维果斯基(Vygotsky)提出,他认为儿童的发展有两种水平:一种是儿童的现有水平,指独立活动时所能达到的解决问题的水平;另一种是儿童可能的发展水平,也就是通过教学所获得的潜力。两者之间的差异就是最近发展区。教育教学应着眼于儿童的最近发展区,为儿童提供带有难度的内容,调动积极性,发挥其潜能,超越其最近发展区而达到下一发展阶段的水平,然后在此基础上实现下一个发展区的发展。

最近发展区是儿童心理发展每一时刻都存在的现象,同时又是每一时刻都在发生变化的,且存在个体差异性。教师要善于观察,关注每个儿童的最近发展区,利用最近发展区,帮助其形成新的最近发展区,推动儿童心理的发展。

## 二、新生儿的发展

从出生到满月的孩子,称为新生儿。从婴儿出生那天开始到出生后的第28天称为新生儿期。新生儿期是儿童心理的发生期,是个体认识世界的开始。

(一) 心理发生的基础

1. 生存环境的巨大变化

人生命的真正起点是精子和卵子结合,形成受精卵。儿童出生前,在母体内度过了近10个月(约280天)的安全的、寄居的生活。在这期间,婴儿的营养、呼吸、排泄等都由母体代劳,身体接触的是温暖的羊水,很少受到外界的刺激。

从出生那一刻起,新生儿的生存方式和生活环境都发生了巨大的变化。湿润的羊水被干燥的空气所代替,温度不再是恒定而温暖的,黑暗与安静的环境也被打破,各种声、光、形、色的刺激纷纷袭来……这就意味着寄居生活的结束,婴儿必须学会独立地进行生理活动来维持自己的生命。

2. 新生儿的生理特征

(1) 身体特点

新生儿的体型是头大、身长、四肢短,头占身高的1/4,腿占身高的1/3(见图2-2)。新生儿出生时身长约50 cm,体重3 000—3 500克,新生儿的骨骼尚未骨化,骨质松软,所含无机盐少,水分多,血管丰富,弹性强,硬度不足,不易折断,容易弯曲,皮肤常呈红色有些皱,像个"小老头",内脏器官未发育成熟,呼吸微弱,心跳很快,消化与体温调节机能也不完善。

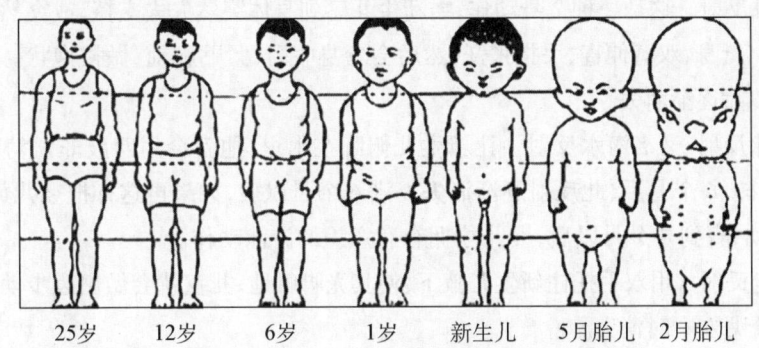

图2-2 头在人发育过程中所占比例

(2) 脑和神经系统的发育

婴儿出生后,身体各系统的发展是不平衡的,在最初的几年内,脑和神经系统发育最快,到学前期发育程度已接近成人。例如,仅就脑重量而言,新生儿平均约390克,9个月的婴儿脑重560克,2.5—3岁的儿童脑重增至900—1 011克,7岁儿童脑重约1 280克,而成年人的脑重平均约1 400克。人体的大脑发育有两个时期发育最快,一是受孕的第三周至第十八周,胎儿脑细胞增殖最快,是大脑生长发育的大突发期;二是婴儿出生后的第3个月开始至1岁半,是大脑增长的又一高峰期。1—2岁婴儿脑组织的生长发育已基本完成。

新生儿的脑细胞体积小,神经纤维的长度和分支也不发达,神经纤维还未髓鞘化。新生儿的神经系统的调节功能也很差,主要依靠低级中枢实现本能活动(无条件反射)。但是随着年龄的增长,新生儿的神经系统也开始逐渐发育起来。

新生儿睡眠时间较多,出生头几天,大约有80%的时间处于睡眠状态;清醒的时间较短,常常是在饥饿或尿布湿了的时候才醒来,有时甚至吃着奶便睡着了。睡眠是保护性抑制的突出表现。当刺激超过一定的强度或持续时间过久时,神经细胞产生疲劳,导致大脑皮层的兴奋性降低,从而进入抑制状态,称为超限抑制。超限抑制对大脑皮层细胞有保护作用,所以也称保护性抑制。新生儿神经系统发育还不够成熟,外界刺激对他们来说,往往是"超负荷"的,因而新生儿睡眠较多。

(二) 心理的发生

1. 新生儿的无条件反射

无条件反射是由遗传得来的,不需要学习就能对刺激作出应答。无条件反射的中枢是中枢神经系统的低级部位。新生儿主要依靠由皮下中枢实现的无条件反射适应外部环境。新生儿重要的无条件反射有以下几种:

(1) 吸吮反射。这是哺乳动物及人类先天具有的反射之一。当用乳头或手指触碰新生儿的口唇时，会相应出现口唇及舌的吸吮蠕动。

(2) 抓握反射，又叫达尔文反射。以手指或小棍轻触新生儿的手心，婴儿的手立即紧握不放，力量之大，甚至可以将身体吊起来。这种反射在出生第二个月就消失了。

(3) 巴宾斯基反射，又称脚掌反射。触摸新生儿的脚底，脚会向里弯曲，脚趾会呈扇形张开。这种反射大约在八九个月就逐渐消失了。以后再这样刺激儿童，脚趾就会向里屈曲。

(4) 惊跳反射。这是一种全身动作，当新生儿感到身体突然失去支持，或突然受到强声刺激时，会仰头、挺身、双臂伸直、手指张开，然后会弯身收臂，紧贴胸前，做搂抱状。这种反射大约在5个月以后逐渐消失。

(5) 游泳反射，又名潜水反射。让新生儿俯卧在水里，他就会用四肢非常协调地做出类似游泳的动作。6个月后，此反射逐渐消失。满6个月以后，如果再这样把婴儿放在水里，他就会挣扎活动；直到8个月以后，婴儿才拥有有意识的游泳动作。

(6) 行走反射。用双手托住新生儿腋下，使其光脚触地，儿童就会做出迈步动作。这种反射大约在2个月左右时消失。

(7) 击剑反射。当新生儿仰卧时，头常常偏向一侧，同时伸出该侧的手臂和腿，做出击剑状。经常伸出的那只手可能预示着儿童将来的习惯用手。这种反射在4个月以后消失。

无条件反射是遗传下来的，是一种先天的本能，虽然它的适应性非常低，但是是后天建立条件反射的前提。

2. 条件反射的出现和心理的发生

条件反射是后天获得的，是在生活过程中通过一定条件，在无条件反射的基础上建立起来的反射，是高级神经活动的基本调解方式，是人和动物共有的生理活动。条件反射是指原来不能引起有机体反应的无关刺激物，如果与能引起某些反应的刺激物进行多次结合（同时出现），也能引起有机体的相应反应。条件反射的出现，标志着儿童心理的发生。新生儿的条件反射可以在日常生活中自然形成，也可以在实验室中人为地创造条件建立。前者称为自然条件反射，后者称为人工条件反射。

儿童最早的条件反射是由母亲的喂奶姿势所引起的，由皮肤感受刺激而产生的食物性的自然条件反射。在这种条件反射出现后，每当母亲把婴儿抱起来，他便停止哭喊，把头转来转去寻找奶头，嘴也跟着动起来。这就建立了对吃奶姿势的食物性条件反射。如果母亲在每次喂奶前，先用手轻轻地抚摸孩子的前额，那么，以后只要母亲抱起孩子轻轻抚摸他的前额，孩子就会做出吸吮的动作并分泌唾液，这就属于明显的条件反射了。

新生儿的条件反射具有如下特点：

(1) 条件刺激物和无条件刺激物必须多次结合，有时要达到几十次、几百次才能形成；

(2) 条件反射形成之后不稳定，如不继续练习则易消退；

(3) 条件反射不易分化。新生儿对相似刺激会作出同样的反应，具有泛化现象。例如，新生儿对不同的人的喂奶姿势都能作出吃奶的反应。

条件反射的出现，对新生儿的生活有极其重大的意义。无条件反射是一种本能活动，人后天学会的一切本领都是条件反射。条件反射是通过高级神经中枢实现的,它的出现与大脑的成熟度有关,形成的机制是暂时神经联系的接通,暂时神经联系是一种生理现象,因为它是在神经系统内所发生的生物物理和生物化学的变化;同时它又是心理现象,因为它揭示了刺激物的信号意义,并支配了有机体的行为。有机体根据条件刺激物的信号意义作出反应活动,这一过程也就是心理活动的过程。

**知识拓展**

### 巴甫洛夫的经典性条件反射实验

诺贝尔奖获得者、俄国生理学家伊凡·巴甫洛夫(Ivan Pavlov,1849—1936)是最早提出经典性条件反射的人。他在研究消化现象时,观察了狗的唾液分泌,即对食物的一种反应特征。他的实验方法是,把食物显示给狗,并测量其唾液分泌。在这个过程中,他发现如果随同食物反复给一个中性刺激,即一个并不自动引起唾液分泌的刺激,如铃响,这狗就会逐渐"学会"在只有铃响但没有食物的情况下分泌唾液。一个原是中性的刺激与一个原本就能引起某种反应的刺激相结合,而使动物学会对那个中性刺激作出反应,这就是经典性条件反射的基本内容(见图2-3)。

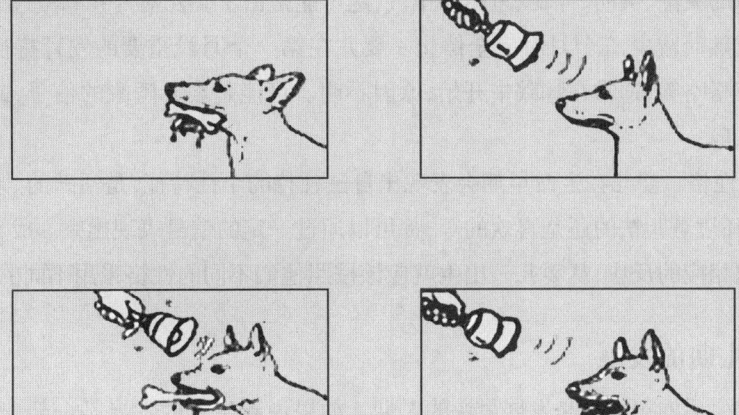

图2-3 经典性条件反射形成示意图

3. 认识世界的开始

儿童出生后就开始认识世界,最初的认知活动突出表现在知觉发生和视听觉的集中,视听觉集中是注意发生的标志,注意的出现则是人们心理能动性反映客观世界的原始表现。

(1)视觉发展。第一个月,孩子的视力会发生许多变化,出生时儿童的最佳视距是20厘米,只能看见身旁20—30厘米处的物体,到1个月时可以看见3米处的物体。3个月前,儿童不能辨别颜色,看到的只是黑色、白色和不同程度的灰色,而且喜欢简单的黑白图案,偏好人脸。另外,他也将学会跟踪运动的物体,即"视觉追踪"。

(2) 听觉发展。刚出生时,儿童的听觉十分敏感,稍大点儿声音,孩子就会觉得刺耳,此时新生儿的听力系统发育完全成熟,他会密切注意人类的声音,也会对噪声敏感。在这个年龄,孩子不仅听力较好,也能记住他听到的一些声音,他会将头转向熟悉的声音和语言,甚至能根据脚步声来辨认走路的人是否是母亲。

(3) 味觉和嗅觉。刚出生时,儿童最发达的是味觉,其次是嗅觉。第一个月内,对味道和气味十分敏感,喜欢甜味,回避苦或酸。在出生后的第一个周,婴儿能够辨认自己母亲的乳汁气味,甚至会对不熟悉的奶粉味道产生排斥。

(4) 触觉。婴儿的皮肤感觉能力比成人敏感得多,有时家长不注意,把一丝头发或是其他东西弄到婴儿身上刺激了皮肤,他就会全身左右乱动或者哭闹表示很不舒服,婴儿比较喜欢柔软而不是粗糙的感觉,不喜欢被粗鲁地搂抱。这时的婴儿对过冷或过热都比较敏感,常以哭闹向大人表示他的不满。

(5) 运动的发展。在刚刚出生后的一两周内,婴儿可能出现类似痉挛的现象,他们的下巴会颤抖,手也会抖动,快满月时这些现象逐渐消失,取而代之的是顺畅的上下肢运动,看起来像是在骑自行车。腹部朝下时,下肢会做爬行运动,而且像是要撑起来的样子。

(6) 哭泣和第一次微笑。大约有20%的婴儿会出现绞痛,大约在出生后的第2—4周,表现为难以安慰的哭泣、尖叫、伸腿、蹬腿和排气,这可能是由于婴儿对外界刺激过分敏感。绞痛会随着婴儿成熟而减少,3个月时完全停止。婴儿在第一个月最重要的发育特征之一是出现第一次微笑或咯咯笑,通常在睡眠中开始,原因不明。可能是婴儿睡醒的信号,或者是对某些内部冲动的反应。

(7) 早期性格。婴儿在生命早期会表现出自己独特的个性特征,是活跃的、紧张的还是沉稳的,面对新环境是胆怯的还是喜欢的等,都可以通过一定的信号表现出来。成人应注意到这些信号并作出相应的反应,从婴儿一出生就应该按照他们不同的性格采用不同的养育方式。

## 三、乳儿期的发展

个体在出生后的第一年是发展最快的时期。如果说新生儿的发展是一天一个变化,那么到了乳儿期,可以说是一个月一个变化。在这一年中,婴儿学会了翻身、爬、坐和站,甚至独立行走,他们的语言开始萌芽,交际能力也随之发展起来。

(一) 生理的发展

乳儿期是儿童机体各器官继续快速生长发育、机能继续快速增长的时期。

1. 身体的发育

出生第一年,儿童的身体发育非常快。从外部指标看,出生之后的头几个月,身高平均每月增长3厘米以上,半年之后有所减慢,每月约增长1—1.5厘米,1岁时,身高可达70—75厘米。体重增加得更明显,1岁时可达9—10千克,是出生时的3倍。

婴儿的骨骼肌肉系统发育得也较快,从2—3个月开始,脊柱的四个生理性弯曲相继形成,肌肉的力量也不断增加,儿童逐渐能支撑住身体重量,逐渐能抬头、翻身、坐、爬、站甚至能走上几步。但婴儿的固化过程远未完成,骨骼仍易变形,肌肉也易疲劳,所以成人在让婴儿练习各种动作时,必须注意适时适量,不要过早让儿童坐、站,每次练习的时间也不宜过长。

2. 神经系统的发展

(1) 乳儿神经系统的发展

乳儿期脑的发育比身体其他部位发育更快。出生时头围约35厘米,1岁时可达到46厘米左右,成人的头围也不过55厘米。

① 脑重明显增加

脑细胞的体积和神经纤维的增长使脑的重量不断增加。新生儿的脑重平均为390克,相当于成年人的1/3(成人脑重平均为1 400克)。在出生后的第3个月,脑细胞数目的增加出现第二个高峰,可持续到1岁半,以后增加就很少了。1岁儿童的脑重可达900克,比新生儿增加一倍多。3岁时,儿童脑重量增加到1 000克,到7岁时,脑重达1 280克,基本接近成人的脑重。这样比较起来,乳儿期是脑重增加最快的时期。脑细胞数目的多少和儿童智力发育水平的高低有密切的关系。因此,在这段时期要注意各种营养素的摄入,特别是蛋白质的摄入量,使儿童的智力得到正常发展。

② 神经突触的长度和数量不断增加

乳儿期脑细胞的体积显著变大,保证皮质细胞形成相互联系的神经突触。树突的分支显著增多,轴突变长,无论在数量上或长度上,都在不断增加,并且从不同的方向向皮质各层深入,使大脑皮层的厚度增加,皮层的沟和回也增多和加深。这就为儿童跟外界环境发生复杂的暂时的神经联系,以及形成更复杂的条件反射提供了物质的前提和可能性。

③ 神经髓鞘化逐渐形成

乳儿的神经纤维开始了髓鞘化过程。神经纤维的髓鞘化,是脑内部成熟的重要标志,它保证神经冲动沿着一定的通道迅速而准确地传导。神经系统各部分神经纤维实现髓鞘化的时间不同,较早完成的是感觉神经,其次是运动神经,这也是婴儿动作发展落后于感觉发展的重要原因之一。在联络皮层各部分的神经纤维中,与高级智力活动直接有关的额叶和顶叶部分髓鞘化过程开始得晚,大约7岁时才接近完成。

(2) 乳儿神经系统机能的发展

乳儿神经系统机能的发展主要表现在:

① 皮质兴奋机能增强。明显表现为睡眠时间逐渐减少,清醒时间不断增加。新生儿每日可睡20个小时,周岁时可减少到14个小时左右。另外,乳儿形成条件反射比新生儿容易得多,也巩固得多,这也是皮质兴奋机能增强的表现。

② 皮质抑制机能发展。皮质抑制机能的发展是大脑机能发展的重要标志之一,它可使大脑有可能更细致地分析综合外界刺激。对于儿童心理发展来说,皮质抑制机能是儿童认识外界事物和调节、控制自身行为的生理前提。

皮质抑制机能可分为两类:无条件抑制和条件抑制。新生儿已经有无条件抑制,那是与生俱来的,产生于神经系统的低级中枢。无条件抑制有两种形式:外抑制和超限抑制。外抑制是指外界环境和机体内部的额外刺激制止了正在进行的活动。例如,室外的喧闹声打断了儿童听故事的活动,身体不适妨碍儿童注意的集中等等。

条件抑制是出生后逐渐形成的,只能产生于大脑皮层。大约在新生儿后半期,皮质抑制机能开始出现。条件抑制(也叫内抑制)主要有四种形式:

A. 消退抑制。条件反射建立后,如果条件刺激不再受非条件刺激的强化,其信号作用就会逐渐丧失,不再引起反射行为。例如,出生后严格按作息制度生活的婴儿,对喂奶时间已经形成了条件反射,一到喂奶时间,便产生食欲。如果换一个环境,每到吃奶的时间,儿童吃不到奶,那么原来形成的条件反射就会逐渐消失。据实验报告,婴儿出生后两个月出现明显的消退抑制。消退抑制在乳儿期乃至整个人生的生活和学习活动中都有重要作用,有利于儿童适应新环境,在教育工作中,利用消退抑制的原理,可以帮助儿童矫正不良习惯。

B. 分化抑制。条件反射形成初期,不仅条件刺激物本身有效,与之相似的刺激物往往也能引起反应,这种现象被称之为条件反射的泛化。如果以后只强化原来的条件刺激物,而不强化类似的刺激物,那么,对类似刺激物的反应就会逐渐减弱甚至消失。这种只对条件刺激物进行反应,对相似的刺激物不反应的过程就是分化抑制。有实验证明,出生不久的孩子就能分辨"嗡嗡"声和"沙沙"声,听到不同的声音便向不同的方向转头,以得到糖水。分化抑制是精确的辨别力发展的基础。

C. 狭义的条件抑制。条件反射形成后,另一无关刺激物的出现,往往会使原来的条件刺激物也失去信号意义。这种现象就是狭义的条件抑制。4个月大的婴儿,已表现出狭义的条件抑制。

D. 延缓抑制。条件刺激物出现后,稍稍停一会儿再用非条件刺激物进行强化,这样,反应出现的时间便延缓了。例如,一开始婴儿看到阿姨做喂奶前的准备工作,往往会迫不及待地哭叫或伸开小手要奶瓶,但阿姨需要一定时间做准备,不能马上满足他们的需要。这样经过若干次以后,有些婴儿就能安静地等待一会儿,这就是延缓抑制现象。延缓抑制的现象出现得最晚,大约在半岁左右才出现。

皮质抑制机能的发展为儿童更准确地反映客观事物,形成有意动作提供了可能性。对于婴儿心理活动和行为的发展具有重要作用。

(3) 乳儿条件反射建立方式的变化

条件反射建立方式的变化,是乳儿大脑皮层机能发展的重要表现。

新生儿的条件反射,主要是在无条件食物反射和防御反射的基础上建立起来的。乳儿期由于儿童各种感觉性和运动性反射的巩固,条件反射的形成方式发生了较大变化,使食物反射和防御反射的强化作用相对逐渐减少,新的反射方式,如定向反射强化、模仿、动觉强化及言语强化等的作用逐渐增加。

① 定向反射强化的方式

无条件定向反射是新生儿的一种本能行为。条件性定向反射,即积极的定向探究反射,则是一种有目的的积极行为。定向探究反射在儿童的认识活动中有非常重要的意义,构成认识动机的好奇心和求知欲,甚至连成人的创造动机等都与定向探究反射有密切的关系。

乳儿期,除了新生儿时期的食物反射和防御反射起强化作用以外,定向反射的强化作用开始不断增强,并且逐步占有更重要的地位。研究表明,出生后3个月的儿童已出现了定向探究反射,在第5个月,定向探究反射已经得到巩固,到第7个月,只要经过几次的结合,定向反射就能形成。这样,儿童就开始能对周围的"新鲜事物"(如发声的、光亮的、活动的东西等)产生定向探究反应。例如,一个不足3个月的婴儿,由于偶然挥动双臂,摇响了系在其右臂上的拨浪鼓,自第3次拨浪鼓声响后,婴儿便开始有规律地摆动右臂,而左臂不动,似乎在"探究"动作与响声的关系。我们经常看到,1岁左右的儿童喜欢不厌其烦地重复某一动作,如把积木几十次地扔在地上,成人给捡起,他又扔下。这也是儿童的定向探究活动的表现。

积极的定向探究反射,本身带有"自我强化"的特点。这种自我强化表现在:一方面,引起定向反射的刺激物本身所具有的新异性,能维持巩固儿童的定向探究反射;另一方面,儿童的定向探究活动又不断揭露着刺激物的各种新异性。儿童就在这种积极的定向探究活动中,认识了各种物体的属性,认识了物我关系,掌握了对各种物体应采取的不同行动方式。

② 模仿的方式

在定向探究反射发展的基础上,儿童开始通过模仿这种新的途径来建立条件反射。模仿是儿童的一种很重要的学习方式。在儿童的言语、行动以及个性品质的发展中,模仿起着很大的作用。

从乳儿期起,儿童就开始通过模仿进行学习。但对他们来说,掌握这种学习方式并不那么容易。要模仿,首先必须注视、探究榜样行为,并在头脑中形成有关形象;然后,根据这种形象来调节自己的行为动作等,并将它与榜样行为相对照。这只有在定向探究反射形成以后,在皮质抑制机能发展的基础上才有可能。

③ 动觉强化的方式

这是指用一种运动所产生的动觉刺激来强化这种运动与某种无关刺激物的联系的学习方式。当某种无关刺激物与儿童的某种被动性动作多次结合以后,这种无关刺激物的出现就会引起婴儿同样的主动性动作。例如,每当客人告别时,妈妈总是一边说:"宝宝,跟阿姨再见!"一边挥动孩子的右手,这样多次重复以后,一听到"再见",婴儿便自动摆手作再见状。年幼儿童的很多运动性技能(如拿勺、握笔等)都是通过这种方式逐渐获得的。

④ 言语强化的方式

儿童掌握言语之前所形成的各种暂时联系,都是建立在无条件反射或由具体刺激物而引起的条件反射的基础上的。婴儿末期,成人的言语交际在形成儿童的暂时联系中开始起作用。随着儿童言语的发生发展,言语强化方式在暂时神经联系的形成上开始占有愈来愈重要的地位。儿童借助于词所形成的暂时神经联系,无论在数量与质量上都是动物无法比拟的。这也正是人类区别于动物的高级神经活动的本质特点。

在儿童条件反射的形成上,言语的强化作用不是一下子就能奏效的,中间有一个发展过程。起初,成人的言语只是一种条件刺激物,只能诱发儿童的某种反应,并不具有强化作用(参看动觉强化的方式)。然后,成人的言语、表情、动作及其他因素共同起强化作用,例如,当婴儿摆手表示再见时,成人常常高兴地夸他"好宝宝"、"真聪明",这时,起强化作用的,与其说是言语,倒不如说是成人眉开眼笑的表情。随着儿童言语的发生发展,成人的词不仅具有条件刺激物的作用,而且强化作用越来越大,这时,成人用词表示的要求、赞许、斥责,已经可以直接指导儿童的行动。但整个乳儿期,言语强化的作用还很小,以此方式建立的条件反射也是很少的。随着年龄的增长,言语强化逐渐成为儿童形成条件反射的主要方式。

条件反射形成方式的变化,是儿童适应环境能力上的又一次大进步,对儿童心理发展有重大的积极作用。

## (二) 动作的发展

儿童动作的发展包括躯体和四肢动作的发展。动作本身并不是心理,但是动作和心理发展有密切的关系。动作的发展在一定程度上反映大脑皮层神经活动的发展。因此,人们常把动作作为测定幼儿心理发展水平的一项指标。

1. 动作发展的规律

乳儿的动作发展受身体的发育,特别是骨骼肌肉的发展顺序及神经系统的支配作用所制约。动作发展一般遵循一定的规律:

(1) 从整体动作到分化动作

婴儿最初的动作是全身性的、笼统的、非专门化的,"牵一发而动全身",这是运动神经纤维一开始没有髓鞘化的结果。当婴儿发展到一定阶段之后,这种泛化性的全身动作才逐渐分化为局部的、准确的、专门化的动作。

(2) 从上部动作到下部动作

婴儿最先发展起来的是头部动作,然后自上而下,学会俯撑、翻身、坐、爬、站、最后才学走路,这体现了身体发展从上到下的方向性。

(3) 从大肌肉动作到小肌肉动作

婴儿大肌肉动作比小肌肉动作发展早。表现为婴儿躯体的动作比四肢的动作发展早,手指动作发展最晚,这一发展顺序与身体发展的近远方向(从中心向两边)相一致。

(4) 从无意动作到有意动作

婴儿的动作起初是无意的,当他做出各种动作时,既无目的也无意识,不知道自己在干什么,以后逐渐出现有目的的动作。6个月以后,婴儿才开始意识到自己所做的动作。

2. 躯体和下肢动作

身体和大脑的不断发育,使婴儿有可能学习、掌握一些人类的基本动作。2—3个月的孩子已经不再手脚乱动,开始出现一些局部的动作,如学会抬头。成人可以将他竖直抱起,4—5个月婴儿开始学翻身,5—6个月学坐,特别是6个月以后,婴儿的动作发展更明显,连续学会坐、爬、站、走。婴儿这些动作的发展顺序是不变的。尽管因营养和训练等条件的不同,使儿童在动作发展的快慢上存在个别差异,但他们的动作都是依照抬头、翻身、坐、爬、站、走的顺序来发展的。

婴儿学习这些动作不是先学会一样再学另一样,而是交叉进行的。例如站立是在11—12个月时学会的。但在5—6个月时,便可以依靠成人扶住两腋,站立片刻;7—8个月时又可以由成人拉着双手站立;再往后,他会自己扶住东西站立,在这期间,他同时又在练习坐、爬、蹲等动作。

儿童1岁以前学会的动作都可看作是为行走做准备。但这些动作在儿童心理发展中起着积极的促进作用,儿童学会坐和站以后,视野变得开阔。他们还会在爬行中移动身体,主动接近事物。动作发展使儿童从躺卧姿势和成人的怀抱中解放出来,开始练习着自己的活动,主动接触更多的事物,其情绪也更加愉快和丰富。

3. 手的协调动作的发展

婴儿认识周围事物的能力在很大程度上是与双手动作的发展相联系的。手的动作从不灵活到灵活有其特定的发展规律。

(1) 本能的抓握

三四个月前的婴儿,抓握物体还带有无条件反射的性质,即先天具有的抓握反射在这段时间里仍然影响着儿童手的抓握动作。这种抓握没有目标、没有方向,偶然接触到什么就抓什么;手指的配合不当,拇指和其余的手指方向一致,无论什么物体,都是一把抓;手眼不协调,能看见眼前的物体,伸手去抓却抓不准。

(2) 手眼协调

婴儿要想准确地抓住物体,必须通过视觉、触觉、运动觉密切配合的联合行动,这种将各个不同系统的行动合而为一的能力在5—6个月左右开始形成。婴儿在视觉引导下,能有目的地抓取物体,说明视力在很大程度上支配着双手的活动。

眼手协调和坐的姿势也有密切关系,随着婴儿会坐,并且能够坐起来时,婴儿的视线往往会自然地落在自己的手上,并且容易使手的活动范围和视线范围相一致。因此,当婴儿学会坐起来时,眼手动作就明显地协调起来。

与此同时,大拇指的作用明显地发挥出来,婴儿会把拇指放在物体的一边,其余四指放在另一边,这样不仅能把东西抓牢,而且可以按照物体的不同形状、大小等变换手的姿势。这样既有利于认识物体的特点,又可以捡起以前"大把抓"所不能拿起来的细小物体。

(3) 手的动作逐渐灵活,成为认识活动的器官

出现眼手协调动作之后,儿童手的动作日渐灵活,出现了双手的配合活动。他会把物体从一只手倒向另一只手,手在认识活动中的作用也越来越大。

从6—8个月开始,婴儿在同物体反复接触中,兴趣中心逐渐从自身的动作转移到动作的对象。这时他会乱敲、乱投、乱撕各种东西,或扔到地上,想以此来了解自己的动作能带来什么影响。这个年龄的婴儿喜欢做重复的动作,因此,可以给婴儿提供一些不易破碎又易消毒的小玩具,让他任意摆布。

9个月以后,婴儿手的动作进一步复杂化,他们似乎知道可以借用工具来达到目的。例如,婴儿想拿玩具,但是自己够不着,他会抓住成人的手,朝玩具的方向拉。如果他的东西掉在地上,他会"啊啊"地叫着,让成人帮他捡起来。在这之前,婴儿只有行动的目的,即看见东西知道去拿,现在婴儿有了行动的方法。另外,他们也开始模仿成人的一些动作,如抱娃娃睡觉,用小勺吃饭等,这是婴儿运用工具最初的开端,也是游戏的萌芽。

(三) 心理的发展

在这一阶段对婴儿心理发展起着至关重要作用的活动是与成人的交往。这种交往主要是在儿童与父母亲(和其他照料他们的人)之间进行的,并伴随着一种情感关系——亲子关系。

1. 母子关系与婴儿心理的发展

儿童心理的发展,不能随着身体发育而自然成熟,也不能像小动物那样,只靠积累自身适

应环境所取得的直接经验。儿童的心理是在与环境的相互作用中,汲取人类历史上积累下来的文化财富而逐渐发展起来的。

在婴儿心理的发展中,母亲起着举足轻重的作用。母亲是婴儿生活环境中的核心因素,由于婴儿机体的柔弱性,在生活中一刻也离不开母亲。母亲不仅是他们一切生理需要的直接满足者,而且是他们与客观物质世界的"中间人"。婴儿与环境的接触,婴儿对世界的认识,都是通过直接照顾他们的成人而实现的。

当然,母子交往、亲子关系也有积极与消极之分,这主要取决于母亲对待婴儿的态度和养育方式。充满爱心、温柔体贴、善于理解婴儿各种要求的母亲,容易建立积极的亲子关系;而粗心、冷淡、急躁、忽略婴儿需要的母亲,与婴儿建立的关系多是消极的。因缺乏交往而建立起来的消极的亲子关系,不利于儿童的发展。

2. 婴儿交往行为的发展

婴儿的交往行为有一个过程。

在新生儿期,明显的交往行为——"天真活跃反应"出现了。当成人的脸出现在婴儿的视野中,他们便中止原来的动作,注视成人的眼睛,进行片刻目光交流,然后开始微笑、发声,手舞足蹈,表现出欢快的样子。婴儿这种应答性的"天真活跃反应",往往被成人理解为孩子向自己发出的交往信号,于是也报之以微笑、抚摸、亲吻、搂抱、引逗等,而成人的这种反应更强化了婴儿的行为,同时也加强了双方的情感联系。

半岁左右,婴儿开始主动与成人交往。当母亲不在时,儿童已能自觉地发出各种信号呼唤成人,其中最常用的方式就是哭。这时候的哭并非因为饥饿或身体不适,而只是无人理睬,妈妈只要把脸凑过来和他讲话,哭声就停止了。

半岁到1岁,婴儿开始从与成人的交往中学习各种动作和语言,与此同时,与人交往的愿望更加强烈,交往行为也更复杂了。"藏猫猫"是婴儿这时候最乐意玩的游戏。每当妈妈突然从遮挡物后露出自己的脸时,他们都会高兴地咯咯笑。这时候的婴儿已经能区分不同的表情和情绪,妈妈愉快的表情和声音使他们高兴,严厉的声调会使他们大哭起来。

3. 婴儿认知情感的发展和言语发展的准备

在婴儿的心理活动中,出现最早、发展最快、最先达到比较完善水平的是感觉和知觉。人类生而具有感觉能力。他们的肤觉很发达,被褥凉,尿布湿、烫都会使他们感到不舒服。婴儿很早就表现出对鲜艳的颜色、复杂的图形、和谐的声音的偏爱,特别喜欢人脸和人的声音。如果成人及时提供丰富的感觉刺激,婴儿的感觉和知觉能力就会迅速地发展起来。

另一种出现较早、对后来的发展影响较大的心理因素是情感。儿童先天具有与生理需要相联系的情绪反应。新生儿期,开始出现与交往等社会性需要有关的情感。从此,儿童情感逐渐分化和复杂起来。成人用什么样的态度对待他们,用什么方式养育他们,不仅直接影响其情感的性质,并且影响整个心理状态和他们对世界的基本态度——信任还是怀疑,积极还是消极。

在与成人的积极交往中,婴儿开始学习人类特有的交往工具——语言。成人对儿童的直接交谈是他们学习语言的必要条件。从7、8个月开始,婴儿开始能对个别语音形成条件反射,如妈妈喊他的名字时会回头。从9、10个月开始,能模仿成人发出简单的音节。婴儿期是言语发展的准备期。

## 四、先学前期的发展

1—3岁称为先学前期。这一阶段儿童学会走路、说话,生活范围更加扩大,外界对他们的影响也日益增加。同时,他们能够主动地去反映客观事物,表现出心理的能动性。

### (一) 生理的发展

1. 身体发育

先学前期儿童身体的发育十分迅速。身高平均每年增长 8—10 厘米,两岁时约达 85 厘米,3 岁可达 93 厘米左右,比出生时增加近一倍。体重增长速度更可观,3 岁时体重约为出生时的 4 倍,重 13 千克左右。

先学前期儿童的骨骼还在继续骨化,仍具有弹性大、易弯曲的特点。大肌肉已经发展,但耐力很差,易疲劳;小肌肉远未发展起来,因此一般还不能从事需要手指精细活动、灵活性、准确性很高的动作。

先学前期儿童的内脏器官也有了一定的发展。正常婴儿心率在每分钟 100 次以上,3 岁时,心率已降为每分钟 100 次,但与成人相比仍然很快,因此,仍不适宜做剧烈运动,以免过分加重心脏负担。

总之,先学前期儿童的身体各方面发展仍很柔弱,不能耐劳,不宜做过分剧烈的活动,但是已能保证儿童从事一些最基本的活动。

2. 神经系统的发展

先学前期儿童的神经系统结构和机能仍在继续发展,脑重不断增加(3 岁已达到 1 000 克),神经纤维不断增长,突触联系不断增多,神经纤维髓鞘化过程迅速进行,条件反射形成的速度与巩固程度也不断提高。

先学前期儿童神经系统的发展主要表现在皮质抑制机能和第二信号系统的发展上。

(1) 皮质抑制机能的发展

婴儿的各种皮质抑制(内抑制)还在乳儿期发展的基础上继续发展,但抑制过程还是比较微弱的。清醒状态下,兴奋过程占极大优势。随着神经系统的日益成熟,随着动作的发展以及言语的形成和发展,婴儿神经过程不断得到锻炼,皮质抑制(内抑制)机能也比较迅速地发展起来了。内抑制的发展,使婴儿大脑皮质的分析综合活动日益精细准确,对心理活动和行为的调节作用有所增强,使得乳儿期抑制过程远弱于兴奋过程的状况就有了初步的改善。这样,儿童就有可能在较长时间内从事某项活动,并开始按照成人的指示来支配自己的行为。

但是这一阶段儿童的兴奋和抑制过程还是极不平衡的,抑制过程远远弱于兴奋过程,条件抑制也大大弱于无条件抑制。兴奋和抑制的过程的不平衡性造成了儿童活动的高度不稳定性和冲动性。

(2) 第二信号系统形成和发展

巴甫洛夫提出人脑有两种信号系统,即第一信号系统和第二信号系统。第一信号系统是以现实事物作为条件刺激物而形成的暂时神经联系系统;第二信号系统是以词作为条件刺激物而建立的暂时神经联系系统。两种信号性质完全不同,第一信号是具体刺激物的信号。语词是第二信号系统的信号,是抽象的信号。动物只有一种信号系统,相当于人的第一信号系统;而人类具有两种信号系统,这是人类区别于动物的主要特征。

乳儿期是第一信号系统迅速发展的时期,例如,婴儿看到妈妈的形象就表现出高兴的表情,伸手要妈妈抱,妈妈的形象是具体刺激物。在1岁以前,婴儿所建立的条件反射基本上都是有具体刺激物作为信号物的。由于第一信号系统是以具体事物作为条件刺激物的,因而是以感觉、知觉、表象等直观形式来直接反映现实的。

真正的第二信号系统活动是在婴儿期开始形成和发展起来的。在乳儿期,虽然儿童也能对个别的词发生反应,但由于所能反应的词十分有限,而且这些词的信号非常接近第一信号,并不具有多少概括性,所以,还不宜归为第二信号系统的活动。

在第二信号系统的活动中,词是一种"信号的信号"。词总是标志着一定的事物,因而可以作为具体的条件刺激物的信号而形成条件反射。例如,有的儿童形成了看见穿白大褂的医生就哭叫,想逃避打针的反应,当听到"医生来了"这句话时,他会哭起来,这就是第二信号系统的活动。因为在这里,"医生"这个词是条件刺激物——"穿白大褂的医生"的信号,而"穿白大褂的医生"的形象又是无条件刺激物——"打针疼痛"的信号。

正是第二信号系统的存在才使得人脑的反应机能达到最高水平,才使人的心理以其抽象概括性和自觉能动性而大大优于动物心理,成为"万物之灵"。同时,我们也应看到,第二信号系统是在第一信号系统基础上形成的,没有第一信号系统就没有第二信号系统。两种信号系统总是联系在一起的,人的心理的产生与发展是两种信号系统的协同活动。

儿童两种信号系统活动的发展大致可以划分为4个阶段:

① 直接刺激引起直接反应。7、8个月以前的儿童属于这一阶段。这时,儿童只能以自身的动作来应答具体刺激物。如看见新鲜玩具就用手去抓。

② 词的刺激引起直接反应。8个月以后的儿童开始能对少数词发生一定的动作反应。如问"妈妈在哪儿"儿童会朝向妈妈或引起寻找妈妈的动作。但这时的词还不是真正的第二信号系统的刺激,因为它还不能代替一类事物而起作用。如儿童会对"妈妈在哪儿"这个短句反应以后,对"阿姨在哪儿"、"姐姐在哪儿"等则不一定会反应,还需要分别形成新的暂时神经联系后才能反应。可见"在哪儿"这个词还不具有概括性,还与第一信号很近。

③ 直接刺激引起词的反应。1岁到1岁半的婴儿对熟悉的事物能作出词的反应。如看到自己家的小花猫会发出"喵喵"的喊声,但这时的词也不一定具有概括性。因"喵喵"一词只是自己家猫的"专有名称",还不能包括所有代表猫的象声词。

④ 词的刺激引起词的反应。1岁半以后,词才开始摆脱与具体刺激物的直接联系,才开始成为代表一类事物的具有概括性的刺激物。因此,真正的第二信号系统的活动才开始形成和发展起来。

第二信号系统的形成和发展,给儿童的高级神经活动带来了新的原则,使其心理具有了抽象概括性和自觉能动性。并且,儿童借助词的作用逐渐能形成多级的复杂的条件反射。这种多级的"条件反射链锁"便成为儿童心理日趋复杂化的生理基础。

## (二) 动作的发展

### 1. 学会直立行走

1—3岁的儿童与1岁以前相比,最明显的特点是动作增多且更加熟练和复杂化。1岁左右,儿童开始练习独立站起、迈步,在成人的引导和帮助下,孩子渐渐学会了协调地独立行走。这一阶段的儿童学会自由走动,同时全身的各种动作也得到发展。在这段时间里,孩子往往手脚并用。爬楼梯或台阶时,不但手脚并用向上爬,还倒退着向下爬。如果成人拉着他的手,一岁半的宝宝可以走上楼梯。到了两岁左右,孩子开始学会双脚原地跳和原地站立踢球,学会跑和攀登,并且很少摔倒(见表2-2)。

两岁左右的孩子,动作虽然还不够灵活,但是活动的积极性非常高。看见一个小土堆,就要爬上去,看到一个小水坑,就要迈过去,在室内喜欢在椅子上爬上爬下。之后,孩子又逐渐学会越过小障碍物,单独上下楼梯,双脚学小兔向前跳。到了3岁,还会学会独脚跳等较为复杂的动作。这些动作的发展,使儿童可以自由地进行活动,从而大大开阔了视野,扩大了认识范围,促进了心理的发展。

表2-2 婴儿期儿童躯体动作发展顺序

| 躯体动作项目 | 常模年龄(月) | 躯体动作项目 | 常模年龄(月) |
| --- | --- | --- | --- |
| 独走几步 | 13.7 | 双脚跳 | 26.7 |
| 自己能蹲 | 13.9 | 能组织活动 | 27.1 |
| 会跑但不稳 | 16.7 | 不扶栏杆上下楼 | 28.1 |
| 踢球 | 17.6 | 手臂举起投掷 | 29.3 |
| 双手扶栏杆上下楼 | 19.3 | 跳远 | 30.5 |
| 跑且能控制 | 19.8 | 从楼梯末层跳下 | 31.7 |
| 自己上下矮床 | 20.0 | 独脚站 | 33.4 |
| 单手扶栏杆上下楼 | 23.9 | | |

(资料来源于丁祖荫主编,《幼儿心理学》,人民教育出版社,2002年版)

### 2. 手的动作更加灵活协调

1—3岁的儿童渐渐能够根据物体的特点和功用,比较灵活、准确、熟练地运用物体。1岁半以后,孩子逐渐学会了拿着东西做各种动作,他不再只是敲敲打打,扔扔捡捡,开始能把物体当工具使用了。例如,他们可以用小勺吃饭,端杯子喝水,用积木搭高楼等。2岁以后,他们开始学着自己穿脱衣服,系扣子、洗手、用筷子吃饭等等(见表2-3)。

表2-3 婴儿期儿童双手动作发展顺序表

| 双手动作项目 | 常模年龄(月) | 双手动作项目 | 常模年龄(月) |
| --- | --- | --- | --- |
| 把小球放入瓶中 | 12.3 | 自己洗手 | 27.6 |
| 搭积木2—4块 | 12.9 | 搭火车 | 28.1 |
| 拿柄摇拨浪鼓 | 13.2 | 翻书一次一页 | 28.3 |
| 从瓶中倒出小球 | 13.4 | 穿串球 | 28.3 |
| 双手端碗 | 17.1 | 搭桥 | 28.9 |
| 搭积木5—7块 | 20.9 | 折纸成长方形 | 31.1 |
| 一手端碗 | 27.0 | 折纸成正方形 | 34.1 |

(表格摘自丁祖荫主编《幼儿心理学》,人民教育出版社2002年版)

值得注意的是,儿童在学习使用物体的动作中,有时会出现倒退现象。例如,已经学会熟练使用勺子,但忽然有一段时间不好好用勺子吃饭,而是把饭粒弄得到处都是。这时不要责怪孩子,这是表面倒退实际前进,真实原因是孩子对熟悉的动作已失去新鲜感,对新的动作产生了兴趣。他喜欢用手指去捡细小的东西,故意把饭粒洒在桌子上,然后再用手捡起来。

在直立行走和用手摆弄物体的动作发展的基础上,活动开始形成。先学前儿童的活动,包括基本的生活活动和模仿性游戏,主要是实物活动。这对先学前儿童心理的发展有着积极的促进作用。

（三）心理的发展

1. 实物活动在先学前期儿童心理发展中的意义

所谓实物活动,指的是操作实际物体(包括工具)的活动。它是由一系列操作动作组成的。如果说,母子直接交往主要是情绪性的,那么,通过实物活动而实现的间接交往则更具有认识意义。

实物活动不仅使儿童获得了对客观事物的深刻认识,而且获得了深刻认识实物的心理机能——思维。实物活动的对象,特别是工具,是人类智慧的结晶,是前人思维活动的物化成果。儿童在摆弄这些物体时,成人总是会及时教给他们使用的方法以及物体的名称,这就使实物活动本身具有一定的智慧价值。先学前儿童在摆弄各种物体时,有时拼合,有时分开,使其分析综合能力在实际活动中得到了锻炼。儿童在活动中遇到的一些困难,他们会尝试用各种方法去解决,这样,他们就掌握了事物与事物之间的关系,学会了解决问题的方法。

这种分析、综合、分类、概括、发现关系和解决问题能力的出现,表明儿童已有了思维能力,也正是在这种实物活动中,儿童的思维能力才逐渐萌发出来。

2. 言语真正形成

随着实物活动这种母子间交往方式的发生发展,婴儿的主要交际工具——身体接触、表情等渐渐显得不太适用了,而言语交际的优越性越来越明显。这种变化促进了先学前儿童言语的迅速发展。如果说,婴儿期是掌握本族语言的准备期,那么,先学前期则是初步掌握本族语言的重要时期。在短短的两三年的时间里,儿童不仅能理解成人对他讲的话,而且能够运用口语比较清楚地表达自己的思想,同时,还能根据成人的言语指示调节自己的行为。言语的形成和发展也促进了心理活动的有意性和概括性的发展。

3. 思维能力出现

思维是高级的认识活动,是智力的核心。先学前儿童的思维在实物活动中出现,使他们的整个心理活动发生了巨大的变化。思维的发生,不仅意味着儿童的认识过程已完全形成,而且引起了原有的低级认识过程的质变:知觉不再单纯地反映事物的外部特征,也开始反映事物的意义与事物之间的关系,成为了"理解性"的知觉,即思维指导下的知觉;记忆的理解性增强,有意性出现,情绪情感逐渐深刻,意志行动产生,儿童的心理开始具有最初的系统性。

但是,先学前期儿童的思维总是在动作中进行,离不开对事物的感知和自身的动作,具有直觉行动性。

4. 自我意识开始萌芽

在与他人的交往和与客观事物的相互作用中,先学前儿童通过"人"与"我"、"物"与"我"的比较,逐渐认识到作为客体的外界事物和作为主体的自己,从而形成对自己的认识,即自我意识的萌芽。自我意识是调节自身行为的原动力,先学前期儿童的自我意识突出表现为"闹独立"。

1岁多的孩子已经产生了独立性的需要,如学会走路以后,外出时不要成人抱,非要自己走不可,如果成人把他抱起来,他会使劲挣扎着下来自己走,吃饭时会抢大人手里的勺子,想要自己用勺子吃饭等;两岁左右的孩子独立行动的愿望更加强烈,表现为非常固执,不听别人的吩咐,有时不让他做的,他偏要做。他经常会摇头,或者扭身子来表示不采纳成人的建议,也有人把这一阶段的儿童称作人生的第一个转折期,也是第一个"危机期"。成人要科学、理性对待孩子的这一关键时期。对孩子的"独立性需要",不能一味满足,也不能过多地限制。一味满足容易造成孩子的任性和执拗,过多限制则会挫伤孩子的自尊心,使孩子变得依赖,缺乏独立性。

## 五、学前儿童的发展

学前儿童是指3—6岁的儿童。由于这一年龄阶段的儿童一般正在接受进入小学之前的教育,所以被称为学前儿童(狭义上)。

### (一) 学前儿童的生理发展

1. 学前儿童身体的发育

这一时期儿童身高和体重的增长速度和3岁前相比有所降低,但与以后各时期相比仍然很快。在这一阶段,儿童的身高大约每年增长4—7厘米,体重每年增加4千克左右。6岁儿童的身高达110厘米左右,体重达20千克左右。身体各部分的比例逐渐向接近成人比例的方向发展。

这个阶段儿童的骨骼也更加坚硬,但是骨化过程还远未完成,弹性非常大,可塑性强,骨骼容易变形。在这一阶段,要注意保护好儿童,走、坐姿势要端正,持续时间不宜过长。

儿童的大肌肉群发育得早,已比较发达,所以以大肌肉群为主的动作,如跑、跳等已经很熟练,动作也比较协调,而小肌肉群发育还不完善,手的动作(如手指、手腕动作)还很笨拙,一些比较精细的动作还不能成功完成。如不少中班儿童使用剪刀时,全身肌肉都紧张起来,瞪着眼,张着嘴,显得十分吃力。此时通过一些折纸、绘画、泥工等活动可以锻炼幼儿的小肌肉,增加精细动作的协调性。

2. 学前儿童神经系统的发展

神经系统的发展主要表现在大脑结构和技能的发展两个方面。

(1) 脑结构的发展

儿童脑结构的发展主要表现为以下几个方面:

① 脑重继续增加。儿童出生时脑重仅为390克;3岁时达1 000克;7岁时可达1 280克,

相当于成人脑重的90%以上。

② 神经纤维增长。儿童两岁之前,脑神经纤维较短,且多是水平方向。两岁以后,出现了向竖直方向延伸的分支。幼儿神经纤维的分支继续增多、增长,这就为形成复杂、众多的暂时神经联系提供了物质基础。

③ 神经纤维髓鞘化基本完成。这就为儿童神经传导更加迅速、准确提供了生理基础。

④ 整个脑皮质达到相当的成熟程度。大脑半球表面有许多褶皱,凹陷部分称为沟或裂,隆起的部分称为回。根据大脑表面几个主要的沟或裂,将皮层分为四大区域,即额叶、顶叶、颞叶和枕叶(见图2-4)。这四个区在机能上有不同的分工:运动和语言运动中枢在额叶,躯体感觉中枢在顶叶,视觉中枢在枕叶,听觉中枢在颞叶。儿童大脑皮质各区域成熟有一定的顺序,最早成熟的是枕叶,其次是颞叶、顶叶,最晚成熟的是额叶。

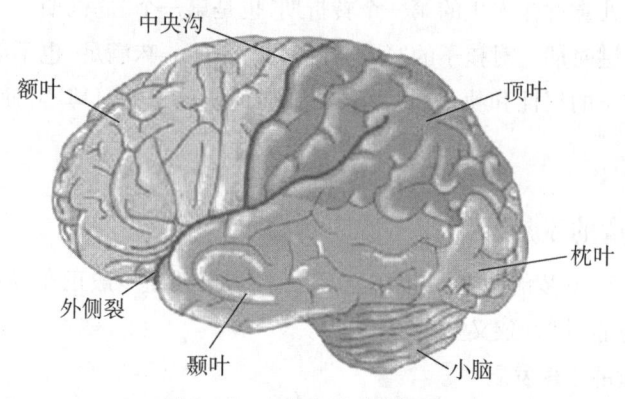

图2-4 大脑半球背外侧面

(2) 脑机能的发展

随着儿童脑结构的成熟,脑的机能也随之发展起来。这主要表现在以下几方面:

① 大脑皮层兴奋与抑制过程加强

兴奋过程的加强表现为幼儿睡眠时间相对减少,条件反射容易建立且越来越复杂等。睡眠时间的减少使得儿童有更多的时间去看、去听、去接触各种事物,从中获得新知识,增长聪明才智。

抑制过程的加强,使儿童可以逐渐学会有意识地控制自己的行为,减少盲目性和冲动性,为培养良好的学习习惯,形成优良的个性品质提供了条件。同时,也为儿童精确认识事物能力的发展提供了生理基础。

儿童的皮质抑制机能虽然有所发展,但总的来说,兴奋强于抑制,兴奋和抑制过程还是不平衡的,且年龄越小越是如此。

② 条件反射易建立,且比较巩固

随着儿童脑结构的成熟和机能的发展,条件反射明显容易建立,且比较巩固。学习与条件反射建立的速度和巩固程度有直接关系。条件反射容易建立,意味着学习新知识比较快;建立以后比较巩固,则意味着新知识的掌握比较牢固。如对于一首新儿歌,两三岁的孩子学会往往需要教十几遍,甚至几十遍,如果不及时复习,很快就忘记了。而四五岁的孩子可能教几遍就记住了,而且不容易忘记。

③ 第二信号系统作用加强,两种信号系统的协同活动进一步发展

人的两种信号系统是紧密联系着的,第二信号系统必须以第一信号系统的活动为支柱,第一信号系统的活动又要受第二信号系统的调节。幼儿期第二信号系统作用加强,两种信号系统的协调活动进一步发展。

第一信号系统是幼儿心理活动的具体形象性和无意性的生理基础。儿童学会说话之前,只有第一信号系统的活动,因而只能去直接感知认识事物,心理活动和行为也不受意识控制和调节,而随外界事物或个体生理的变化而变化。

第二信号系统是心理活动的抽象概括性和有意性的生理基础。儿童掌握语言的过程,实际上就是在第一信号系统的支持下,形成和发展第二信号系统的过程。随着儿童语言的发生,第二信号系统逐渐形成,但此时它的作用还很差,第一信号系统的活动仍占绝对优势。随着年龄的增长,第一信号系统的优势地位逐渐下降,第二信号系统的地位逐渐增强。这样,幼儿不仅可以通过直接接触事物获得知识,而且能够通过词的描述、讲解来获得间接经验。同时,能够按着成人的言语指示和自己的言语来调节自己的行为。由此,幼儿心理逐渐由具体形象性开始发展为抽象概括性,由无意性开始发展为有意性。

需要强调的是:第一,尽管幼儿的第二信号系统活动的作用较以前大大增强,但与第一信号系统相比,其发展仍然很不完善,第一信号系统仍占优势。这就决定了幼儿的基本特征具有明显的具体形象性和无意性;第二,幼儿期两种信号系统容易发生脱节现象。例如,幼儿往往能复述成人讲过的某些词句,但并不能真正理解它的意思,或者行为不受言语的支配(言行不一致)。如孩子打针时嘴里说:"不哭!不哭!"针刚刚扎进去却大哭起来。对幼儿进行教育时,要充分认识这一特点,并且尽量避免这种脱节现象变成稳定的行为倾向。

(二) 活动的发展

幼儿的活动有三种基本形式——游戏、早期的学习和劳动。

1. 游戏

游戏是幼儿最主要的活动形式。幼儿特别喜爱游戏,玩起来甚至可以"废寝忘食"。游戏对幼儿为什么有这么大的吸引力?它究竟是怎样一种活动?它与其他活动相比有什么特点?现分述如下:

(1) 游戏是怎样一种活动

游戏是一种社会性活动,是儿童反映现实生活的一种特殊方式。

幼儿在接触社会时,会产生参加成人的社会活动的强烈愿望,但又受其身心发展水平的限制,不能实现这种愿望,因此以游戏来满足和代替这种愿望,所以游戏从一开始就带有浓厚的社会性。表现为游戏的主题和内容都来源于社会生活,儿童不可能在游戏中反映他们完全不知道的东西,生活中有什么,游戏中才会表现什么。

但是,儿童在游戏中也不是原原本本、完完全全地照搬、模仿生活,而是在忠于现实生活逻辑的基础上,加上了儿童自己的想象,通过改变现实来反映现实。因此,游戏又是儿童的一种创造性活动,是虚构与真实的巧妙结合。

因此,游戏是儿童反映现实的特殊形式,是想象与现实的统一。游戏的这一特点,使儿童在游戏中,既能在假想的情景中自由地从事自己向往的各种活动,又不受真实活动所要求的条件的限制;既可充分展开想象的翅膀,又能真实地体验一些情感和关系(如医生对病人的同情等),从而获得精神上的乐趣。总之,正是游戏,也只有游戏,才能使幼儿在现有发展水平的条件下像成人那样去活动、去生活。因此,游戏是最适合幼儿、最为幼儿所喜爱的活动。

(2) 游戏的主要心理结构

构成游戏活动的主要心理成分有:

① 想象。想象是游戏中最重要的成分。游戏中的想象,用孩子们的话说就是"假装"。离开这种"假装",游戏也就不成其为游戏了。在孩子们玩"上课"游戏时,有位教师也参加进来,大家会很欢迎。但老师说她不当小朋友,还是当老师,让小朋友还当小朋友。孩子们就不干了:"这是什么游戏呀!这不成了真的了吗?"

② 直接兴趣和愉快的情绪。直接兴趣是促使儿童进行游戏的力量。直接兴趣引起的活动往往又伴随有愉快的情绪体验。没有兴趣和愉快的活动就不是游戏。这也是游戏的一个重要特征。

学习和劳动则不同。学习和劳动可以由直接兴趣引起,但更多的是由间接兴趣引起。尽管学习和劳动的结果可以使人愉快,但其过程本身却不一定如此。游戏则不然,它任何时候都只能由直接兴趣引起,而且过程本身就使儿童感到愉快。所以游戏又是一种自由的、轻松、充满乐趣的活动,

③ 动作和言语。没有静止不动的游戏,儿童总是通过动作、活动来进行游戏的。积极活动的机会越多,儿童的兴趣相对也就越大。在角色游戏中,儿童一般都会争当活动机会多的角色。在"开汽车"的游戏中,孩子们都想当司机;"医院"游戏中,孩子们对医生这一角色显然更感兴趣。

总之,动作和言语是实现游戏构思的基本手段。游戏是一种综合性的活动,除了上述几种因素外,还包括许多心理成分,如感知、记忆、思维等等。

(3) 游戏在幼儿心理发展中的意义和作用

游戏是幼儿认识世界的一种手段,是促进其智力发展强有力的工具。儿童在搭积木、玩沙箱等建筑游戏中,能够认识各种建筑材料、各种物体的性质和特点,获得初步的物理经验,游戏时,儿童的各种感官都参与其中,从而促进了感知能力的发展。游戏所表现的往往是幼儿经历过的事情,为了正确、确切地表现某些事物,幼儿必须有意识地回忆以往的知识经验。特别是在规则游戏中,幼儿必须有意识地去记住某些游戏规则,而这正好促进了有意记忆和有意注意的发展。

游戏并非是以往经验的简单再现,而是一个积极主动的再创造过程,幼儿在共同确定游戏主题、构思情节、制作"道具"等一系列活动中,总是在积极思考,不断解决问题,这样,思维能力也得到了锻炼和提高。游戏以想象为前提,同时又不断增进想象的目的性,并促使它朝着创造想象的方向发展。游戏又是一种实际的道德教育,有助于培养和形成幼儿优良的个性品质。

游戏是一种不带任何强制性的活动,但并不意味着儿童在游戏中可以随心所欲,他们的行为必须受游戏规则的约束。这种约束不是外加的,而是一种自我监督、自我调节。因此,游戏有利于培养幼儿的自制力和自觉纪律。总之,游戏是一种特殊的实践活动,它对幼儿整个身心的发展都能起促进作用。但这种促进作用绝不是自发的,而是在教育者的正确组织和引导下实现的。

(4) 游戏的发展

随着儿童身心的发展,游戏活动的内容、形式等都有一系列变化。

① 游戏的内容逐渐丰富、深刻。随着儿童认知能力发展,游戏所反映的内容也由浅入深、由表及里、由近到远。从游戏主要的内容看,最初,儿童的游戏往往是有关日常生活的内容,以后逐渐反映成人的生产劳动,甚至反映社会生活。从游戏的情节来看,最初,儿童较多的是反复模仿、重复成人运用物体的个别动作,或表现事情的个别情节,以后,逐渐能把一个个动作、情节联系起来,形成完整的游戏。

② 游戏活动的组织形式日益复杂,集体性逐步增强。小班儿童常常一个人独自玩,即使几个孩子在一起也是各玩各的,在教师的组织指导下逐渐习惯2—3人一起玩,但时间很短,常常只有几分钟。中班儿童在一起游戏的人数有所增加,时间可延长到几十分钟,游戏也开始有了共同的主题,出现了角色分工。大班儿童集体活动的人数更多,而且人员相对固定,玩的时间有时可持续几天,组织也越来越复杂,出现了有联系的分组游戏。

③ 游戏中的计划性、独立性和创造性逐步提高。小班儿童的游戏缺乏计划,往往有什么玩具就玩什么游戏,看见别人玩什么就跟着玩什么。中班儿童已能预先拟定主题,大致规划出游戏的方式。大班儿童则能对角色提出更进一步的要求,并预先商定好游戏规则。总之,儿童游戏的发展与其他心理发展是同步的、相辅相成的。它反映了儿童心理从具体向抽象、从无意向有意发展的趋势,同时,游戏水平的不断提高,也促进了儿童心理的发展。

2. 学习和劳动

学习和劳动虽然不是幼儿的社会义务,但也是必不可少的活动。

(1) 学习

幼儿的学习与3岁前不同。3岁前,儿童的教育是在家庭中进行的,因而获得的知识是零碎的。3岁以后,儿童已掌握了口语,各种心理过程(如感知、记忆等)虽然仍以无意性为主,但有意性也开始发展,这就为进行有目的、有系统的学习提供了条件,但是,幼儿的学习活动也不同于入小学后的正规学习,只是这种正规学习的一种准备。这种准备不仅包括知识,更重要的是要养成儿童良好的学习态度、学习习惯和学习能力。

幼儿的学习往往要运用游戏、看图片、观察周围事物等生动具体的形式,有时学习与游戏之间甚至没有严格的界线。尤其是在小班,学习活动更要较多地通过游戏进行,否则儿童难以接受。

(2) 劳动

幼儿的劳动主要不在于创造多少物质财富,而是通过劳动进一步发展幼儿的动作,形成一定的技能,培养劳动习惯和爱劳动的品质。幼儿出于好动的特点,对各种劳动活动(自我服务、值日生工作等)一般都是感兴趣的。但在幼儿初期,孩子们感兴趣的往往是劳动过程,而不是劳动结果,因而常常把劳动"游戏化"了。例如,有些小班儿童洗手绢时,常常刚洗干净又重新开始洗,翻来覆去地洗着玩。在正确的教育下,之后的劳动中游戏因素逐渐下降,大班儿童注意的已不仅是劳动过程,而且开始注意劳动成果,并对劳动的社会意义有了一定程度的理解。

总之,游戏、学习、劳动是幼儿的三种基本活动形式,幼儿心理正是在各种活动中发展起来的。游戏是幼儿最喜爱的活动,教育者应该充分利用游戏对儿童进行教育。同时,对幼儿的学习和劳动也要给予恰如其分的重视。对于大班儿童来说,为了做好入学准备,学习和劳动的成分应该适当增加。

(三) 心理的发展特点

1. 3—4岁幼儿心理发展的年龄特征

幼儿3岁以后,在生活和活动上发生了很大的变化,进入幼儿园这个新的环境,这对于多数幼儿来讲是个重大的变化,3岁是他们生活上的一个转折年龄。正是从3岁起,幼儿开始离开父母进入幼儿园,过起了集体生活。对幼儿来讲,这需要有一个适应过程。如何使幼儿更快地适应集体生活?其中最关键的因素是师生之间建立感情。因为这一时期幼儿突出的特点是情绪性强。

(1) 行为受情绪支配

在幼儿期,情绪对幼儿的作用比较大,对3—4岁的幼儿作用更大。他们的行动常常受情绪的支配,而不像成人那样受理智支配。

3岁幼儿情绪性强的特点表现在多方面。例如,他们高兴时听话,不高兴时说什么也不听;常常为了一件小事哭个不停;不喜欢大灰狼等动物,就会把图书上有关狼的图画给破坏掉;喜欢哪位老师,那位老师组织的活动就特别爱参加等。

3岁幼儿的情绪很不稳定,很容易受到外界环境的影响,也很容易受到周围人的感染,看见别的孩子哭了,也会莫名其妙地哭起来,这时,如果用新的或他喜欢的玩具来哄他,他又会马上破涕而笑了。

(2) 爱模仿

3岁幼儿的独立性较差,但模仿性很强。看见别人玩什么,自己就玩什么,看见别人有什么,自己就要什么。鉴于此特点,幼儿教师在为小班儿童准备玩具时一定要注意:玩具的种类不一定很多,但同样的玩具一定要多准备几套。同时,在教育工作中,教师要多为儿童树立模仿的榜样。例如,需要集中儿童的注意力时,可以说:"看××小朋友多认真,小眼睛一个劲儿地看着老师呢!"老师要注意不要批评没有集中注意的儿童,如果老师说:"×××,把你的橡皮泥收起来,"可能会引起更多儿童玩橡皮泥。这时期的幼儿常常不自觉地模仿父母和老师。因此,父母和教师应时刻注意自己的言行举止,为儿童树立好的榜样。

(3) 思维带有直觉行动性

依靠动作和视觉进行思维,是3岁前孩子的典型特点。3岁幼儿仍保留着这个特点。例如,让他们说出手中小汽车的个数,他们只会用手指点着小汽车才能数,而不能在心里默数。

由于3岁幼儿思维还要依靠动作和视觉,因此,他们不会计划自己的行动,只能先做后想,或者边做边想。例如,他们在画画之前往往说不出自己要画什么,常常是在画出某种形象后,才突然有所发现说:"我画的是太阳"。

由于3岁幼儿思维很具体、直接,他们只能从表面去理解事物。因此,对3岁幼儿更要注意正面教育,不能讲反话。此外,对3岁幼儿提出要求也要具体,因为他们不容易接受一般性、抽象性的要求。

2. 4—5岁幼儿发展的特点

4—5岁幼儿已经适应了幼儿园的生活,加上身心各方面的发展,显得非常活跃好动。

(1) 爱玩、会玩

幼儿都喜欢游戏。但3岁幼儿虽然爱玩却不大会玩,5—6岁幼儿虽然爱玩,但由于学习兴趣日益浓厚,游戏的时间相对少了一些。4—5岁幼儿属于典型的游戏年龄阶段,是角色游戏的高峰期,已经能计划游戏内容和情节,会自己安排角色。怎么玩,有什么规律,不遵守规则应怎么处理,基本上4、5岁的幼儿都能商量,但游戏过程中产生的矛盾还需要成人帮助和解决。

(2) 活泼好动

正常的幼儿都是活泼好动的,他们总是手脚不停地变化姿势和活动方式。如果要求他们安静地坐一会,他们很快就会有倦意的表现,但如果此时让他们自由活动,一个个立即又生龙活虎。

活泼好动的特点在4—5岁幼儿身上表现得特别突出,甚至表现为顽皮、淘气。不少家长都抱怨孩子很不听话,很淘气。3岁幼儿还不大熟悉和习惯幼儿园的集体生活,有些还"怯生生的",加上动作、语言的速度相对慢些,头脑里的主意也不多,所以比较"乖";而5—6岁幼儿懂得的道理比较多,兴趣比较稳定,自我控制能力也有所增强,对自己喜欢的事能比较长时间地集中注意,因此显得比较懂事。4—5岁的儿童介于两者之间,既不像3岁孩子那样乖巧听话,又不像5—6岁那样懂事,但他们的可爱之处恰恰在于他们的"活泼好动"。因为活泼好动锻炼了他们的身体,增强了他们的活动能力,扩展了他们的视野。不少研究发现,4—5岁是幼儿许多心理品质发展最快的时期。

(3) 思维具体形象

4—5岁儿童的思维可以说是典型的幼儿思维。他们在解决简单问题时,可以不再依赖实际的尝试性动作,但却必须借助于事物的形象。事物的形象常常影响他们的思考和对问题的理解。比如,在他们的头脑中,"儿子"的形象是小孩或年轻人,而长胡子并满脸皱纹的人是"爷爷"的特点,因此,当听人说某个符合爷爷特点的人是某某的儿子时,常常感到不解。他们理解"能吃苦"的意思就是"能吃掉很多带苦味的东西";而孔融"让梨",是因为"他人小,大的吃不了"。

3. 5—6岁幼儿心理发展的特点

(1) 好学、好问、好探究

好奇是幼儿共同的特点,5岁前的幼儿的好奇心较多表现在对事物表面的兴趣上,看见什么都想去摸摸,去摆弄摆弄。他们经常向成人提问题,但问题多半停留在"这是什么"、"那是什么"上。5—6岁儿童就不同了,他们不光问"是什么",还会问"为什么"。问题的范围也很广,上至天文地理,下至花鸟鱼虫,无所不有。他们不仅希望成人帮助解答,同时也希望通过自己实际地尝试、实验,发现问题,寻求答案的主动性、积极性更加提高。

好学、好问是求知欲的表现,甚至一些淘气行为也反映出儿童的求知欲。这个年龄的孩子特别喜欢拆拆装装,他们把玩具汽车拆开,是为了看看它里面有些什么,它为什么会动,为什么会发声;想拆收音机是要找里面说话的阿姨。所以家长应该保护幼儿的求知欲。不要因嫌麻烦而拒绝孩子的提问。对类似拆坏玩具的行为也不要简单训斥了事,而应该加以正面引导:为幼儿提供一些可以自由摆弄的材料,支持他们的探究行为,对探究过程中的失误应采取宽容的态度,并适时地交给他们一些科学的探究方法。

(2)抽象概括能力开始发展

5—6岁幼儿的思维仍然是具体形象的,但已有了抽象概括的萌芽。例如,他们已经开始掌握一些比较抽象的概念(如左、右概念);能对熟悉的物体进行简单的分类(白菜、西红柿、茄子都是蔬菜;苹果、梨、葡萄都是水果);也能初步理解事物的因果关系(针是铁做的,所以沉到水底下去了,火柴是木头做的,所以能浮到水面上来)。由于大班幼儿的抽象概括能力开始萌芽,所以可以、也应该进行简单的科学教育,引导他们去发现事物间的各种内在联系,促进智力发展。

(3)个性初步开始形成

5—6岁儿童初步形成了比较稳定的心理特征。他们开始能够控制自己,做事也不再"随波逐流",显得比较有"主见"。对人、对己、对事物开始有了相对稳定的态度和行为方式:有的热情大方,有的胆小害羞,有的活泼,有的文静,有的自尊心很强,有的有强烈的责任感,有的爱好唱歌跳舞,有的表现出绘画才能……

对于幼儿最初的个性特征,成人应当给予充分的注意。家长应及时配合老师对孩子在幼儿园的教育,使幼儿得到全面的健康的发展。

> **知识拓展**
>
> **大班幼儿抽象能力开始发展的表现**
>
> 给幼儿看几幅有情节的故事图,图中所描绘的是一个小孩子从起床到吃早饭的各项活动。图的顺序被打乱,5—6岁的孩子能够对顺序错误作出判断,而3—4岁的孩子则不能。再如,4岁的孩子往往还不会独立分类,到了5岁以后,就能够按照高一级的概念来进行分类,如交通工具、水果等,而4岁的幼儿还弄不清"车子"和"卡车"这两个概念的区别和关系。总之,大班幼儿在认识活动中抽象能力初步开始发展。

## 实践实训

### 实训项目一

通过观察儿童手的动作和行走动作的发展,了解三岁前儿童动作发展的特点。

(1)对象和材料

对象:任选一个2、4、6、8、10个月及1岁、2岁、3岁的儿童。

材料:大小粗细不同的物品几种,如大小积木、娃娃、铅笔、细绳、水果等。

(2)步骤与方法

第一,在儿童面前呈现各种物品,让儿童拿取,如儿童不会拿,可将物品放在他的手中;放两个物体在儿童面前,让儿童拿取;要求儿童将一个物体从一只手递到另一只手。

第二,让儿童用笔模仿画直线、圆等几何图形。

第三,观察儿童在动作过程中感知、思维等的发展特点。

### 实训项目二

国外有媒体指出,中国的小孩越来越不会玩了。他们发现,中国的父母总是希望自己的孩子穿着干干净净,不允许他们做那些可能会使衣服弄脏的游戏。同时,中国很多的年轻父母觉得游戏对于孩子的成长意义不大,为了不让孩子输在起跑线上,应该花更多的时间来学习画画、英语、钢琴等。

请结合游戏对成长的作用分析这些父母的做法。

分析:儿童的活动除了日常生活活动外,主要有游戏、学习和劳动三种基本形式。幼儿期的主要活动是游戏。

(1)游戏是满足儿童需要的一种基本的活动方式

到了幼儿期,由于动作和语言的发展,生活范围的扩大,独立性的增强,幼儿对周围的事物有强烈的兴趣,产生了渴望参加成人的某些社会实践活动的强烈愿望。但是由于幼儿年龄小,受到知识、经验、能力等的限制,不可能真正像成人一样参加社会实践活动。也就是说,幼儿渴望参加成人社会实践活动的需要同从事这些活动的知识经验和能力水平之间发生了矛盾,而游戏是解决这个矛盾的最好的活动方式。

(2)游戏是促进幼儿认知发展的强有力工具

游戏是幼儿认识世界的一种手段,是促进其认知发展的强有力的工具。游戏中蕴涵着大量的学习。例如,儿童在搭积木、玩沙等建筑游戏中,能够认识各种建筑材料、各种物体的性质和特点,获得初步的物理经验,认识到只有把大积木放在下面,小积木放在上面,"楼房"才能稳。游戏时,儿童的各种感官都要参与其中,从而促进了感知能力的发展。游戏所表现的往往是幼儿经历过的事情,为了正确、确切地表现某些事物,幼儿必须有意识地回忆以往的知识经验。特别是在规则游戏中,幼儿必须有意识地去记住某些游戏规则,这促进了幼儿有意记忆和有意注意的发展。游戏并非是以往经验的简单再现,而是一个积极主动的再创造过程。幼儿在共同确定游戏主题、构思情节、制作"道具"等一系列活动中,总是在积极思考,不断解决问题,这样,使得幼儿的思维得到发展。

(3) 游戏有助于儿童去自我中心

游戏以想象为前提,同时又不断增进想象的目的性,并促使它朝着创造想象的方向发展。幼儿在游戏中总是以角色自居,力图像扮演的人物那样行动,要做到这一点,幼儿必须站在所扮演的人物的角度上,去想象其可能的行为。因此,在游戏中幼儿逐渐学会站在他人角度考虑问题,有利于儿童去自我中心。

(4) 游戏有利于培养儿童的自制力

由于游戏对幼儿有巨大的吸引力,因此,比较容易激励他们克服困难,努力达到一定的目的,从而锻炼了幼儿的意志。马努依连科的实验发现:幼儿在游戏条件下(哨兵站岗)坚持站立不动的时间,远远超过仅仅按照成人的要求而站立的时间。而且游戏是一种不带任何强制性的活动,但并不意味着儿童在游戏中可以随心所欲,他们的行为必须受游戏规则的约束。这种约束不是外加的,而是一种自我监督、自我调节。因此,游戏有利于培养幼儿的自制力和自觉纪律。

因此,这些父母的做法是不正确的。

## 思考与练习

1. 美国心理学家曾对幼儿的心理活动和生理变化做过研究,其结论是宝宝出生后大脑发育相当快,两岁时大脑皮质活动程度已基本接近成年人的水准,并持续到10岁。因此,从出生到10岁是决定儿童智商的关键期,是儿童智力的敏感期、飞跃期。这期间,1年的教育效果相当于其他时间8—10年的效果。请问,以上实验结论说明了什么?你对关键期、敏感期是怎样理解的?请上网或借阅有关报刊杂志,查询儿童动作、语言、感官、读写、社会规范等敏感期的有关资料,并与同学展开交流和讨论。

2. 为什么说条件反射的建立是新生儿心理产生的标志?

3. 第二信号系统在婴儿心理发展中是如何起作用的?

扫一扫二维码
轻松获取单元
习题及答案

# 单元三　学前儿童注意的发展

## 学习目标

1. 理解注意的概念、种类和表现形式；
2. 了解学前儿童注意的发展特点；
3. 初步学会培养学前儿童注意力的方法。

## 基础理论

注意是我们日常生活中常见的一种心理现象。美国心理学家詹姆斯指出：注意是心理以清晰而又生动的形式对若干种似乎同时可能的对象或连续不断的思维中的一种占有。它的本质是意识的聚焦、集中。它意指离开某种事物以便有效地处理其他事物。詹姆斯用简明、生动的语言诠释了什么是注意。

### 一、注意的基本概念

1. 注意的概念

注意是心理活动对一定对象的指向和集中。

指向性和集中性是注意的两个基本特征，注意的指向性是指人的心理活动有选择地反映一定的对象，而忽略其他的对象。注意的集中性是指心理活动停留在被选择的对象上的强度和紧张度，它使心理活动长时间地保留在选择对象上。注意的指向性和集中性表明注意具有方向和强度的特征。注意的指向性和集中性是同一注意状态下的两个方面，二者不可分割。例如，幼儿在看电视，他的心理活动不是指向周围发生的一切，而是有选择地指向电视画面里的内容，并长久保持在这一活动上，同时对父母的叫唤或是拿给他的食物无动于衷。

应当强调的是，注意本身并不是一个独立的心理过程，而是伴随感知、记忆、思维等心理过程的一种心理状态，贯穿于心理过程的始终。

> **知识拓展**
>
> **小测试：测测自己的注意力**
>
> 下面表格中所列的数字为10到59，如果你能在15秒内找到三个连续的数字(如10、11、12或37、38、39等)，说明你的注意力属于上等；如果你能在30秒内找到，说明你的注意力水平属中等；而如果你要在一分半钟才能找到，则说明你漫不经心，注意力需要好好训练了。

| 34 | 19 | 42 | 54 | 45 |
| 26 | 16 | 39 | 28 | 57 |
| 40 | 35 | 14 | 56 | 30 |
| 12 | 29 | 44 | 51 | 23 |
| 50 | 43 | 36 | 24 | 11 |
| 37 | 20 | 55 | 32 | 47 |
| 25 | 41 | 17 | 53 | 38 |
| 52 | 18 | 21 | 31 | 46 |
| 13 | 22 | 48 | 10 | 58 |

（转引自卢家楣主编：《心理学》，上海人民出版社1998年版，第249页）

2. 注意的表现形式

人处于注意状态时，常常伴随特定的生理变化和相应的外部表现，最显著的表现形式有以下几种：

（1）适应性运动的出现

人在注意时，有关的感觉器官就会朝向刺激物。例如，人在观察某个物体时，就会把视线集中在该物体上，即所谓的"目不转睛"；注意听一个声音时，就会把耳朵转向声音的方向，即所谓的"侧耳倾听"。

**知识拓展**

### 注意的生理机制

注意从其发生来说是有机体的一种定向反射，每当有新异刺激出现时，人便产生一种相应的运动，将感受器官朝向新异刺激的方向，以便更好地感知这一刺激。定向反射发生之后，随即发生适应性反射，即与刺激有关的分析器官随着刺激的性质和强度的变化发生着变化，例如对光波的瞳孔反射。通过诱发电位的研究，我们发现网状结构、边缘系统的一些结构、大脑皮层的额叶等都与注意有着密切关系。

（2）无关运动的停止

人在高度集中注意时，无关运动会暂时停止。例如，当儿童听到精彩的故事时，会一动不动地看着老师，反之，如果他不停在做小动作，那他肯定没有认真听。

（3）呼吸的变化

人在注意时，呼吸的频率也会发生变化，一般吸短呼长；当注意高度集中时，甚至会出现呼吸停止的状态，即所谓的"屏息"现象。

通过这些显著的外部表现变化，教师可以观察学前儿童的注意状态，从而更好地了解和教育儿童，更有效地组织教学。

3. 注意的种类

根据产生和保持注意时有无目的以及意志努力的程度不同，把注意分为无意注意（不随意注意)、有意注意(随意注意)、和有意后注意(随意后注意)三种。

(1) 无意注意

无意注意指事先没有预定目的,也不需要做意志努力的注意。这种注意的产生和维持,不是依靠意志努力,而是人们自然而然地对那些强烈的、新颖的和感兴趣的事物的指向和集中。例如,小朋友正在教室做游戏,突然窗外一声巨响,小朋友都会不由自主望向窗外,这就是无意注意。无意注意主要取决于客观刺激物本身的性质和强度,所以在心理学的文献中,有时也把无意注意称为消极注意或情绪注意。

在实际生活中,引起无意注意的原因主要是客观和主观两个方面,并且两者经常综合在一起。

① 刺激物本身的特点,即客观条件,主要是指周围客观环境中一些强烈、新奇、鲜艳、活动的事物容易引起个体无意注意。

刺激物的强度。刺激物的强度是引起无意注意的重要原因。如一道强光、一声巨响、一种浓烈的气味等都会引起个体的无意注意。需要强调的是,在无意注意中起决定作用的不是刺激物的绝对强度,而是相对强度,如夜深人静的闹钟滴答声虽然绝对强度不大,但仍会引起我们无意注意。

刺激物之间的对比关系。刺激物在强度、形状、大小、颜色和持续时间等方面的显著差别会引起人们的无意注意,差别越显著,越容易引起注意。如"鹤立鸡群"、"万花丛中一点绿"等现象反映的都是差异引起的无意注意。

刺激物的运动变化和刺激物的新异性等。

根据无意注意的特点,充分利用刺激物的特点来引起幼儿的无意注意可以提高组织幼儿活动的效率。

② 人本身的状态,即主观条件,即同样的事物,有些人可能会注意,而有些人则不会注意。主要是指人对事物的需要、兴趣和人当时的情绪状态和精神状态。如幼儿通常对自己感兴趣的事物容易引起注意,在情绪、精神状态较好时容易引起注意外界事物。

(2) 有意注意

有意注意指有预定目的,需要一定意志努力的注意。不同于无意注意,有意注意是在人类社会实践中发生和发展起来的,是人类所特有的心理活动。所以在心理学的文献中,有时也把有意注意称为积极注意或意志注意。

引起和保持有意注意的条件和方法有:

① 理解活动的目的和任务;

② 培养间接兴趣;

③ 合理组织活动;

④ 用坚强的意志与干扰作斗争。

(3) 有意后注意

有意后注意是指事前有预定的目的,不需意志努力的注意。有意后注意是一种更为高级的注意形态,它同时具备了无意注意和有意注意两者的优点,既有预定目的又不需要意志努力,因此,它对人们从事技能性和创造性活动非常重要。

根据注意的分类及特点,幼儿教师在进行活动时可以利用新颖、多变、强烈、对比明显的刺激物激发幼儿的注意,同时也需通过培养间接兴趣等调动幼儿的有意注意,从而提高活动效果。

4. 注意的功能

注意对心理活动起着积极的维持和组织作用,能够使人的感受性提高、知觉清晰、思维敏捷,能够帮助人们更清晰、有效地反映客观事物,对我们生活具有十分重要的意义。有经验的教师都会发现,有些儿童学习成绩差,并不是他们智力低下,而是没有集中注意学习。

(1) 选择功能

注意的基本功能是对信息进行选择,有选择地指向对个体有意义、符合当前需要的和与当前活动有关的对象,同时抑制和排除那些无关的活动,即注意将有关信息区别出来,使心理活动具有一定的指向性。

(2) 保持功能

外界信息输入后,如果不加注意很快就会消失。注意可以使人在一段时间内保持一定的紧张状态,维持到完成任务。这一维持表现为注意在时间上的延续,使活动得以顺利完成。

(3) 调节和监督的功能

注意(有意注意)可以控制活动向着一定的目标和方向进行,监督个体所从事的活动,并根据任务需要调节使人们从一种活动转向另一种活动,或者由一种活动方式转向另一种方式。

## 二、学前儿童注意的发展

1. 学前儿童注意发展的特征

(1) 新生儿注意的发生和发展特征

新生儿出生两到三周,就出现了明显的视觉集中和听觉集中的现象。如果视野中的物体作缓慢移动,他的视线也会随之移动;出现声音刺激时,他也会中止正在进行的活动(如哭闹),直到声音消失。一般认为,这就是原始的注意行为。这种原始的注意行为从它的发生机制来看是一种定向反射,它是个体不学而能的生理反应,它包括新刺激引起的一系列复合反应,如血流、心率、汗腺分泌、胃的收缩和分泌、瞳孔扩大、脑电变化等,一般认为测量新生儿及乳儿注意的指标主要有觉醒状态、习惯化、心率变化、瞳孔扩大、吮吸抑制等,除此之外,还要观察其面部表情、动作和发声的增加或减少等。

新生儿的注意通常是外界刺激引起的,但同时他们也是主动的探索者,他们会对某些感觉信息偏爱,关注时间长,体现了注意的选择性,这就是"感觉偏好"。美国心理学家范兹(R. L. Fantz)通过新生儿一系列的研究发现,刚出生不久的婴幼儿就具有较大的本领,能够辨认非常多的东西,且能对图案做出精细分辨;婴幼儿偏爱注视复杂的图形,对人脸尤其是正常的脸型似乎更感兴趣。黑斯通过眼动仪记录新生儿视觉搜索运动的轨迹,发现新生儿对外部世界已经具备视觉扫视的能力,并且在扫视时具有一定的规律性。

需要注意的是,此时新生儿的注意都是无意注意,而且极不稳定,但随着年龄的发展,稳定性和持久性将不断增加。

(2) 1岁以内婴儿注意的发展特征

出生后第一年,婴儿清醒的时间不断延长,觉醒状态也较有规律,这时期的注意迅速发展。1岁前的注意发展,主要表现在注意选择性的发展。

① 选择性注意的理论

不同的学者对婴儿选择性注意有不同的解释,范兹(1961)和吉布森(1969)认为,儿童天生具有对某种功能意义的刺激物(如人脸)发生偏好;卡莫(1969)、米留斯基(1976)等人虽然具体的解释不同,但大都以婴儿神经系统的成熟来解释婴儿注意的发展。

② 选择性注意的特点

20世纪六七十年代,研究者采用感觉偏爱法开展了大量1—3个月的乳儿注意选择性的研究,得出了一些规律和特点:一是偏好复杂的刺激物多于简单刺激物,二是偏好曲线多于直线,三是偏好不规则的模式多于规则的模式,四是偏好密度大的轮廓多于密度小的轮廓,五是偏好集中的刺激多于分散的刺激,六是偏好对称的刺激多于不对称的刺激。

③ 经验在婴儿注意活动中的作用

3个月之后的婴儿,随着身体运动机能的成熟和觉醒时间的延长,他们可以更多地探索外界事物,获得外部信息。此时婴儿注意的选择性开始受到经验的支配。这在社会性方面更为突出,比如婴儿对母亲特别注意。

**知识拓展**

格林伯格(1971)首先测验了婴儿对点子和格子模式的注意,然后对婴儿进行训练。他把婴儿分为三组,第一组在8—10周时看4×4的格子板,10—12周时看6×6的格子板;第二组看24×24的格子板;第三组看灰色(无格子)的板。最后,当向三组婴儿展示24×24的格子板时,第三组比其他两个组注意这个最复杂模式的时间少得多。他由此得出结论,即使在幼小的年龄,认知发展也是可以训练的,或者说经验在注意的倾向中已经起作用。

④ 手眼协调的注意开始发展

6个月以前,婴儿的注意更多地表现为无意注意,6个月以后,婴儿能够既注视物体,同时又用手去摆弄物体,手眼开始协调起来。手眼协调的注意的发展,促使婴儿注意的事物增加,注意选择的方面和范围也扩展了。

(3) 1—3岁儿童的注意

1岁以后婴儿开始习得语言和表象等心理活动,1—3岁儿童注意的发展和表象与语言的发展密切联系,客体永久性概念的习得进一步促进了注意的发展。这一阶段儿童注意的发展特征表现如下:

① "客体永久性"的习得和注意的发展

客体永久性(object permanence, object constancy),亦称"客体永恒性"、"永久性客体",是指儿童脱离了对物体的感知而仍然相信该物体持续存在的意识。如和儿童做"躲猫猫"游戏时,你藏起来,不见了,他还会用眼睛到处寻找。这是皮亚杰研究儿童心理发展时使用的一个概念。婴儿客体永久性概念的习得,使他们开始懂得当一个物体从眼前消失,被移动到其他地方时,这个物体仍然存在,他的注意活动也因此更加具有了持久性和目的性,而不再受物体出现与否的影响。

> **知识拓展**
>
> 鲍尔(1974)根据皮亚杰所提出的儿童认识发展的阶段,从注意的发展特点出发,系统说明了儿童客体永久性的习得过程。
>
> 第一阶段(出生—2个月),婴儿能注视一个客体,但是当客体从视野消失时,他并不追踪。
>
> 第二阶段(2—4个月),客体移动时婴儿能够追踪,甚至客体到了屏幕后面时,他也能够看着。他把视线移向屏幕边缘,预期在那里可以看到客体出现。但是,他把客体运动和静止的状态看成两个不同的客体,如果客体反向移动,他不去追踪它,而是继续看着右边,当客体出现在他的左边而不是右边,他也熟视无睹。
>
> 第三阶段(4—6个月),婴儿能抬起一个物体,除非这个物体被一块布盖着。但是他还不能理解,一个被遮盖的物体仍然存在。当屏幕被拿开后,物体不见了,他感到惊讶。他能够把位置和运动协调起来。如果一个移动着的物体停止了,他会停止追踪并处于停止状态。同样他能随着一个固定的客体,不论它向哪个方面移动。
>
> 第四阶段(6—12个月),婴儿能寻找在一块布下面的客体,但是如果布下面的客体被移到对面,他仍看着那块被放回原处的平平的布的下方,然而,他能知道物体可以从一处移动到另一处,也知道放在一起的两个相同的客体不是同一客体。
>
> 第五阶段(12—15个月),婴儿能够找到先后藏在两个位置的一个客体,但是只有当他看见藏的动作时才能找到,如果他没有看到藏的动作就做不到。
>
> 第五阶段(15—18个月),婴儿能找到不论在什么情况下藏起来的客体。他已经掌握了一个规律:两个客体不能同时处于同一位置,除非一个藏在另一个里面。

② 注意受表象的直接影响

表象是指物体不在眼前时,其特征在人头脑中的反映。儿童一般在1.5—2岁后,产生表象这一心理现象。由于表象的出现,儿童的注意开始受表象的直接影响。当眼前的事物和其表象出现矛盾或较大差距时,儿童会产生最大的注意。卡根(1971)对两岁婴儿做过一个实验,当他们看到幻灯片中一个女人把自己的头拿在手里时,他们会特别地关注这一现象。这一事实说明,这个年龄的儿童已经发展了期待和预测的能力,在事实和期待之间出现矛盾时,发生了最大的注意。

③ 语言成为吸引注意的重要因素

1岁以后,儿童能说出单音重叠词,能够以词代句、以音代物,对成人的言语指令出现相应的反应。因此,当他听到成人说出某个物体的名称时,就会相应地注意那个物体,并对图书、图片、儿歌、故事、电影、电视等产生浓厚的兴趣。语词作为第二信号系统的刺激物,不仅能够引起儿童的注意,而且支配着儿童注意的选择性。

总的来说,儿童注意力的发展遵循以下的规律:年龄越小,注意力集中的时间越短。对于3岁以前的儿童,不能过分苛求他保持很长时间的注意力,而应以平和的心态,科学地、循序渐进地培养儿童的注意力,不要过于急躁。

(4) 3—6岁儿童的注意

3—6岁儿童注意的特点是无意注意占优势地位,有意注意逐渐发展。

① 无意注意占优势

这一阶段幼儿的无意注意已经相当发达,凡是鲜明、生动、直观、形象、活动、多变的事物以及与他们的经验有关、符合他们兴趣的事物,都能引起他们的无意注意。但由于不同年龄的幼儿心理发展特点的差异,无意注意也表现出不同的特点。

小班幼儿无意注意明显占优势。他们对于自己喜爱的游戏和活动可以聚精会神地进行,但非常容易受周围突发刺激的影响。中班幼儿注意范围扩大,对自己感兴趣的活动能够保持较长时间的集中度和注意力,被一件事吸引时甚至对别的事情置若罔闻。大班幼儿对感兴趣的活动集中时间更长,如中途中止或干扰他们的活动,会引起不满和反抗。而且受认识的深化影响,大班儿童不仅注意事物的表面特征,而且开始关注事物的内在联系和因果关系。

总的来说,这一阶段,幼儿的无意注意有了较大的发展,主要体现两个特点:一是刺激物的物理特性仍然是无意注意的主要因素;二是与幼儿的兴趣和需要有密切关系的刺激物,逐渐成为无意注意的原因。因此,我们在组织教学和活动时应充分利用幼儿的这两个特点吸引幼儿的注意。

② 有意注意开始发展

幼儿期,儿童的有意注意逐渐形成和发展起来。有意注意由脑的高级部位,特别是额叶控制。额叶的发展要晚于其他脑部位,因此,随着幼儿期额叶的发育完善,为有意注意的发展提供了生理基础。同时幼儿园规律的生活和教育环境进一步促进了有意注意的形成和发展。额叶在大约7岁时才达到成熟水平,因此,幼儿期有意注意开始发展,但远远未能充分发展。

小班有意注意的水平仍然很低,即使在良好的教育条件下,一般也只能集中注意3—5分钟。中班的有意注意有了一定的发展,在无干扰情况下,集中注意的时间可达10分钟。大班幼儿的有意注意有了一定的稳定性和自觉性。他们不仅能够根据成人提出比较概括的要求去组织自己的注意,有时也能自己确定任务,自觉地调节自己的心理活动和行为,使之服从任务。注意集中的时间可延长到15分钟左右。

幼儿期,有意注意处于发展的初级阶段,水平低,稳定性差,而且依赖成人的组织和引导。这一阶段幼儿的有意注意有以下特点:

第一,幼儿的有意注意受大脑发育水平的限制。

第二,幼儿的有意注意是在成人的要求下发展的。环境中的各种生活制度和行为规则,是幼儿有意注意逐步发展的主要因素。成人可以通过帮助幼儿明确注意的目的和任务,产生有意注意的动机,同时采用语言引导幼儿有意注意。

第三,幼儿开始运用一些注意方法。有意注意需要意志努力,幼儿在成人的教育和培养下,开始学会运用一些注意方法。如一边做事,一边自言自语,通过组织语言提高自己的注意力;用手指着书读;等等。

第四,幼儿的有意注意是在一定的活动中实现的。幼儿有意注意发展水平较低,需要依靠活动进行。幼儿处于积极的活动状态,注意对象即为幼儿的直接行动对象,有利于幼儿有意注意的形成发展。

2. 学前儿童注意品质的发展

注意的品质是衡量注意效率的基本尺度。儿童注意的发展,除了表现在无意注意和有意注意的发展上,还表现在注意品质的变化上。主要表现为注意范围不断扩大、注意稳定性不断提高、注意的分配能力不断增强、注意的转移能力不断发展。

(1) 注意的范围不断扩大

注意的范围也称注意的广度,它是指在同一时间内,人能清楚地把握注意对象的数量。幼儿的注意范围受生理条件的限制,一般认为,由于幼儿眼球跳动的距离比成人短得多,也不善于运用边缘视觉,所以幼儿的注意范围较窄。除此之外注意范围还受到知觉对象的特点、个人知觉活动的任务和知识经验的影响。比如知觉对象越集中、排列越有规律,知觉到的任务越多;知识经验越丰富,幼儿的注意范围就越广。

注意的范围很早就受到心理学家的重视和实验研究,文格(1971)的研究中要求幼儿从一些长短不一的小棍中,找出一根和样本木棍长短相等的小棍。结果3—4岁幼儿只看了几根小棍后,便取出一根自认为与样本长短相等的小棍,但是错了,下次扫描的范围也不扩大。4—5岁幼儿扫描范围增大,也比较系统化。6—7岁幼儿,扫描更为系统化,并且把注意力集中在与样本木棍长短近似的小棍上。陈惠芳等人研究表明,4岁时幼儿的注意广度为4.74个点子,6岁为5.77个点子,7岁为6.50个点子,9岁为6.97个点子,11岁为7.99个点子。从这些数据中我们都可以看出随着个体生理发育成熟和心理特征的发展,注意的范围不断扩大,注意的扫描也更为系统。

(2) 注意的稳定性不断提高

注意的稳定性是指对同一对象或同一活动上注意所能持续的时间。需要注意的是,注意的稳定性并不意味着它总是指向同一对象,比如小朋友在老师的指导下做游戏,可能他一会认真听老师讲,一会自己尝试,一会和小朋友讨论。虽然整个过程,幼儿的注意对象不断发生变化,但是仍指向做游戏这一活动,我们把这种注意的品质也称为注意的稳定性。

我国心理学工作者研究了中国儿童注意稳定性的发展。研究表明:随着年龄增长,儿童的注意稳定性一直在发展,但其发展的速度不尽相同。小学阶段发展的速度很快,幼儿和中学阶段发展速度较慢(见表3-1)。

表3-1 儿童注意稳定性成绩比较

| 年龄组 | 幼儿园小班 | 幼儿园大班 | 小二 | 小五 | 初二 | 高三 |
| --- | --- | --- | --- | --- | --- | --- |
| 成绩 | 0.41 | 1.23 | 3.03 | 5.37 | 7.39 | 7.82 |

许多研究都肯定了幼儿注意的稳定性受年龄的影响,除此之外注意的稳定性还受到注意对象及自身状态的影响。

(3) 注意的分配能力不断增强

注意的分配能力是指在同一时间内把注意指向不同的对象。注意的分配是有条件的,首先,同时进行的两种活动中必须有一种是熟练的;其次,同时进行的两种活动要有某种联系。比如小朋友一边听老师的讲解,一边剪纸。

我国心理学工作者研究了儿童注意分配能力的发展。研究用"注意分配仪"测试幼儿注意的分配能力,结果表明,幼儿的注意分配能力很低,幼儿园大班儿童还不能分配其注意来操作机器,进入小学阶段,随着有意注意的发展,儿童注意分配能力迅速提高。

(4) 注意的转移能力不断发展

注意的转移是指根据新的任务,主动把注意从一个对象转移到另一个对象或由一种活动转移到另一种活动的现象。注意的转移同注意的其他品质密切相关,一方面注意的转移影响注意的稳定性,注意的稳定是动态的,如果没有注意的转移,就不可能实现注意的稳定。另一方面注意的转移决定着注意的分配,因为每一次注意的转移,注意的分配也必然发生变化。需要注意的是,注意的转移不同于注意的分散,转移是主动的,是主体根据任务需要,自觉地将注意指向新的对象或新的活动;分散是被动的,是受到无关刺激的干扰而使注意离开活动任务。

注意转移的快慢和难易,与原注意的强度、新刺激的性质、人的神经系统灵活性有关。研究者对儿童的注意转移能力进行研究,将注意的转移速度作为注意转移能力的一个重要指标。幼儿转移注意能力差,年龄越小,注意转移越慢。幼儿园有规律的作息制度有助于发展幼儿注意转移能力,幼儿的注意转移能力是在活动中锻炼出来的,随着年龄增长注意的转移速度不断增长。

## 三、学前儿童注意的培养

幼儿的注意力对其心理发展具有重要的意义。研究表明,注意集中、稳定的孩子,智力发展较好;而注意不集中、不稳定的孩子,则智力发展较差。同时,幼儿注意力的发展不仅影响幼儿智力的发展,而且也影响幼儿对新知识的接受水平和效果。因此必须从小加强幼儿注意力的培养。

学前儿童由于身心发展的水平有限,不善于控制和调节自己的注意,在活动中注意很容易分散。

1. 学前儿童注意分散及原因

(1) 外界环境的干扰

幼儿注意是无意注意占优势。一切鲜明、生动、直观、形象、活动、多变的事物都会干扰他们进行的活动,分散他们的注意力。例如,老师打扮过于时髦,教室里摆放物品过于繁多,上课时窗外环境过于嘈杂等,这些无关刺激都会分散幼儿的注意力。

除此之外,家长或教师不当的行为习惯也会分散幼儿的注意力。

(2) 生理、心理因素的影响

幼儿神经系统尚未发育完善,长时间处于紧张状态或从事单调的活动就会引起疲劳,觉醒水平降低,有意注意的自我调节能力差,从而引起注意力涣散。

另外活动枯燥、乏味、难于理解和操作,不能满足幼儿的兴趣需要,也容易引起幼儿的注意力不集中。因此,组织活动必须充分考虑幼儿的生理、心理需要,了解引起注意分散的原因,采取相应的措施加以预防。

---

**知识拓展**

### 注意缺陷多动障碍

注意缺陷多动障碍(ADHD),在我国称为多动症,是儿童期常见的一类心理障碍。表现为与年龄和发育水平不相称的注意力不集中、注意时间短暂、活动过度和冲动,常伴有学习困难、品行障碍和适应不良。国内外调查发现患病率3%—7%,男女比为4—9:1。

对此,成人首先应对导致ADHD病因中的环境因素进行早期的产前识别、必要的实验室检查,然后进行预防和治疗。对幼儿园和小学儿童进行ADHD的早期筛查,在社区和学校对重点人群加强ADHD相关知识的宣传和培训工作,提高家长、老师、基层保健医生对ADHD症状的早期识别水平,及早让患者诊治,提高ADHD的早期识别水平和诊治水平,减少疾病对幼儿、家庭和社会的危害。

---

2. 学前儿童注意力的培养

俄国教育家乌申斯基说:"注意是心灵的天窗。"只有打开注意力这扇窗户,智慧的阳光才能撒满心田。注意力是儿童学习和生活的基本能力,注意力的好与坏直接影响儿童的认知和社会性情感等身心各方面的发展及其入学后学业成绩的高低。

儿童注意力的形成虽然与先天的遗传有一定关系,但后天的环境与教育的影响更为重要。家长应当根据儿童的身心发展规律与特点,为他创造良好的教育环境,从儿童出生起就有意识地培养其注意力,帮助其养成良好的注意品质与能力。

(1)营造安静、简单的环境

幼儿注意稳定性差,容易因新异刺激而转移,这是学前儿童的普遍特点。因此,父母应根据这一特点,排除各种可能分散儿童注意的因素,为其创造安静、简朴的物质环境。

例如,我们经常会看到,儿童正聚精会神地玩着插塑或搭积木,爸爸走过来问一问吃饱了吗,一会儿,奶奶又走过来让去喝果汁,又一会儿,妈妈又叫他帮忙去拿样东西。儿童短短几分钟的活动被大人们打断数次,时间一长,自然无法集中注意力。所以,在儿童专心做事时,家长最好也坐下来做些安静的活动,切忌在旁边走来走去,打扰他。除此之外,儿童玩安静游戏或看图书的地方应远离过道,避免他人的来回走动影响儿童的活动;墙面布置不应过于花哨;电视、糖果等可能吸引儿童注意力的物品也应摆放在较远的位置。

(2)有规律的生活,合理安排幼儿的作息

作息不定时、生活无规律是幼儿注意力分散的主要原因。学习是脑力劳动,要消耗大量的脑内氧气,若望子成龙心切,整天强迫幼儿长时间从事单调的学习活动,必然会造成幼儿大脑疲劳而精神分散。因此,合理制定幼儿的作息时间,让幼儿明确什么时候可以尽情地玩,什么时候必须专心完成学习任务,养成劳逸结合的好习惯。幼儿一日生活的节奏以及各种活动的时间长短都会影响他的注意力。因此,家长应当注意安排好幼儿的生活作息,让幼儿的生活有张有弛、动静交替。不同性质活动之间的转换要平和,给幼儿一个过渡准备。

例如,幼儿在户外跑来跑去,会心跳加速,全身的每一个细胞都处于一种兴奋状态。进到室内后,幼儿很难立刻进入到绘画或读书等安静活动中。一些家长却要求幼儿立刻安静下来,集中注意力。这种要求本身就是不合理的,是违背幼儿的身体器官的运作规律的。

成人要求幼儿集中注意力的时间不宜太长。研究表明,3岁幼儿注意力可维持3—5分钟,4岁孩子10分钟,5—6岁儿童也只有15分钟。因此,家长在安排孩子的活动时,应当注意调整时间,切忌一天到晚强迫孩子坐着一动不动。

(3) 明确活动的目的和要求,发展幼儿的有意注意

幼儿学龄前期(3—6岁)是注意力发展的关键期,要培养幼儿的有意注意,必须首先使幼儿明确任务,能控制自己的行为,并使行为服从于活动的目的与要求,使幼儿能不断积极、主动、自觉地保持注意。要帮助幼儿确定观察的目的和任务,家长应有意向幼儿提出一些要求和目的,告知方法,引导幼儿抓住本质,从浅入深,专心致志。

例如,爸爸可以要求幼儿把小凳子擦一擦,并且必须把每条腿擦干净;妈妈也可以要求幼儿给家里每盆花浇一壶半的水,不能多也不能少。幼儿做完后,爸爸妈妈要检查完成的情况。

在提出任务和要求时,一次不要过多,既让幼儿注意这个,又让他注意那个,反而会使幼儿注意难以集中。小班的幼儿更多的是能够理解单一的指令,如到教室里去拿个椅子来。对于那些复杂的指令,他们就不能做到了,如到教室里去拿把椅子,然后放到某某地方,放好了以后再去干什么什么……

(4) 激发幼儿对活动的兴趣与需要,在游戏中训练幼儿的注意力

兴趣与需要是幼儿活动的内在推动力,是直接影响幼儿注意力的情感系统。为维持幼儿对某一活动的持续兴趣,父母应当注意活动内容的难度要适合幼儿的水平,既要让幼儿体验到成功的快乐,同时又能感受到一定的挑战。游戏是幼儿喜爱的活动,它能引发幼儿的兴趣,使幼儿心情愉快。家长应该有选择性地与幼儿一同开展游戏活动,并在活动中有意识地培养幼儿的专注力。

苏联心理学家曾做过这样一个实验:让幼儿在游戏和单纯完成任务两种不同的活动方式下,将各种颜色的纸分装在与之同色的盒子里,观察孩子注意力集中的时间。实验结果发现,在游戏中4岁幼儿可以持续进行22分钟,6岁幼儿可坚持71分钟,而且分放纸条的数量比单纯完成任务时多50%。在单纯完成任务的形式下,4岁幼儿只能坚持17分钟,6岁幼儿只能坚持62分钟。实验结果表明,孩子在游戏活动中,其注意力集中程度和稳定性较强。因此,我们可以让孩子多开展游戏活动,在游戏中培养婴幼儿的注意力。

(5) 逐步培养幼儿的自我约束力

幼儿的自控能力较差是注意力容易分散的另一个重要原因。当有新异刺激出现时,成人可以约束自己不去关注它,但幼儿却很难做到。因此,培养幼儿的自制力可以在日常生活中有计划地进行。家长可以从帮助幼儿控制外部行为做起,要求幼儿在一段时间内专心做一件事,

不要一会儿干这,一会儿干那,如不要边吃饭边玩;看书、绘画时要保持正确姿势、不乱动、不乱摸。还可以让幼儿通过某项专门训练,如练琴、书法、绘画来培养自制力。训练时最好固定时间、固定地点,因为这样可以形成心理活动定向,即每当幼儿习惯了在固定的时间和地点坐下时,精神便条件反射似地集中起来。

培养幼儿的自控能力也可以通过游戏的方式来实现,例如,与幼儿一起玩"指挥交通"的游戏,让幼儿扮演交通警察,事先约定每班交通警察要站3分钟的岗,时间到后才能换岗。在游戏中,对注意力持续时间的要求可以循序渐进地提高。通过不同的游戏活动,幼儿可以慢慢地将外在的游戏规则内化为内在的自我约束。

总之,注意力对幼儿的学习和成长是具有重大意义的,培养幼儿的注意力是提高其学习效率的有效途径,大量的理论和事实已证明了这点。对幼儿来说,其注意力的培养是一个漫长而复杂的过程,是通过家长和教育者的不断培养的过程。只要能坚持要求幼儿,不断激励并加以督促引导,为幼儿创设一个良好的教育环境和氛围,就能有效地培养幼儿注意力的集中。

## 实践实训

1. 小班注意稳定性训练:钓鱼比赛

目标:通过用鱼杆钩住旋转的小鱼,锻炼幼儿的眼手配合能力,提高他们对事物注意的稳定性,如图3-1。

材料:电动旋转鱼、小糖果。

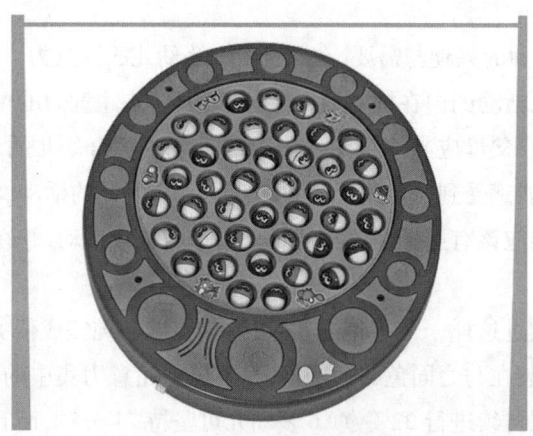

图3-1 电动旋转鱼玩具

步骤:

(1) 活动准备工作:组织儿童,说明分组情况(二人一组),各组之间可进行比赛,获胜的获得适当的物质奖励。

(2) 把电动旋转鱼分发到各个小组中,说明使用规则。

(3) 计时开始比赛,规定时间内获得鱼最多的小组获胜,老师在比赛过程中观察孩子们的反应。

(4) 确定最终的获胜者,引导孩子们思考怎样才能取得最后的胜利。

活动指导:

在比赛过程中,教师一定要做好裁判和保安的工作,防止幼儿在比赛中乱跑。可以在钓鱼之前,给幼儿讲授一些技巧,用自己的行动来指导幼儿怎么能快速、准确地把鱼钓上来。

不同年龄的幼儿,注意的稳定性是不同的。适宜的对象、新颖的活动都能在一定程度上提高幼儿保持注意的时间。游戏是幼儿最感兴趣的活动形式,在游戏条件下,幼儿注意稳定的时间可以更长。学前儿童注意稳定性随年龄增长而提高,但由于还处于发展的初期,其发展速度还没进入高速期。这与学前儿童注意有意性发展有关。

2. 中班舒尔特注意力训练:舒尔特方格(数字)实践活动

目标:通过具体又形象的表格形式,在趣味的实践活动中,训练幼儿们的注意广度和注意的稳定性。

材料:设计好的舒尔特方格(主要是3×3,如图3-2;5×5,如图3-3)

| 9 | 7 | 1 |
|---|---|---|
| 8 | 2 | 3 |
| 6 | 5 | 4 |

图3-2 3×3数字舒尔特方格

| 17 | 3 | 11 | 21 | 13 |
|----|---|----|----|----|
| 6 | 10 | 24 | 4 | 19 |
| 14 | 7 | 22 | 15 | 8 |
| 20 | 18 | 1 | 25 | 23 |
| 9 | 2 | 12 | 5 | 16 |

图3-3 5×5数字舒尔特方格

舒尔特方格是全世界范围内最简单,最有效也是最科学的注意力训练方法。寻找目标数字时,注意力是需要极度集中的,把这短暂的高强度的集中精力过程反复练习,大脑的集中注意力功能就会不断地加固提高,注意水平也会越来越高。

舒尔特方格是在一张方形卡片上画上1 cm×1 cm 的25个方格(注意:方格必须是要这个尺寸的),格子内任意填写上阿拉伯数字1—25共25个数字。训练时,请求被测者用手指按1—25的次序依次指出其位置,同时诵读出声。舒尔特方格不仅可用来测量儿童注意力的稳定性,而且用这套图表保持天天练习一遍,那么孩子注意力水平就能得到大幅度提高。

步骤:

(1) 活动前的准备:安抚幼儿们的情绪,调整好坐姿与呼吸,由活动状态进入到静止状态。

(2) 向儿童讲述舒尔特方格的使用规则:眼睛距表30—35厘米,视点自然放在表的中心;按顺序找全所有字符,注意不要顾此失彼,因找一个字符而对其他字符视而不见;每看完一个表,眼睛稍作休息,或闭目,或做眼保健操,不要过分疲劳。

(3) 带领幼儿进行训练,记录时间,适当的时候可以设置相应的比赛环节,激发其维持活动的积极性。

(4) 如此不断地坚持训练,以此提高幼儿的注意的广度和稳定性。

活动指导:

老师在带领儿童们用舒尔特方格进行训练时,要注意难度的循序渐进,先从3×3的低难度开始,训练成熟后,采取5×5的高难度训练。

幼儿的注意范围较小,因此,在教学中一定要循序渐进、由少到多。幼儿的注意范围除了受到生理限制,也会受到注意对象和特点以及注意者本人的知识经验的影响,因此多次的练习帮助幼儿获得丰富的知识经验,逐渐就会扩大他们的注意范围。

3. 大班注意分配训练:小小计算家

目标:带领幼儿在听故事的过程中,进行简单的数学运算,以此来提升其注意分配的能力。

材料:幼儿故事录音,简单的数学运算题目。

步骤:

(1) 将事先准备好的故事录音放给学前儿童听,吸引其注意力。

(2) 之后带领幼儿进行简单的数学运算,先是老师出题,学生们集体回答;随后,可以分小组进行练习。

(3) 最后,让幼儿们复述之前听到的故事的主要内容,以此训练其注意分配能力。

活动指导:

学前儿童在学习过程中注意分配能力有了明显的发展。中、大班儿童的注意分配能力较刚入园已经有了较大的发展。在日常教学活动中也可发现,刚入园的儿童在上课和做活动时,总会心不在焉、顾此失彼。到了中班时就大有改观。因此,人们认为注意分配能力在幼儿园这一阶段发展迅速,以后发展就较为缓慢了。要使学前儿童在日常的生活学习中把注意分配到诸多方面并顺利完成复杂的工作,需要让他们进行适当的练习。

老师在训练过程中,要根据实际情况,不同年龄的儿童选取不同难度的运算题目和不同复杂程度的故事情节。

## 思考与练习

1. 5岁的成成在看动画片时,往往能看上半个小时甚至更长的时间不分散注意力,当他看图书时,相比时间就短了很多,请从影响儿童注意力的角度分析:

(1) 造成这一差异现象的主要原因是什么?

(2) 你准备怎样帮助成成提高注意力水平?

2. 在一次数学活动中,老师指着挂图问小朋友:"大家看,花丛中有两只蝴蝶,从远处又飞来两只(教师又拿出两只蝴蝶),小朋友看,现在花丛中有几只蝴蝶?"一位小朋友说:"老师,我还捉过蝴蝶呢!"另一位小朋友说:"老师,我也捉过,公园里有好多蝴蝶呢!"于是,小朋友们都说起蝴蝶来了。为什么孩子们会答非所问呢?请结合幼儿注意发展的特点加以分析。

3. 某幼儿园大一班活动室内,小朋友们正在聚精会神地听老师讲故事,突然,外面出来一群别班的孩子,喧闹的声音马上把孩子们的注意吸引了过去,大家开始相互交谈,老师大声提醒保持安静也无济于事。这是老师突然停止了说话,孩子们一下安静了下来,继续听老师讲故事。试分析这次活动中幼儿教育的有意注意和无意注意。

---

扫一扫二维码
轻松获取单元
习题及答案

# 单元四　学前儿童感知觉的发展

## 学习目标

1. 掌握感知觉的含义、特征和学前儿童感知觉的发展特点；
2. 能够用感知觉知识解释日常生活及幼儿园活动的一些现象；
3. 能够根据学前儿童感知觉的发展特点，创设符合学前儿童感知觉特点的教育环境和教学条件。

## 基础理论

### 一、感知觉发展概述

#### （一）感知觉的概念

**1. 什么是感觉**

感觉是人脑对直接作用于感觉器官的客观事物个别属性的反映。一个物体有它的颜色、形状、重量、气味等属性，我们没有一个感觉器官可以把这些属性全都加以认识，只能通过不同的感觉器官，分别反映物体的这些属性，如眼睛看到了颜色，耳朵听到了声音，鼻子闻到了气味，舌头尝到了滋味。每个感觉器官对物体一个属性的反映就是一种感觉。

有时，我们对物体个别属性的反映却不是感觉。例如，我们回忆起了看到过的一个物体的颜色，虽然反映的是这个物体的个别属性，但这种心理活动已不属于感觉而属于记忆了。所以，感觉反映的是当前直接作用于感觉器官的物体的个别属性。

> **知识拓展**
>
> **感觉剥夺实验**
>
> 实验内容：1954年，加拿大麦克吉尔大学的心理学家对被试者进行了"感觉剥夺"实验。实验中给被试者戴上半透明的护目镜，使其难以产生视觉；用空气调节器发出的单调声音限制其听觉；手臂戴上纸筒套袖和手套，腿脚用夹板固定，限制其触觉。被试单独呆在实验室里，几小时后开始感到恐慌，进而产生幻觉……在实验室连续呆了三四天后，被试者会产生许多病理心理现象：出现错觉、幻觉；注意力涣散，思维迟钝；紧张、焦虑、恐惧等，实验后需数日方能恢复正常。这说明人们日常生活中，漫不经心地接受各种刺激，以及由此而形成的各种感觉是非常重要的。

> 实验结论:大脑的发育,人的成长成熟建立在与外界环境广泛接触的基础之上。只有通过社会化的接触,更多地感受到和外界的联系,并加强和改进这些联系,人才可能更多地拥有力量,更好地发展。

2. 什么是知觉

知觉是直接作用于感觉器官的事物的整体属性在人脑中的反映,是人对感觉信息的组织和解释的过程。例如,看到一个苹果,听到一首歌曲,闻到花香等,这些都是知觉现象。

### (二)感觉的基本规律

1. 感受性与感觉阈限

(1)绝对感受性与绝对感觉阈限

刺激物只有达到一定强度时才能引起人们的感觉。例如,我们平时看不见空气中的灰尘,当灰尘落在我们的皮肤表面时,我们也不能觉察它的存在。但是,当细小的灰尘聚集成较大的尘埃时,我们不但能看见它,而且能感觉到它对皮肤的压力。这种刚刚能引起感觉的最小刺激量,称绝对感觉阈限。而感官能觉察出最小刺激量的能力,称绝对感受性。一般来说,人类各种感觉的绝对感受性都很高。

绝对感受性可以用绝对感觉阈限来衡量。绝对感觉阈限越大,即能够引起感觉所需要的刺激量越大,绝对感受性就越小。相反,绝对感觉阈限越小,即能够引起感觉所需要的刺激量越小,则绝对感受性越大。因此,绝对感受性与绝对感觉阈限在数值上呈反比。

(2)差别感受性与差别阈限

刺激量常发生变化,但并非任何变化都能被人觉察,必须要有足够大的变化。例如,大合唱增减1个人,人们不会觉察音量的区别;但增减10个人,差别就明显了。同样提一斤肉,添上半两感觉不出,加上半斤就有明显的感觉。能觉察差异的刺激量的最小差别量称差别阈限,能够觉察刺激物最小差别量的能力称差别感受性,差别感受性与差别阈限两者也呈反比。

2. 感受性的变化规律

(1)感觉适应

感觉适应是指对持续的同一刺激所产生的应激性形态,特别是感受器的适应。如从暗处走到明处,受到阳光刺激,起初几秒钟什么也看不清,但很快就恢复了。嗅觉、肤觉、视觉、听觉、味觉都会在适应后感受性降低,但痛觉适应较难。如皮肤总在衣服的触压之下,但我们并不经常感觉到这些刺激,其中的部分原因是适应的结果。在寒冷的冬天,我们进入幼儿园活动室,有时会闻到一股空气污浊的气味,而在活动室内工作的老师和幼儿毫无察觉,外来人在室内过了一段时间,也不觉得了,这是嗅觉的适应现象。因此,幼儿园各班活动室都应适当地通风换气,以保证空气清新。

(2)感觉对比

感觉对比是指同一感受器在不同刺激的作用下,感受性在强度和性质上发生变化的现象。感觉对比可分为同时对比和继时对比。同时对比是指几个刺激物同时作用于同一感受器产生的感受性变化。如月明星稀、月暗星密。继时对比是指刺激物先后作用于同一感受器时产生的感受性变化,如先吃苦药后吃糖觉得糖特别甜就是继时对比的结果。因此,为幼儿准备膳食要考虑味觉的对比现象。

(3) 感觉的相互作用

感觉相互作用是指在一定条件下,各种不同的感觉都可能发生相互作用,从而使感受性发生变化的现象。感觉相互作用的一般规律是弱刺激能提高另一种感觉的感受性,强刺激则会使另一种感觉的感受性降低。例如,微光刺激可提高听觉的感受性,而强光刺激则会降低听觉的感受性,强烈的噪声会使头痛更厉害,重的物体在轻松的音乐声中感觉会轻些。

联觉也是感觉相互作用的一种表现,它是指一种感觉引起另一种感觉的现象。联觉的形式很多,其中以颜色感觉的联觉最为突出。色觉可以引起温度觉,如红、橙、黄等有温暖感(称暖色),而蓝、青、紫则会有寒冷感(称冷色)。色觉还可以引起轻重感,如室内家具如果使用浅色系的颜色就会给人轻巧的感觉。

(4) 感受性的发展

人的各种感受性都有极大的发展潜力。某些特殊职业要求从业者长期使用某种感觉器官,因而这些从业者相应的感觉比一般人敏锐。例如,有经验的磨工能看出0.0005毫米的空隙,而常人只能看出0.1毫米的空隙;印染工人能够分辨出几十种浓淡不同的黑色;音乐家的听觉比常人敏锐;调味师的味觉、嗅觉比常人敏锐。可见,人的感觉能力可以通过后天的训练而得到发展,因而教师要尽可能有目的、有针对性地开展多种多样的活动,对学生进行各种感官的训练,使他们的感觉能力得以充分发展。

(5) 感官的补偿作用

感官的补偿作用是指某一感觉系统的技能丧失后而由其他感觉系统的技能来弥补的现象,叫做感觉的代偿作用。例如,盲人由于不能用眼睛来了解这个世界,因而他们多依赖于听觉、触觉等来获得信息,于是,盲人的听觉、触觉比一般人要敏锐,就像我们在生活中可以看到的,盲人可以依靠触觉识别人民币、盲文,可以凭着手杖敲击地面的声音来判断路况。

(三) 知觉的基本特征

1. 知觉的选择性

图4-1 知觉的选择性

知觉的选择性是指人们在某一具体时刻只是以对象的部分特征作为知觉的内容。作用于人的客观事物是纷繁多样的,人不可能在瞬间全部清楚地感知到;但可以按照某种需要和目的,主动而有意地选择少数事物(或事物的某一部分)作为知觉的对象,或无意识地被某种事物所吸引,以它作为知觉对象,对它产生鲜明、清晰的知觉映象,而把周围其余的事物当成知觉的背景,只产生比较模糊的知觉映象。知觉的对象与背景是互相依存、互相转化的(见图4-1)。当我们从注意教师的板书转移到挂图时,挂图成为清晰的对象,而黑板上的文字则成了知觉的背景。

知觉的选择性既受知觉对象特点的影响,又受知觉者本人主观因素的影响,如兴趣、态度、爱好、情绪、知识经验、观察能力或分析能力等。具体体现在:

(1) 对象与背景的差别。对象与背景的差别越大,对象越容易从背景中区别出来;反之,对象则容易消失在背景之中。例如,绿树中找红花容易,而在绿树中找青蛙就很困难。教师在教学中要善于运用这一规律。例如,为了让幼儿观察红花,就以绿树为背景;为了提高幼儿的观察力,就让幼儿从绿草中寻找青蛙。教师的板书、挂图和实验演示,应当突出重点,加强对象与背景的差别。对教材的重点部分,应使用粗线条、粗体字或彩色笔,使它们特别醒目,容易被幼儿知觉到。

(2) 对象的活动性。活动的刺激物容易被知觉为对象。婴幼儿爱看活动的东西,教师应当尽量多地利用活动模型、活动玩具以及幻灯、录像等,使幼儿获得清晰的知觉。

2. 知觉的整体性

知觉的对象有不同的属性,由不同的部分组成,但我们并不把它感知为个别孤立的部分,而总是把它知觉为一个有组织的整体,知觉的这种特殊性称为知觉的整体性或知觉的组织性(图4-2)。

知觉的整体性有赖于人的知识经验。当知觉对象提供的信息不足时,知觉者常常运用经验对残缺部分进行补充整合,从而获得整体映象。知觉的整体性常会表现出以下特点:在时间上或空间上接近的部分容易形成一个整体(接近因素);相似的部分容易被看成一个整体(相似因素);知觉印象随着环境情况而出现可能有的最完善的形式(完整倾向因素);单纯的、规则的、左右对称的图

图4-2 知觉的整体性

形,容易被看作是一个整体(好图形因素);向着相同方向变化倾向的部分容易被看成是一个整体(共同命运因素);过去经验也是知觉整体化的重要因素(经验因素)。

3. 知觉的理解性

人对于知觉的对象总是以自己的过去经验予以解释,并用词来标志它,这就是知觉的理解性。人的知觉是一个积极主动的过程,知觉的理解性正是这种积极主动的表现。图4-3的斑点,模糊图片中可以理解成正在觅食的豹。人们的知识经验不同、需要不同、期望不同,对同一知觉对象的理解也不同。一张检验报告,病人除了知觉一系列的符号和数字之外,却不知道什么意思;而医生看到它,不仅了解这些符号和数字的意义,而且可以作出准确的判断。因此,知觉与记忆和经验有深刻的联系。此外,理解还有助于知觉的整体性,还能产生知觉期待和预测,如熟悉英语词汇的人,当读到

图4-3 知觉的理解性

"WOR…"后,会预期出现 D、K、M、N 等字母。

4. 知觉的恒常性

知觉恒常性是指当客观条件在一定范围内改变时,我们的知觉映象在相当程度上却保持着它的稳定性。恒常性的种类包括形状恒常性(如图 4-4)、大小恒常性、亮度恒常性、颜色恒常性。例如,远处的一个人向你走近时,他在你视网膜中的图像会越来越大,但你感知到他的身材却没有什么变化,这是大小恒常性。从不同的角度看同一扇门,视网膜上的投影形状并不相同,但人们仍然把它知觉为同一扇门,这是形状恒常性。煤块在日光下反射的光亮是白墙在月色下反射的光量的 5 万倍,但看上去我们仍然认为煤是黑的,墙是白的,这是亮度恒常性。家具在不同灯光的照明下颜色发生了变化,但人对它颜色的知觉保持不变,这就是颜色恒常性。恒常性使人在不同的条件下,仍然产生近似实际的正确认识,这对正常的生活与工作是必要的。

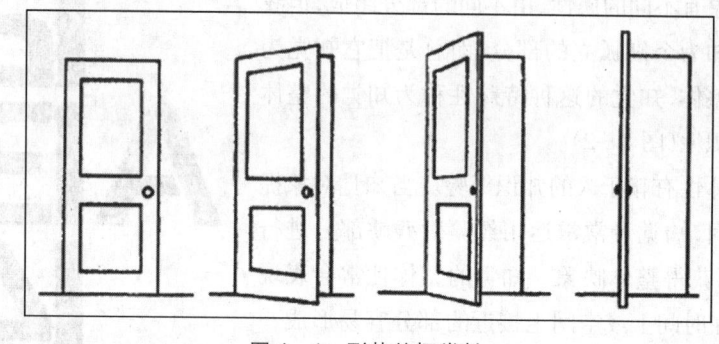

图 4-4 形状的恒常性

(四)评定新生儿感觉的常用方法

1. 反射行为

新生儿出生时已具备一套完整的无条件反射装置。只要给予适宜的刺激,就能引出相应的反射行为(图 4-5)。如轻轻抚摸新生儿的面颊,他就会转头作觅食反射;用灯光刺激新生儿的眼睛,她的瞳孔就会缩小。这些反射行为的出现,仿佛是婴儿在告诉我们:"我已经感觉到了"。如果这些刺激未能引出新生儿相应的反射,我们很难断定新生儿是否察觉了当前的刺激,或者是否有别的刺激干扰了已被婴儿察觉到的刺激,而抑制了反射活动。

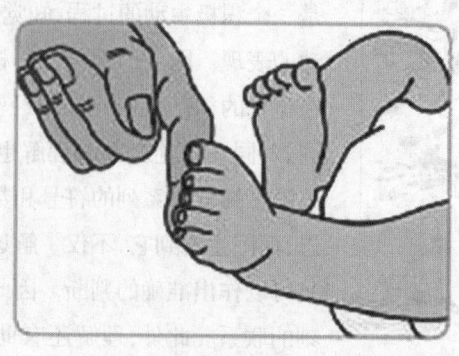

图 4-5 巴宾斯基反射

## 2. 定向反射习惯化和去习惯化

当一个新异刺激出现时,个体包括新生儿往往都会产生定向反射。如果隔很短一段时间刺激物又重新出现,引起定向反射的次数就会逐渐减少。同样的刺激如果反复地呈现,最后就会使原先出现的定向反射完全消失,这种现象称之为"习惯化"。在个体已对某种刺激形成习惯后,又出现一个新的刺激,这时的个体又产生了反射行为,表明个体能将新刺激与旧刺激加以区别。这种恢复了对新事件的兴趣的现象称为"去习惯化"。

婴儿的吸吮行为可作为评估指标。首先给婴儿一个橡皮奶头供其吸吮,记下其吸吮频率的基线。当一个新异的刺激(如声音)出现时,婴儿将产生定向反射,可能表现为吸吮行为的中断或频率降低。同样的刺激如果反复呈现,婴儿的定向反射将逐渐减少直至完全消失,吸吮行为不再受刺激呈现的影响。如果这时又出现另一个新刺激,婴儿可能又产生新的反射行为,吸吮行为再次发生变化。

## 3. 身体运动和脸部表情

婴儿的某些身体运动和脸部表情与某种刺激物的出现相联系,而与别的刺激出现无关。如5—6个月的婴儿看到自己的母亲和熟悉的人,就会咿咿呀呀地说和笑,而见到陌生人就无这种反应,这表明婴儿已能区分熟悉的人和陌生的人。

## 4. 视觉偏爱

为了测定婴儿早期能否辨别物体的形状和颜色,范茨设计了一间观察小屋,让婴儿躺在小床上,眼睛可以看到挂在头顶上方的物体。观察者通过小屋顶部的窥测孔,记录婴儿注视物体所花的时间。范茨假定,看同样的两个物体需花同样长的时间,看不同的物体所花时间不同,这样就可以从婴儿注视两样不相同的物体所花费的时间是否相同来判断婴儿早期能否辨别形状、颜色;婴儿喜欢看什么,不喜欢看什么,也是视觉偏爱。研究发现,婴儿停留在正常脸的图片上的时间最长(见图4-6A),即婴儿不仅能分辨形状颜色,而且偏爱人脸。

A　　　　　　　　B　　　　　　　　C

图4-6 视觉偏爱

## 二、学前儿童感觉的发展

### (一) 视觉的发生发展

#### 1. 视觉集中

新生儿视觉调节机能较差,视觉的焦点很难随客体远近的变化而变化。研究表明,婴儿要到两个月时才能自己改变焦点,直到四个月时才能像成人那样改变晶体的形状,以看清不同距离的客体。

新生儿已能用眼睛追随视刺激物。追随水平方向移动的刺激物比追随垂直方向移动的刺激物容易(格林曼,1963)。

也有研究发现,人的视觉早在胎儿4、5个月时就发生了(刘泽伦,1991)。虽然胎儿与外界隔着肚皮和子宫,但强光仍然很容易穿透。例如,当孕妇在日光浴时,胎儿即可感受到光的刺激,如果一束强光照在母亲腹部时,睁开眼睛的胎儿就会转脸避开光线。

2. 视敏度

视敏度是眼睛区分对象形状和大小微小细节的能力。通常是以能辨别两条平行光线的最小距离为衡量标准。婴儿的视力改善极其迅速,大约6个月到1岁便能达到正常成人的视力范围之内(科亨等,1978)。

3. 颜色视觉

颜色视觉是指区别颜色细微差异的能力,也称辨色力。

新生儿是看不见彩色的,在他们的眼里,世界被知觉为黑、白、灰的世界。研究表明,儿童从3、4个月起就能分辨彩色与非彩色,红颜色特别能引起儿童的兴奋,4—8个月的婴儿最喜欢波长较长的温暖色,如红、橙、黄色,不喜欢波长较短的冷色,如蓝、紫色,喜欢明亮的颜色,不喜欢暗淡的颜色。

测定婴儿颜色视觉的方法主要有:

(1) 视觉偏爱法

给婴儿呈现两个亮度相等的圆盘,测定婴儿注视两个圆盘的时间。发现3个月的婴儿对彩色圆盘注视的时间要比对灰色圆盘的时间多一倍(斯塔普利斯,1937)。

(2) 记录脑电活动

让婴儿坐在母亲膝盖上,在其头上束一条斜纹布带,每条布带上装有8只电极,定位于头部不同位置,间断地将不同颜色的条纹投向银幕。电极记录脑的信号,并把它传送到计算机,绘制出相应图谱。结果表明2—3个月的婴儿已能辨别几种颜色和几何图形。

(3) 去习惯化

先让3、4个月的婴儿对一种颜色形成习惯化,然后再让他看同一种类但色调不同的颜色(如先看深红、后看浅红),或者看另一种颜色(如先看红色、后看黄色)。结果发现,尽管两种实验条件下前后呈现的两种颜色的波长差距完全相同,但后一种条件更易为婴儿辨别,出现了去习惯化。

(4) 配色法

配对法:向儿童出示一种颜色的卡片,让他们在许多颜色卡片中挑出相同颜色的卡片。调查发现,两岁儿童有30%左右能够正确识别红、白、黄三色,而2.5岁儿童已有95.8%能够正确识别红、白、黄、灰、绿紫、蓝、橙8种颜色。

指认法:向儿童出示许多颜色的卡片,成人说出其中一种颜色,让儿童指出相应颜色的卡片。如果儿童指对了,说明儿童不仅能够辨别这种颜色,而且能够理解该颜色的语词含义。

命名法:向儿童出示一种颜色的卡片,让其说出是什么颜色。说对了,说明儿童不仅能够识别该颜色,能够理解或掌握该颜色的名称,而且能够用语言表达出来。

研究表明,幼儿期对颜色辨别力的发展,主要依靠生活经验和教育。

4. 婴幼儿的用眼卫生、保护视力

(1) 养成良好生活习惯

保证孩子睡眠充足,充足的睡眠让眼部的肌肉达到完全的放松,促进大脑视觉神经的正常发育;营养要均衡,让孩子多吃蔬菜和水果,摄取丰富的维生素;多做户外运动,最简单的方式是让孩子登高望远。

(2) 限制近距离用眼时间

预防近视的根本措施是限制长时间近距离视近活动,应合理安排生活,每隔一小时左右应有短时间休息,每天保证一小时以上的户外活动。每日可向5米以外的远处眺望3—4次,远望时宜选择固定的目标,如树木和房屋,每次5—10分钟,避免刺眼的光刺激。

(3) 重视读写卫生

阅读与书写时坐姿要端正,眼书距离要保持在30—35厘米,阅读时尽可能使书本的平面与视线成直角。不要躺着看书,不要边走路边看书,或是在震荡较大的车厢里看书,避免在光线过强或过弱的地方读写,书写时,尽量使用色深质软的铅笔,写的字体不宜过小,以减轻眼的负担。

(4) 改善学习环境

教科书、儿童读物的字体大小应与儿童的年龄相适应,年龄越小,字体应越大。文字与纸张背景的亮度对比应大些,字迹要清晰便于阅读。要定期检查教室的采光和照明状况,自然采光不足的应增加人工照明,及时检修损坏的灯具,教室墙壁要定期粉刷。座椅应根据儿童身高进行调整,定期轮换座位,以保证正确的读写姿势。

(5) 定期检查视力

经常检查儿童的视力,了解儿童的视力变化,以便及时采取措施,控制近视的发生、发展。疑似近视的儿童应前往医院眼科,通过散瞳验光以明确诊断,做好相关保健预防措施。

(6) 幼儿看电视时的几点建议

1—2岁的幼儿连续看电视不宜超过20—30分钟,3岁的孩子不能超过1小时,中间一定要休息一段时间;幼儿看电视距离应在1.5米左右,电视荧屏高度稍低于幼儿双眼高度,尽量使幼儿可以平视;观看电视时,其光线和音量均应适中,不可刺激幼儿的眼睛和耳朵;电视散发着无数看不见的电磁波离子,因此在看完电视后一定要给幼儿洗脸;常常坐在电视面前会影响运动神经发育,因此在看完电视应带幼儿到户外活动,同时放松眼肌;平时尽量避免刺激性的节目,尤其是在睡前,更不可以看惊险或易兴奋的节目。

幼儿看电视并非不可,只要不过度,并且注意保持用眼卫生、保护视力,挑选一些有益的动画、儿歌等节目,还是有益处的。

**(二) 听觉的发生发展**

1. 胎儿的听觉反应

研究表明,胎儿耳朵的构造(从外耳到内耳),大约在妊娠6个月时就已经基本发育完全,可以感受到声音。8个月大的胎儿,就可以对音调以及音量的变化作出反应。美国著名儿科医生布雷寿顿曾做过一个有趣的实验,妊娠7个月的母亲,在B型超声的荧光屏前,观察胎儿对声音的反应。当胎儿在觉醒状态,听到母亲腹壁外的"咯咯"声时,头会转向声音发出的方向。

国外研究成果表明,把母亲心跳的声音录下来,经过扩大,当新生儿烦躁不安或大哭时播放给他听,新生儿很快就会安静下来。之所以会出现这种现象,主要是源于胎儿在母体内,已经有了基本的听觉能力,而且有了听觉性记忆,因而在听到母亲的声音时,有一种回到自己熟悉环境的感觉,对新生儿有安抚作用。母亲抱孩子时,通常把孩子放在自己的左胸部,让孩子听见大人的心跳,孩子就会安静下来。

2. 新生儿的听觉能力

新生儿从一出生即有声音的定向能力。在新生儿觉醒状态时,距离其耳旁10—15厘米处,轻轻摇动内装少量玉米粒或黄豆的小塑料盒,发出很柔和的声,婴儿会准确地转动眼和头向声音发出的方向。如果声音过强时,婴儿会表示厌烦,头不但不转向声源,而且转向相反方向,甚至用哭来表示拒绝这种噪音干扰。

新生儿喜欢听人的声音。在新生儿清醒的时候,在耳旁和他说话,他的眼和头会慢慢转向你,并亲热地看看你,脸上显出高兴的样子。如果一边是父亲的声音,另一边是母亲的声音,多数小婴儿喜欢自己母亲的声音,将头和眼转向自己母亲一边。

3. 听觉的发生发展

1—2个月,婴儿听觉能力进一步增强,对音乐产生了兴趣。如果放舒缓悦耳的音乐,他会变得安静,还会把头转向放音乐的方向。如果放噪音很大的声音,他会烦躁、皱眉头甚至哭闹。家长要充分开发孩子这种能力,训练听觉,但婴儿对不同分贝的声音辨别能力差,不要播放很复杂、变化较大的音乐。

2—3个月,婴儿已经能够区分语言和非语言,还能区分不同的语音,能初步区别音乐的音高。因此,成人不要在婴儿面前吵架,这种吵架的语气婴儿能够辨别出来,对婴儿的情感发育是不利的。多给婴儿听优美的音乐,和婴儿交谈时要用不同的语气、语速,提高婴儿的听力水平。

3—4个月,婴儿能够静静地听音乐,并且能够区分音色,更喜欢优美抒情的音乐。

4—5个月,婴儿会积极地倾听音乐,并会随着音乐的旋律摇晃身体,虽然不能与旋律完全吻合,但已经有节律感了。

5—6个月,婴儿能记住声音,能听出爸爸妈妈和看护人的声音,并会在听到这些声音时,转头找他们。比如晚上闭了灯,婴儿哭闹时,妈妈和婴儿说话或哼摇篮曲,即使婴儿看不到妈妈,也没有用身体接触妈妈,哭声都会停止。如果是陌生人说话,就不会让婴儿停止哭声,反而可能会哭得更厉害。

6—7个月,婴儿听的能力已经接近成人,能区别简单的音调,从这时起进行音乐训练,之后会对音乐的感知能力非常强。

7—8个月时,婴儿对自己的名字有反应,对"爸爸"、"妈妈"有比较强烈的反应。

8—9个月时,婴儿能听懂一些语意,例如"吃饭了"、"喝奶了"、"回家了"等,知道有人在叫他的名字。但是,婴儿在理解这些语言时,需要依靠当时的情景,他还缺乏抽象理解语言的能力。能把语言和实际动作联系起来,开始语言的记忆和模仿。如果家里有小朋友来了,妈妈说

"欢迎,欢迎",婴儿就会拍手;和婴儿说"再见",他就会扬起胳膊摆手。有了这种条件反射,就有了学习与人交往的能力。

9—10个月时,在一些语境中,婴儿能用身体语言和父母进行交流,通过听、看来理解父母的意思,这时他们已经不单单是听,而是把听到的进行记忆、思维、分析、整合、运用听来认识世界。父母要充分开发婴儿听的能力,多让婴儿听,听多了,听懂了,慢慢就开口说话了。

10—11个月时,婴儿能听懂许多话了,尤其是妈妈的,父母要充分利用婴儿听的能力,训练婴儿说的能力。

11—12个月时,婴儿虽然还不会说几句话,但是却能听懂许多话的意思。婴儿就是依据听父母和周围人的说话,观察父母说话时的口形,父母在日常生活中语言和动作的结合,以及妈妈日常和婴儿说话来学习语言的。

4. 促使儿童听觉发育的方法

(1) 让婴儿寻找声源

父母让婴儿听闹钟、门铃、电话、果汁机等声音,并且让他寻找声音的来源。妈妈要抱着孩子边找边说:"咦,那是什么声音?"找到时也要让婴儿看看那个物体,然后告诉他"这是电话"。

(2) 给婴儿买会发声的玩具

给婴儿买会发声的玩具或买各种动物叫的录音带,放给婴儿听,告诉这是什么动物在叫,婴儿最喜欢听小动物的叫声,当婴儿会说话时,会津津有味地不断学动物的叫声,这样不但锻炼了听力,还锻炼了发音。

(3) 多和婴儿交流

父母多向婴儿轻声说话、哼唱,节奏要稍微放缓些,吐字要清晰,要用普通话,一字一句,让婴儿听懂,让婴儿能够看到父母说话的口型,或者放一些节奏舒缓、旋律优美的音乐,时间要适度,不宜过长。

(4) 记录婴儿的声音

将婴儿自己发出的声音,如咿咿啊啊的声音、忽高忽低或重复的学语声、呼叫爸爸妈妈的声音等录下来,经常播放给婴儿听。

每做一件事,每看一件东西,都要配合语言,让婴儿听清、听懂,这是婴儿学习语言的基础。婴儿不断积累词语,最终学会了用语言表达,父母要懂得给婴儿创造语言环境的重要性。

5. 儿童听觉的保护

(1) 防噪音损伤

科学研究发现,音乐能起到调节人体节律的作用,对婴幼儿的智力、听觉发育有益。但过强的声音则有害,会使人产生紧张恐惧的心理。要避免过强或过长时间的噪音,否则将会引起听力疲劳,从而使幼儿对语言的差别感受性降低,阻碍正常的音乐听觉的发展,还会使婴幼儿的耳蜗发生营养不良和缺氧,以致造成功能减弱或丧失而发生听力损伤。

(2) 注意耳朵不能进水

孩子喜欢在水中玩耍,所以需要特别注意耳朵里不能进水。如果耳朵里进水了,不能使劲抠,要倾斜头部让水自然地流出来,再用消毒棉签把剩余的水吸出来。洗澡的时候可以戴浴帽防止水进入耳朵。

(3) 不要挖耳朵

耳垢再多也不会导致听不清声音。所以成人不要按照传统的习惯,看到耳垢就要给儿童挖出来。如果挖得不当很容易引发炎症,会影响听力。如果实在觉得有必要,可以去小儿科或者耳鼻喉科找医生来挖。要教育幼儿不可将异物塞入耳道。

(4) 不要长时间戴耳机

长时间戴耳机大声地听音乐会严重损害儿童的听力。戴耳机的时间一次不要超过20分钟,最好禁止儿童戴耳机。

此外,保护儿童听力方面,还要预防感冒等疾病引起的中耳眼炎,发现幼儿听力有问题要及时给予治疗。

(三) 味觉、嗅觉的发生发展

1. 味觉的发生发展

婴儿的味觉系统在胎儿三个月时就开始发育,出生前味觉系统已经发育成熟,新生儿一生下来就有了味觉,并且相当敏锐,表现出明显的对甜物的偏爱,对咸、酸、苦的味道有不愉快的表情。人类味觉系统在婴儿和儿童期最发达,以后就逐渐衰退,这与味觉在人类种系演化进程中的趋势是一致的。

成人要依据婴幼儿味觉的发展特点,适时发展儿童的味觉。如适当喂儿童喝一点各种水果榨成的汁,可以刺激味觉的发展,为以后学会吃各种辅食做好味觉适应的准备;及时添加辅食,婴儿四个月时,不管母乳是否充足,都要开始逐渐增加辅食,满足婴儿身体发育的营养需求,也为了让婴儿的味觉早一点适应其他食品的味道,为以后断奶做准备。有的婴儿很难断奶,依恋母乳,一个重要的原因就是没有及时给他添加辅食,使婴儿的味觉只适应母乳,而对其他食物的味道一概反感。

2. 嗅觉的发生发展

研究表明,胎儿在妊娠末期已具有了初步的嗅觉反应能力,已大致能区别不同的气味,新生儿已能对各种气味作出相应的各不相同的反应,如"喜爱"好闻的气味,"讨厌"或"躲避"不好闻的气味。母乳喂养的新生儿,1—2周就能通过乳房和腋下气味认出自己的妈妈。

通过嗅觉训练,能促进儿童嗅觉的发展。可以将儿童的生活用品,如香皂、牙膏、爽身粉等给儿童闻一闻,也可带儿童到户外闻闻各种花的气味,这种训练可以促进儿童的嗅觉能力的发展。

(四) 触觉的发生发展

1. 触觉的产生

婴儿在胎儿期就有了触觉,当他被子宫内温暖的软组织和羊水包围时就开始有了触觉,出生后仍然习惯于温暖的怀抱和母亲的依偎。新生儿对不同的温度、湿度、物体的质地和疼痛均有触觉感受能力,喜欢接触质地柔软的物体。婴儿依恋关系的建立主要依赖于身体的接触。

2. 口腔触觉

口腔的触觉是儿童发育最早的一个部分,儿童这部分的触觉需要比较多,并且能从中获得安慰。儿童喜欢把所有触手可及的东西放进嘴里品尝,以此感觉物体的味道、质地、性状等,以此来认识物体,获得心理的满足。当婴儿手的触觉探索活动发展起来以后,口腔的触觉探索逐渐退居次要地位,但在相当长的时间内(3岁前),儿童仍然以口腔的触觉探索作为手的触觉探索的补充。

鉴于此,家长应该把能吞咽的小玩具、尖利的物体、药片等放在儿童无法触及的地方,以免婴幼儿触及并吞咽。

3. 手的触觉

新生儿有本能的手的触觉反应,如抓握反射证明新生儿手的触觉已经存在,是一种先天的无条件反射。新生儿继抓握活动之后出现了手的无意性抚摸,儿童的手无意地碰到东西,如碰到被子的边时,他会沿着边缘抚摸被子,先天的抓握反射随着儿童的生长发育会逐渐消失。

(五)痛觉的发生发展

新生儿的痛觉感受性是很低的。国外有人做过对新生儿的痛觉测查,他们用针去刺新生儿最富有感受性的区域——鼻、上唇和手,结果表明未足月的新生儿,对极强的刺激都没有不愉快的表现,即可能是感觉不到痛。

成人对儿童的痛觉的敏感性起暗示作用,消极情绪暗示会使儿童感觉疼痛更加强烈。如儿童不小心摔倒了,本来不是很痛,可是父母表现出过度紧张,会使儿童受到不良的情绪暗示,也开始紧张,就会哭起来,而且越哭越感到痛;如果儿童发现成人表情平静,甚至显现出若无其事的样子,就是对儿童发出积极的情绪暗示,儿童就会若无其事地爬起来,继续高高兴兴地玩去了。

## 三、学前儿童知觉的发展

(一)整体知觉和部分知觉的发展

研究表明,儿童先认识客体的个别部分(4、5岁),然后开始看见整体部分,但不够确定(6岁)。接着既能看到部分又能看到整体,但不能把整体和部分结合起来(7、8岁)。最后一个阶段,儿童一眼就能看出部分和整体的关系,实现了二者的统一(8、9岁)。埃尔金德和凯格勒通过实验证明了上述观点,他们给195名5—9岁的儿童看一些图片(见图4-7),并让儿童说

图4-7 实验图片

出看到了什么,它们看起来像是什么。如果儿童在观察图片时,漏看了部分或漏看了整体,就再问他:"你看还有别的什么?"实验结果显示,71%的4岁儿童只看到了图片的个别部分。如"两只长颈鹿,"或"一个苹果"、"两根胡萝卜"。7岁的儿童回答说,"有一些水果","一个小丑",此时的儿童往往还未把部分与整体连结起来。79%的9岁儿童中回答说,我看到了"一个小鸡"、"一架飞机"。

### (二) 色、形两维的感知

儿童是先感知色还是先感知形,还是同时感知色与形呢?研究发现,幼儿色、形抽象发展有三个阶段:3岁前以形状抽象占优势;4岁是颜色抽象占优势;6岁后是同一抽象占优势。这一结论表明儿童的色形抽象或感知受到发展成熟的影响,有年龄特征,但并不排除个体经验影响,个体差异还是存在的。

### (三) 空间知觉

1. 形状知觉

(1) 婴儿的形状知觉

婴儿出生几天后,即出现视觉偏好。范茨(1971)给出生1—15周的婴儿看形状和复杂程度不同的模式图:线条图和靶心图、棋盘图和正方形图、交叉十字和圆形,发现婴儿对复杂的靶心图和线条图注视时间最长,对简单的模式图形注视时间较短。

婴儿喜欢看清晰的图像。让5—12岁的婴儿看描写家庭生活的无声彩色影片,婴儿很快被影片中许多面部表情特写镜头吸引住了。但当图像模糊时,他们就移开目光。

此外,婴儿更喜欢注视物体的边缘部分,很少注视中心。随着年龄的增长,婴儿对图案的偏好的复杂程度逐步增加,在面孔识别研究中发现,两个月大的孩子就会把更多的视线集中到面孔的内部特征上来。

(2) 幼儿的形状知觉

我国心理学工作者用"配对法"、"指认法"和"命名法"调查了3—5岁幼儿对几何图形的认识能力。实验表明,幼儿辨认几何图形的能力优于说出几何图形的名称的能力。3岁儿童基本上能根据样例找出相同的几何图形,但很少能够正确说出几何图形的名称,他们往往用自己熟悉的物体名称形容抽象的几何图形,如把圆形称为"太阳型",把半圆称为"月亮"。随着年龄的增长,幼儿对几何图形的认识能力越来越高。幼儿对不同几何图形辨别的难度有所不同,由易到难的顺序是:圆形→正方形→半圆形→长方形→三角形→五边形→梯形→菱形,圆形最易被幼儿掌握,4岁是幼儿形状知觉发展的敏感期。

实验表明,多种感觉器官的参与能有效提高幼儿形状知觉的正确率。如在幼儿辨别几何图形的任务中,如果只让幼儿用手摸,错误率较高,而让幼儿既看又摸,正确率较高。

2. 大小知觉

4个月的婴儿已经具备大小知觉的恒常性。例如,一块积木离开观察者的距离越远,在视网膜上的映像也越小,但观察者知觉到积木大小并未变化。

儿童在婴儿期就开始认识大小。2岁半至3岁婴儿已经能够按语言指示拿出大皮球或小皮球,这个阶段也是儿童判断平面图形大小能力急剧发展的阶段,3岁以后判断大小的精确度的能力有所提高。

幼儿对图形大小判断的正确性要依赖图形本身的形状。幼儿判断圆形、正方形和等边三角形的大小较容易,而判断椭圆、长方形、菱形和五角形的大小有困难。幼儿判断图形大小在策略使用上随着年龄增长而逐步提高,4—5岁幼儿在判断积木大小时,要用手逐块地去摸积木的边缘,或把积木叠在一起去比较。而6—7岁幼儿,在经验的帮助下,已经可以单凭视觉指出一堆积木中大小相同的积木。

3. 深度知觉

深度知觉是判断自身与物体或物体与物体之间距离的知觉,也称为立体觉。为了判断早期的婴儿是否具有深度知觉,吉布森(Gibson)和沃克(Walk)于1961年设计了"视崖"实验,如图4-8。视崖装置的组成如下:一张1.2米高的桌子,顶部是一块透明的厚玻璃,桌子的一半(浅滩)是用红白格图案组成的结实桌面;另一半是同样的图案,但它在桌面下面的地板上(深渊);在浅滩边上,图案垂直降到地面,虽然从上面看是直落到地的,但实际上有玻璃贯穿整个桌面,使婴儿造成一种错觉,这里似乎像"悬崖"。在浅滩和深渊的中间是一块0.3米宽的中间板。实验时,每个孩子(36名6个半月至14个月的婴儿)都被放在视崖的中间板上,让孩子的母亲分别在"浅滩"和"悬崖"两边招呼孩子。36名婴儿中有27名愿意从中央板爬过"浅滩"来到母亲身边,只有3名"冒险者"爬过悬崖。大多数婴儿见到母亲在悬崖一边招呼时,不是朝母亲那边爬,而是朝离开母亲的方向爬,还有一些婴儿哭叫起来。实验表明,婴儿早就有了深度知觉,但还不能由此断定深度知觉是先天的,因为它很可能是在出生后的6个月中学会的。

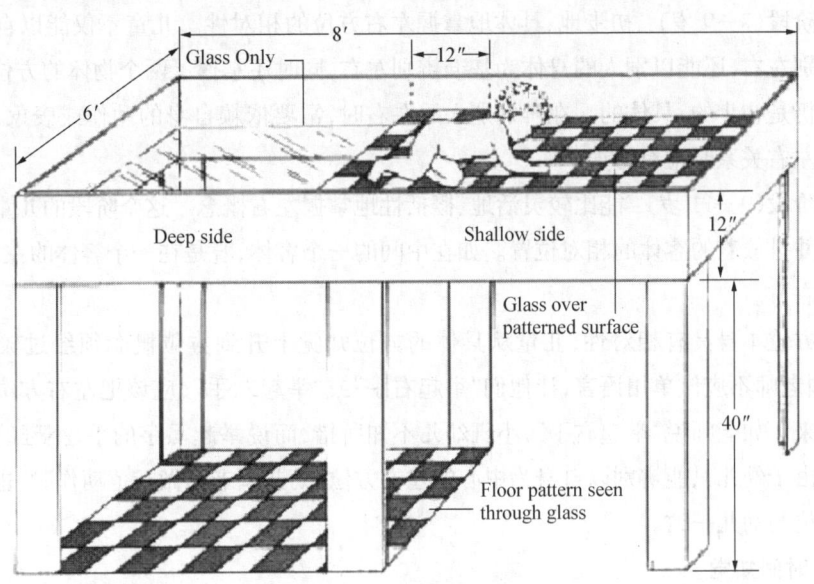

图4-8 视崖实验装置

坎坡斯和兰格(Campos & Langer,1970)采用更为灵敏的技术研究婴儿的深度知觉。他们选取了2—3个月,甚至更小的儿童。结果发现,当把幼小的儿童放在深滩边时,儿童的心率会减慢,而放在浅滩边则不会有此现象。这表明,儿童是把悬崖作为一种好奇的刺激来辨认。但如果把9个月的婴儿放在悬崖边,他们的心率会加快,这是因为经验已经使得他们产生了害怕情绪。可见,深度知觉的发展受经验的影响比较大,游戏和体育活动能够促进婴儿深度知觉的发展。

4. 方位知觉

方位知觉是指对物体的空间关系位置和对个体自身在空间所处的位置的知觉。如前、后、左、右、上、下、里、外、中间等方位词所标志的空间相对关系。幼儿对空间方位知觉的发展常感到困难,一是由于物体的空间方位具有相对性,如"书本在铅笔下面,书本又在桌子上面",决定同一物体"书本"的空间位置取决于它以什么作参照物。二是由于空间方位有两个不同的参照系统,一是机体自身,二是客观事物。幼儿判断自身对面物体的左右关系尤为困难,因为这需要幼儿在思想上作"心理旋转",才能理解对面事物与自身的逆反方向关系。三是由于幼儿需要理解掌握标志空间方位关系的词的含义。如家长会教幼儿,拿筷子的手是右手,拿饭碗的手是左手,通过方位词和具体事物的结合,儿童就容易记住了。

我国的相关实验研究表明:3岁儿童已能辨别上下方位,4岁儿童已能辨别前后方位,5岁儿童开始能以自身为中心辨别左右方位,6岁儿童能完全正确地辨别上下前后四个方位,但以自身为中心的左右方位辨别能力尚未发展完善。

我国心理学家朱智贤曾重复了皮亚杰与埃尔金德关于儿童左右概念发展的实验研究(1964),结论基本一致,他们认为儿童左右概念的发展要经过三个阶段:

第一阶段(5—7岁):能比较固定地辨认自己的左右方位。儿童大部分已能辨认自己的左右手(脚),但不能辨别对面人的左右。

第二阶段(7—9岁):初步地、具体地掌握左右方位的相对性。儿童不仅能以自己的身体为基准辨别左右,还能以别人的身体为基准辨别左右,同时还掌握了两个物体的方位关系。但这种认识仍是初步的、具体的。在辨别别人的左右时,常要依赖自身的动作或表象,在辨别两个物体的左右关系时常有错误。

第三阶段(9—11岁):能比较灵活地、概括性地掌握左右概念。这个阶段的儿童能正确地指出三样并排放着的客体的相对位置。如在中间的一个客体,既是在一个客体的左方,又在另一客体的右方。

由于方位本身具有相对性,儿童从具体的方位知觉上升到方位概念须经过较长一段时期,幼儿园老师不应该单用语言,让他们"举起右手"或"举起左手",应该把左右方位概念与实物结合起来。如老师说"举起右手",小班幼儿不知所措,而说举起写字的手,小班幼儿都能完成任务。由于幼儿只能辨别以自身为中心的左右方位,幼儿园老师做示范动作时,也应使自己的身体方位与幼儿一致。

(四) 时间知觉

时间知觉是个体对客观现象延续性和顺序性的感知。儿童感知时间常常是无意识的、不自觉的。儿童最早的时间知觉主要依靠生理上的变化产生对时间的条件反射,即根据"生物钟"所提供的时间信息而出现的时间知觉。如儿童感到饿的时候,会自己醒来或哭喊,这就是对吃奶时间的条件反射。以后逐渐借助于生活经验(生活作息制度、有规律的生活事件等)和环境信息(自然界的变化,如太阳落山了,天快黑了,太阳升起来就是早晨)来知觉时间。学前晚期,在教育影响下,儿童开始有意识地借助于计时工具或其他反映时间流程的媒介认识时间。

我国的研究表明,儿童的时间知觉具有以下特点:

(1) 时间知觉发展水平与儿童的年龄、生活经验呈正相关。幼儿年龄越大,时间知觉的精确性越高。幼儿常以生活制度和作息制度作为时间定向的依据。如"早晨就是上幼儿园的时候"、"下午就是午睡起来以后"、"晚上就是爸爸妈妈来接我们回家的时候"等。有规律的生活有助于发展孩子的时间知觉,培养时间观念。

(2) 幼儿对时间单元的知觉和理解有一个"由中间向两端"、"由近及远"的发展趋势。研究表明,儿童先能理解的是"天"和"小时",然后是"周"、"月"或"分钟"、"秒"等更大或更小的时间单元。在"天"中,最先理解的是"今天",然后是"昨天"、"明天",再后才是"前天"、"后天"。对于"正在"、"已经"、"就要"三个与时间有关的常用副词的理解,同样也是以现在为起点,逐步向过去和未来延伸。

(3) 理解和利用时间标尺(包括计时工具)的能力与其年龄呈正相关。较小的孩子常常不能理解计时工具的真正意义。妈妈告诉孩子时钟走到 7 点半就可以打开电视看动画片了,孩子等得不耐烦了,就要求妈妈把钟拨到 7 点半。儿童到 7 岁左右,才开始利用时间标尺估计时间。

(五) 儿童观察力的发展

观察是一种有目的、有计划的比较持久的知觉过程,是知觉的高级形态。一个人的观察受到系统的训练和培养,会逐渐形成稳定的、经常的个性品质——观察力。

1. 学前儿童观察力发展的特点

(1) 观察目的性不强

幼儿一般很少会自觉地为某一目的而进行观察,常容易受到身边事物突出的外部特征及当时的个性情绪、兴趣所支配。研究表明,3 岁儿童的观察已经带有一定的目的性,但水平低;4—5 岁明显提高;6 岁时就能够按活动任务进行活动了。

(2) 观察持续时间短

一般来说,3 岁左右的幼儿持续观察图片的时间大约只有 5—6 分钟,随着年龄的增长,时间会有所延长,6 岁时大约能达到 12 分钟。对于他们不感兴趣的对象,观察时间会更短,有时不到一两分钟。观察持续的时间短,与幼儿观察的目的性不强和幼儿的兴趣特点有关。

(3) 观察缺乏系统性

科学家通过研究发现,3 岁幼儿在观察图形时,其眼球运动的轨迹是杂乱的,4—5 岁幼儿的眼动轨迹越来越符合图形的轮廓,也就是说,幼儿在观察物体时尚缺乏系统性。

幼儿的观察一般是笼统的,看得不细致是幼儿的特点和突出问题。如 6 岁左右的孩子往往在认识"n"和"m"、"工"和"土"、"日"和"月"等形近符号时出现混淆。因此,学习活动要求观察要精细,经过系统的培养,幼儿观察的细致性就能够有所提高。

(4) 观察缺乏概括性

观察的概括性是指能够观察到事物之间的联系。丁祖荫的研究(1964)说明,儿童对图画的认识逐渐概括化。他提出,对图画认识的发展可分为四个阶段:第一,认识"个别对象"阶段。对图画中的事物更多的是孤立零碎的认识,不能把事物有机地联系起来。第二,认识"空间关系"阶段。能感知到各事物之间的外表的、空间位置的联系,不能看到其中的内部联系。第三,认识"因果关系"阶段。能关注到各事物之间的不能直接感知到的因果联系。第四,认识"对象总体"阶段。观察到图画中事物的整体内容,把握图画的主题。

幼儿对图画的观察主要处于"个别对象"和"空间关系"阶段。如幼儿画人像,通常只画出一个大体上完整的人,却没有画人的脖子,当他们注意到衣服上的纽扣后,会把扣子画得特别大,不顾及它的大小比例。随着年龄的增长,儿童思维能力、注意稳定性逐渐提高,他们观察的概括性也随之提高。

2. 学前儿童观察力的培养

儿童的观察力可以通过后天的培养来加以提高。国外曾有人做过这样的实验:随机抽出两组儿童,对两组儿童进行训练,甲组进行一般性的训练,乙组则进行加强观察力的训练。一年之后,把一只两组儿童都未曾见过的鸟的标本给他们看,要求他们讲出这种鸟的特征。甲组儿童只停留在鸟的颜色上,而乙组儿童不仅能讲出鸟的颜色而且还能讲出各部分的形状特征,有的儿童还能判断出这种鸟的爪和嘴很尖利,可能是一种猛禽。

由此可见,儿童的观察力是可以通过训练得以提高的。如果儿童从小得到科学的训练,他的观察力就能得到迅速的发展。

学前儿童观察力的培养可从以下几方面入手:

(1) 明确观察目的和任务

观察的效果如何,取决于目的任务是否明确,目标越具体越好,否则幼儿就得不到收获。观察目的和任务要根据不同年龄幼儿的身心发展特点的不同而体现出差异性。如科学领域活动小蝌蚪变青蛙。小班幼儿观察的内容:小蝌蚪有嘴巴吗,它会吃东西吗?是什么颜色的?中班幼儿观察的内容:小蝌蚪喜欢吃什么?小蝌蚪是先长前腿还是先长后腿?大班幼儿观察的内容:青蛙卵是怎样变成小蝌蚪的?小蝌蚪需要多少天才能变成小青蛙?

(2) 唤起幼儿的观察欲望

"兴趣是最好的老师",有了兴趣,幼儿的观察才能由被动变为主动,观察才能持久。幼儿喜欢观察什么类型的物体呢?幼儿喜欢观察色彩鲜艳、新奇、活动、大而清晰的物体和图像。日常生活和户外活动中,家长和教师要懂得保护和利用孩子的好奇心和求知欲,经常引导幼儿观察周围的事物,激发他们的观察兴趣。

(3) 调动幼儿的多种感官参与观察活动

客观事物的特征有很多,如颜色、大小、形状、声音、气味、软硬、光滑、粗糙、冷热等。在幼儿观察时,要尽量调动幼儿的视觉、听觉、味觉、嗅觉、触觉等感官去感知事物各方面的特征,让幼儿多看、多听、多摸、多闻,以加深幼儿对事物的认识。

(4) 教给幼儿观察的方法

次序法:培养孩子的观察力,要锻炼幼儿的次序感。观察要按从头到尾、从上到下、从前到后、从左到右,从整体到局部的次序进行。

比较法:把两种不同但又比较接近的东西放在一起,让幼儿找出它们的相同点和不同点,这样儿童的印象就更深刻了。比较观察就是教会儿童将看到的自然现象和生活中的物品进行比较,比较两者的相同点和不同点。如汽车和火车有什么区别?风和雨有何区别?男孩和女孩有什么区别?此外,还可用各种图片来观察两种物品的不同。

## 实践实训

1. 在一次语言活动中,某教师给幼儿讲"小猫钓鱼"的故事。为了加深幼儿对故事的理解,教师利用活动玩具"猫"和"鱼"作为教具。她一边绘声绘色地讲解故事的情节,一边演示活动的教具,同时伴随相关的轻音乐。

请运用感知觉规律理论对这次活动进行分析、评价。

**分析:** 幼儿期的儿童对世界的认识处于感性认识阶段,幼儿借助于颜色、形状、声音和动作来认识世界。利用感知觉规律组织教学,可以提高教学效果。本活动中教师利用活动玩具"猫"和"鱼"使幼儿获得清晰的知觉。另外,根据感知觉规律理论,刺激物本身的结构常常是分出对象的重要条件,教师讲课的声调抑扬顿挫、语言绘声绘色能很好地吸引幼儿的注意力,提高教学效率。如果教师的讲课平铺直叙,很少变化,毫无停顿之处,幼儿听起来就不容易抓住重点。再者,根据感觉的对比规律,微弱的声音可以提高视觉感受性,这位教师在讲课的同时,伴以相关轻音乐的做法是适当的,可使幼儿听得更清楚。

2. 给幼儿一张图片,上面画着几个孩子在溜冰,冰场上有一只手套。向幼儿提出任务,要求他们从画面上找出那个丢了手套的孩子。小班孩子大部分根本不认真去找。他们观察时,胡乱看一些无关的细节,完全忘了观察的目的。中、大班幼儿观察的目的性有所提高,他们能够按照成人规定的观察任务进行观察。请运用观察力发展的特点对这次活动进行分析、评价。

**分析:** 观察力是智力的一个重要组成部分,是一切能力发展的基础。根据观察的有意性可将学前儿童的观察力划分为四阶段。第一阶段(3岁):不能接受所给予的观察任务,不随意性起主要作用;第二阶段(4—5岁):能接受任务,主动进行观察,但深刻性、坚持性差;第三阶段(5—6岁):接受任务以后,开始能坚持一段时间进行观察;第四阶段(6岁):接受任务以后能不断分解目标,能坚持长时间反复观察。如果达不到上述所描述的,可以判断幼儿多是观察力差。案例中,小班孩子不能完成观察任务,常常会被一些无关细节干扰,这说明小班幼儿的观察不随意性起主要作用。在教育的作用下,中大班儿童的观察力获得了发展,能完成观察任务并且观察时间逐渐延长。

## 思考与练习

1. 什么是感觉、知觉?感知觉的发展规律是什么?
2. 学前儿童形状知觉的发展顺序是什么?
3. 学前儿童观察力的特点是什么?如何培养学前儿童的观察力?
4. 幼儿园小班的一位教师教小朋友认识公鸡时,出示了一幅画,画上有一只金黄色的公鸡,公鸡的周围是一片黄灿灿的稻田。课一开始,教师先让小朋友们自己看,然后就开始讲公鸡的外形特征、习性等,很快孩子们就失去了兴趣,沉浸在自己的世界里玩耍。

请用感知觉的有关知识,分析产生这一现象的原因并提出对策。

扫一扫二维码
轻松获取单元
习题及答案

# 单元五　学前儿童记忆的发展

## 学习目标

1. 掌握记忆的概念，了解记忆种类以及遗忘规律及遗忘的原因；
2. 掌握记忆过程的三个环节和学前儿童记忆培养的措施；
3. 培养幼儿开展记忆活动的兴趣和热情。

## 基础理论

记忆是过去经验在头脑中的反映，记忆的过程是一个复杂的心理过程，包括识记、保持、再认和再现三个基本环节。记忆是心理活动的必要条件，与人的感知觉、想象、思维、语言、情感等密切相连。

### 一、记忆概述

（一）记忆的概念

记忆是人类心理活动和心理发展的一种基本现象，是人脑对过去经历过的事物的反映。人脑感知过的事物、思考过的问题、体验过的情绪和情感、练习过的动作，都可以成为记忆的内容。这些经历过的事物，无论是感知、思考，还是体验和练习，在事情过后其印象并不完全消失，而是会以特定的方式在头脑中留下痕迹，并在一定条件下以经验的形式重现出来。这个过程就是记忆。用现代信息加工观点来解释记忆的话就是信息的输入、编码、存储、提取和输出的过程。总的来说记忆就是人们对经验的识记、保持、再现和再认的过程，是对信息的选择、编码、储存和提取过程。

记忆与感知觉不同，感知觉是人们对当前直接作用于感官的事物的反映，而记忆是对过去经历过的事物的反映。如分别多年的老朋友不在我们眼前时，我们仍能想起他的音容笑貌、言谈举止，而且与他交往的经验可能影响我们待人接物的态度。

记忆是保存个体经验的心理形式，但不是唯一形式。个体保存经验的物化形式是多种多样的，如书籍、雕塑、图画、建筑物等都可以保存集体经验和个体经验，但是在人脑中保存个体经验的过程才是心理学所说的记忆。

（二）记忆的过程

记忆是一种比较复杂的认知过程，一般包括识记、保持、再认或再现三个环节。记忆是人脑对经验的识记、保持和恢复的过程。

1. 识记

识记是识别并记住事物，从而积累知识经验的过程，是记忆的开始阶段，是对刺激信息的选择性输入，也是保持的前提条件。用信息加工的观点看，识记是信息的输入（编码）过程。

识记按照有无明确目的和是否需要意志努力，可分为无意识记和有意识记。无意识记就是事先没有确定目的，不需要意志努力无意形成的记忆。你可能有过这样的体验：因电影或戏剧中的某一情节，给你留下了深刻的印象而使你经久难忘，一旦回忆，即可历历在目。这些印象是鲜明的、生动的并使人难以忘记，但它们却都具有偶然性、片段性的特点。这种识记便是无意识记。有意识记是指有预定目的，经过一定的意志努力，并按一定的方法、步骤，进行识记以取得记忆的结果。日常的学习和工作主要依靠有意识记来完成。由于有意识记总是在一定识记目的的指引下，并有积极的思维活动参与，所以在其他条件相同的情况下，有意识记比无意识记效果好。

按照材料性质、识记者理解程度可分为意义识记和机械识记。意义识记就是在理解材料的基础上联系已有经验进行的识记。如定理、诗歌等有内在的或外在的联系的意义，可以靠理解意义来识记。机械识记是在不理解材料的条件下，靠机械重复完成的记忆。如历史年代、河长山高、电话号码等本身缺少内在联系，只能靠多次重复和经常使用来识记。由于意义识记是一种与思维活动密切联系的、积极主动的识记，是把材料整理后归到已有知识系统中的识记，所以它的效果优于机械识记。

2. 保持和遗忘

保持是巩固已获得的知识经验的过程，即对输入的信息进行巩固和强化，是把输入的信息与原有的知识经验进行比较、联系，使之系统化，并纳入到原有的知识经验系统中，是记忆的中心环节。从信息加工的观点看，保持就是信息的存储过程。

保持是记忆系统的中间环节，是再认和重现的前提，也是记忆力强弱的重要标志。识记的材料在头脑中的保持不是一成不变的，而是会发生质和量的变化。质的变化是指对内容的加工改造。量的变化是指随着时间的推移，质量呈减少的趋势，即出现部分遗忘。

遗忘是对识记材料不能再认和重现，或者错误的再认和再现。保持和遗忘是两个相反的过程。遗忘有多种情况：识记的材料保持不好，但能再认而不能再现叫不完全遗忘；不能再认和再现叫完全遗忘；一时想不起来，但过后还可能恢复记忆叫暂时性遗忘；对识记材料永远不能再认叫永久性遗忘。

心理学研究表明，遗忘是有规律的。德国心理学家艾宾浩斯(H. Ebbinghaus)最早采用科学的量化方法对记忆和遗忘现象做了比较系统的实验研究，成为发现遗忘规律的第一人。为避免经验对学习和记忆的影响，他在实验中用无意义音节作为学习材料，用重学时所节省的时间或次数作为指标测量遗忘的进程。实验表明，在学习材料记熟后，间隔20分钟重新学习可节省诵读时间58.2%左右；1天后再学可节省时间33.7%左右；6天以后再学节省时间缓慢下降到25.4%左右。依据这些数据绘制的曲线就是著名的"艾宾浩斯遗忘曲线"(见图5-1)。

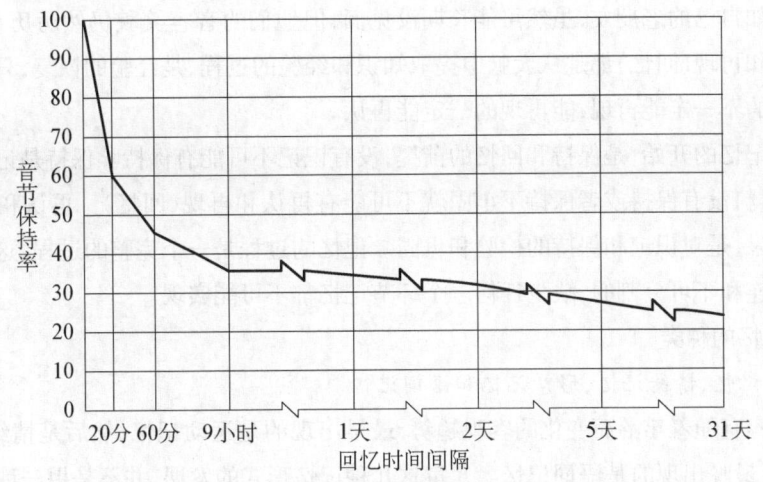

图 5-1 艾宾浩斯遗忘曲线

从曲线图可以看出，遗忘的进程是不均衡的。在学习停止以后的短时期内，遗忘特别迅速，后来逐渐缓慢，到了一定时间，几乎不再有遗忘，即遗忘的速度是"先快后慢"，这就是人们常说的遗忘规律。在艾宾浩斯之后，许多心理学家用有意义材料和无意义材料对遗忘的进程进行研究，结果都证明艾宾浩斯遗忘曲线基本上是正确的。

> **知识拓展**
>
> ### 遗忘规律的表征——遗忘曲线
>
> 德国心理学家艾宾浩斯是对记忆和遗忘进行实验研究的创始人。艾宾浩斯从材料和方法等几个方面对实验进行了精心设计，实验时，他本人亲自担任主试和被试，实验一直持续了数年。
>
> 艾宾浩斯所用的材料是无意义音节，每个音节都是由两个辅音和一个元音组成，如bap、tox、muk等，这些词没有实际意义，在德语字典中也无法查到。这样就可以免受已有知识经验的影响，保证测验的科学性。他的实验采用重学法，也叫节省法，也就是每次识记8组，每组13个无意义音节，每组读到能够连续两次无误的背诵为止，过一定时间，又将各组重新诵读，直到又能连续两次无误背诵为止，如此以不同的时距进行若干次，以每次重学比初学节省的诵读时间的百分数作为保持或遗忘的指标。后来，人们根据这个实验结果绘成曲线图，这就是著名的艾宾浩斯遗忘曲线（也叫保持曲线）。

3. 再认和再现

再认和再现（回忆）即在不同的情况下恢复过去经验的过程，是记忆的结果。再认是指过去经历过的事物重新出现在眼前时，能够识别和辨认，是一种低水平的回忆过程，因为只有当经历过的事物在眼前时，才能再认。比如有人告诉你说某人认识你，但你怎么也想不起来，但当你们见了面才恍然大悟，这就是再认。再现（回忆）是指过去经历过的事物不在眼前时，把它们在头脑中重新呈现出来,并加以确认的过程。从信息加工的观点看,就是信息的输出或提取的过程。比如自己的老朋友,虽然可能长期没见面,但他们的音容笑貌仍然历历在目,这就是再现。再认和再现(回忆)都是从大脑中提取知识和经验的过程,是经验的恢复,只是形式不一样。能再认的不一定能再现,能再现的一定能再认。

识记是记忆的开始,是保持和回忆的前提,没有识记不可能有保持。保持是记忆的中间环节,识记的材料没有保持或者保持不牢固就不可能有再认和再现(回忆)。再认和再现是识记和保持的结果,是对识记和保持的检验和巩固。记忆的过程是一个完整的过程,这三个基本环节是密切相连和不可分割的,缺少任何一个环节记忆都不可能实现。

(三) 记忆的种类

1. 运动记忆、情绪记忆、形象记忆和语词记忆

记忆内容有随着年龄而变化的客观趋势,最早出现的是运动记忆,然后是情绪记忆,再后是形象记忆,最晚出现的是语词记忆。儿童这几种记忆形式的发展,并不是用一种记忆简单代替另一种记忆,而是一个相当复杂的相互作用的过程。

(1) 运动记忆

运动记忆是指以人的运动或动作为识记内容的记忆。运动记忆就是把做过的运动或者动作作为内容的记忆。如对游泳、骑自行车、做广播体操、跳舞动作的记忆。运动记忆是培养各种技能的基础。运动记忆与其他记忆类型相比易保持和恢复,在遗忘相当长久的时间后,还较容易恢复。例如,幼儿学习滑旱冰,学会之后可能有几年的时间不再练习,但是很快就会熟悉并恢复到以前的熟练程度。运动记忆是儿童最早出现的记忆形式,在出生后两周左右出现,如新生儿对喂奶姿势的条件反射就属于这种记忆。

运动记忆与儿童的认知结构密切相关。根据皮亚杰的理论观点,婴儿期是感知运动阶段,感知觉和运动是婴儿思维活动的基础,运动记忆在此阶段成为婴儿主要的记忆手段,记忆的效果优于其他记忆方式。例如,教一个两岁的儿童唱儿歌"数星星",成人边唱边做出数星星的动作,儿童一边模仿成人的动作一边唱,很快就学会了。如果让他把小手背在身后再学习,儿童往往容易转移注意力而且记忆速度慢,效果也不好,很容易忘记。

(2) 情绪记忆

情绪记忆是以体验过的情绪、情感为内容的记忆。情绪情感是指客观事物是否符合人的需要而产生的态度体验,这种体验是深刻的并能牢固保持在大脑中。如当你被狗咬后,无比愤怒和害怕,后来别人和你说起这事,当时的害怕你还记得清清楚楚,这就是情绪记忆。情绪记忆的出现稍晚于运动记忆,大约在出生后6个月左右。婴幼儿对带有感情色彩的东西,容易识记和保持。例如,在日常生活中,儿童经常表现出对某些事物的喜爱、厌恶和憎恨,这是儿童情绪记忆的表现。情绪记忆与皮下结构,特别是丘脑有密切关系。因此,虽然儿童的大脑皮质还没有发育成熟,但情绪记忆的发生与发展还是比较早的。

(3) 形象记忆

形象记忆是以感知过的事物的具体形象为内容的记忆。它保持的是事物的感情特征,具有鲜明的直观性。这种形象不仅仅是视觉的,也可以是听觉、嗅觉的等等。例如我们所感知过

的物体的颜色、形状、体积、人物的音容笑貌、仪表姿态、音乐的旋律和各种气味。形象记忆最早出现在乳儿末期，大约在6—12个月左右。这时乳儿能够认识自己熟悉的物体(如玩具、奶瓶、婴儿车等)和人物(如母亲)，这就是此阶段形象记忆的表现。在幼儿期，儿童的形象记忆和动作记忆、情绪记忆紧密联系。例如，乳儿对母亲的形象记忆既有见到母亲后产生的愉快情绪体验，也有动作记忆的成分。随着年龄的增长，形象记忆迅速发展，到了幼儿期，形象记忆占主导地位。幼儿的形象记忆是依靠表象进行的，其中起主要作用的是视觉表象。形象记忆并没有因为语词记忆的出现而衰退，而是随着年龄的增长不断发展。

(4) 语词记忆

语词记忆是以语言符号材料作为内容的记忆，它是以概念、判断、推理、规律、逻辑关系为主要对象的抽象化的记忆。如"哲学"、"自由主义"等词语文字，整段整篇的理论性文章，一些数学、物理、化学上的定义、公式等。在儿童记忆发展的过程中，语词记忆出现最晚，大约出现在1岁左右。语词记忆之所以出现最晚，是因为语词记忆的发生与发展要建立在大脑皮质活动机能的发展，特别是语言中枢发展的基础之上。因此，只有在习得语言的过程中，语词记忆才逐渐发展起来的。

2. 感觉记忆、短时记忆和长时记忆

根据记忆过程中信息保持时间长短的不同，可将记忆分为感觉记忆、短时记忆、长时记忆。

(1) 感觉记忆

感觉记忆又称瞬时记忆或感觉登记，是指客观刺激物停止作用后，它的印象在头脑中只保留一瞬间，而且其信息尚未被主体所注意。感觉记忆的特点一是时间极短，图像信息储存的时间约0.25—1秒之间，声像信息储存的时间也仅在2—4秒；二是容量较大，一般来说，范式进入感官的信息都能被登记；三是图像鲜明，感觉记忆中的信息未被注意、未经过处理，形象很鲜明；四是信息原始，感觉记忆中的信息是未被注意、未经过心理加工的信息。

(2) 短时记忆

短时记忆又称操作记忆或工作记忆，是指获得的信息在头脑中储存不超过一分钟的记忆。短时记忆的特点一是时间短，一般在30秒左右，如果得不到复述转眼就会遗忘；二是容量有限，大约为7±2个组块或单位，编码方式以言语听觉为主；三是意识清晰，短时记忆服从当前任务需要，主体有清晰的意识；四是操作性强，一方面短时记忆加工着感觉记忆保持的信息，把其中的必要信息经过复述储存在长时记忆系统中；另一方面，它又根据当前工作的需要，从长时记忆库中提取所需的信息完成某种操作。

(3) 长时记忆

长时记忆，是指信息在记忆中的储存时间超过一分钟以上甚至许多年乃至终生的记忆。它的信息主要来自于对短时记忆信息的加工，主要是通过复述的形式而来的，也有些内容由于印象深刻而长久保持。个体对社会的适应，主要是依靠长时记忆中随时可取的知识和经验。长时记忆的特点：一是容量非常大，二是保持时间长。

以上三种记忆是相互联系的，外界刺激引起感觉所留下的痕迹就是感觉记忆；如果稍不注意，痕迹便会迅速消失，而加以注意就会产生短时记忆，而对短时记忆进行及时复述便会产生长时记忆。信息在一定的条件下可以从长时记忆中提取出来回收到短时记忆中。

3. 无意记忆、有意记忆

根据是否带有意志性和目的性,可分为无意记忆和有意记忆。

(1) 无意记忆

无意记忆是指没有预定目的,不需要意志努力的记忆。它强调的是信息提取过程的无意识性,不管信息识记过程是否有意识。因此对这类记忆进行测量研究时,不要求被试有意识地去回忆所识记的内容,而是要求被试去完成某项操作任务,被试在完成任务的过程中不知不觉地反映出他曾识记过的内容的保持状况。

(2) 有意记忆

有意记忆是指有预定目的,需要一定意志努力的记忆。在意识的控制下,过去经验对当前活动产生的有意识的影响。它是有意识地提取信息的记忆,强调的是信息提取过程中的有意识性,而不在意信息识记过程的有意识性。有意记忆能随意地提取记忆信息,能对记忆的信息进行较准确的语言描述。

4. 机械记忆、意义记忆

根据对材料的理解程度,可将记忆分为机械记忆和意义记忆。

(1) 机械记忆

机械记忆指对所记材料的意义和逻辑关系不理解,采用简单的、机械重复的方法进行识记。例如对历史年代、人物名称、山的高度、外语单词、元素符号的记忆。这种识记的效率相对较低,而且容易遗忘,但准确性高、使用面广,仍是识记活动中不可缺少的方面。

(2) 意义记忆

意义识记是指根据对所记材料的内容、意义及逻辑关系的理解进行的记忆,也称理解记忆或者逻辑记忆。如对原理、定义、定理、法则的记忆要靠意义识记。这种识记和积极的思维活动密切联系,又往往运用已有的知识经验,因而提高了识记的效率和巩固性。

## 二、学前儿童记忆发展的特点

### (一) 记忆发生的指标

儿童什么时候开始有了记忆,如何判断学前儿童具有记忆的能力,研究者对此一直存在争论。一般来讲,研究者通常采用下列3种测量指标来判断儿童记忆能力的发生。

1. 习惯化

新生儿和乳儿的习惯化,可以作为他对事物是否熟悉(能否再认)的指标,一个新异刺激出现时,新生儿会产生定向反射——注意它一段时间。如果同样的刺激反复出现,新生儿对它注意的时间就会逐渐减少甚至完全消失。随着刺激物出现频率的增加而对它的注意时间逐渐减少甚至消失的现象,心理学家称之为"习惯化"。习惯化可以作为一种方法和指标来了解新生儿的感知能力和记忆能力。对于尚没有语言能力的新生儿和表达能力较差的乳儿来讲,习惯化可看作他们是否能够再认事物的指标。

2. 条件反射

条件反射的建立,也常常作为记忆发生的指标。当新生儿对刺激物做出条件反射时,则表明新生儿能够认识条件刺激,再认就出现了。

3. 重学记忆

当儿童学习了一种知识或技能,经过一段时间后,重新用同样的方法学习,如果儿童第二次学习所需的时间或次数少于第一次学习所需要的时间和次数,则表明儿童记忆的存在。虽然这一现象的产生需要一定的时间间隔,不易作为新生儿记忆发生测量的指标,不能反映新生儿记忆发生的最早时间,但可以用来检测婴儿和幼儿的记忆能力和学习效果。

(二) 胎儿记忆的发展水平

长期以来人们一直认为记忆发生在新生儿期,但是近些年来对胎儿的研究表明,人类个体记忆的产生应该在胎儿期。有研究发现,如果把记录母亲心脏跳动的声音放给新生儿听,新生儿会停止哭泣。研究者认为,新生儿之所以停止哭泣是因为他们感到又回到了自己熟悉的胎内环境中,表明胎儿已经有了听觉记忆。关于七八个月胎儿音乐听觉的研究的也得出类似结论(刘泽伦,1991年)。可见,胎儿末期妊娠8个月左右的时候,听觉记忆确已出现。此时,胎儿开始记忆感觉信息和情绪信息。此外,研究证明音乐胎教能够有效改变突触结构,使神经元之间的联系更为密切,同时使胎儿脑神经元释放含量适当的激素和神经递质,从而提高胎儿的记忆能力。

(三) 新生儿记忆发生与发展

对于新生儿记忆能力的最早研究可追溯到20世纪50年代。根据儿童记忆发生的指标,研究者发现新生儿具有记忆的能力,新生儿时期记忆主要是短时记忆,表现在建立条件反射和对刺激的习惯化。

1. 建立条件反射

新生儿记忆的主要表现是对条件刺激物形成某种稳定的行为反应(即建立条件反射)。新生儿对喂奶姿势的再认,一般认为是第一个自然条件反射出现的标志,其时间发生在出生后10天左右。母亲喂孩子时往往先把他抱成某种姿势,然后再开始喂。不用多久,儿童便对这种喂奶姿势形成了条件反射,每当被抱成这种姿势时,奶头还未触及嘴唇就已经开始了吮吸动作。这种情况表明,新生儿已经"记住"了喂奶的"信号"——姿势。

另外,许多研究者在实验室内对新生儿进行条件反射的研究。例如,有研究者以眼睑闭合作为无条件反射,而以足底的振动作为条件刺激,经过上百次的结合,发现新生儿在出生后第五天就形成了条件反射(王振宇,2000),这表明在训练的条件下,新生儿很早就已经有了记忆的能力。

2. 对熟悉的事物产生"习惯化"

新生儿记忆的另一表现是对熟悉的事物产生"习惯化"。即使出生几天的孩子,也能对多次出现的图形产生"习惯化",对其注意的时间逐渐减少,甚至完全消失,似乎因"熟悉"而丧失了兴趣。这表明,新生儿能够辨别出刺激物的熟悉程度,具有了记忆能力。

当然,从记忆的有意性角度来讲,新生儿记忆是不随意记忆,记忆保持的时间很短。

(四) 乳儿记忆的发展

乳儿与新生儿相比,记忆发生了变化。新生儿的记忆主要是短时记忆,而乳儿期不仅是短时记忆的发展阶段,也是长时记忆发生发展的时期,同时出现工作记忆。

帕波塞克(Papousek,1959年)采用经典条件反射首次对儿童的记忆进行了研究,发现新生儿末期已具备特定的长时记忆能力,3个月的乳儿对操作条件反射(用脚踢使小车移动)的记忆能保持4周之久。3—6个月的乳儿其长时记忆得到了很大发展,记忆保持的时间越来越长。他们学习和掌握的知识技能可保持数天或数周(Fagan,1973年)。有研究者以8—12个月的孩子为研究对象,当着孩子的面把玩具放在同样两块布中的一块下面,用一块幕布遮掩一下,遮掩的时间分别为1秒、3秒和7秒,然后让乳儿去找玩具。结果发现,8个月的乳儿间隔1秒就记不得了,找不出玩具来,而12个月的乳儿间隔3秒也能够记住并把玩具找到,间隔7秒后70%的乳儿能记住并找出玩具。

运用条件反射、习惯化等方法对乳儿记忆所做的研究发现,6—12个月乳儿再现的潜伏期明显延长。

### (五) 婴儿记忆的发展

婴儿与前两个阶段相比不仅开始出现有意识记,而且记忆的保持时间明显增长,记忆的提取形式——再现开始出现并进一步发展。

1. 有意记忆的出现和发展

婴儿期之前的记忆主要是无意记忆,婴儿期末期有意记忆开始萌芽,可以根据成人提出的一些非常简单的要求进行识记。该领域有研究者做了如下试验:让婴儿在实验者离开的这段时间里帮助实验者记住哪一个杯子里藏有玩具小狗,实验者布置完任务后借故离开了实验室,结果发现,3岁的婴儿能想出一个办法来记,他们不停地看着那只杯子,并用手摸杯子;而两岁婴儿则东张西望,不会有意识记(转引自许政援等,1987年)。

2. 记忆保持的时间增长

与乳儿期相比,婴儿期记忆发展最为明显的特征是记忆保持时间明显加长。乳儿阶段记忆最多能够保持几天,而婴儿期记忆最长可保持几个月。1岁左右的婴儿能够回忆几天或十几天前的事情,两岁左右记忆可以保持几个星期。

3. 再现的发生与发展

根据信息加工理论的观点,记忆的提取过程包括再认和再现。从其发生情况来看,再认最先出现,再现出现较晚。再认先于再现发生,是由于两者的活动机制不同。再认依靠的是感知,再现依靠的是表象。感知是儿童自出生以后就已经具有或开始发展的,而表象则在1岁半至2岁才开始形成。另外,感知的刺激是在眼前的,可以立即引起记忆痕迹的恢复;而表象的活动,还有待儿童在头脑中进行搜索。

新生儿以及乳儿阶段的记忆,从其提取形式看都属于再认。如前所述,明显的再认出现在6个月左右。这时,儿童开始"认生",即只愿意亲近母亲及经常接触的人,陌生人走近会使孩子感到不安。婴儿期的记忆仍主要是再认形式,乳儿末期,再现的形式开始萌芽,1—2岁时才逐渐出现,并且有了一定程度的发展。随着言语的发展,再现的形式越来越确定。在此阶段,婴儿出现延迟模仿,即不是即时模仿,而是经过一段时间以后突然模仿曾经看过的事物和行为动作。延迟模仿的出现标志着婴儿表象记忆和再现能力的初步成熟。

### (六) 幼儿记忆的发展

**1. 记忆保持时间的逐渐延长**

记忆保持时间也称记忆的潜伏期,指的是从识记材料到能够对材料再认或再现(回忆)之间的时间间隔。再认和再现由于机制不同,其潜伏期也不一样。再认潜伏期和再现潜伏期都随儿童年龄的增长而延长。学前儿童记忆保持时间的变化见表5-1。

表5-1 学前儿童记忆保持时间的变化

| 年龄 | 1岁左右 | 2岁左右 | 3岁左右 | 4岁左右 | 7岁左右 |
| --- | --- | --- | --- | --- | --- |
| 再认 | 几天 | 几周 | 几个月 | 1年 | 3年 |
| 再现 |  | 几天 | 几周 | 几个月 | 1—2年 |

**2. 记忆容量的增加**

记忆容量指的是记忆中所能容纳的信息的数量。人的记忆总容量非常大而且很难了解。幼儿记忆中所保留的信息容量起初是很小的,随着年龄增长,记忆容量逐渐增加。由于短时记忆在记忆理论和生活实践中的特殊地位,因此关于记忆容量发展的研究主要集中在短时记忆容量的发展上,记忆容量成为衡量短时记忆能力的重要指标。

米勒的研究表明,成人短时记忆容量为 $7\pm2$ 个组块,而6岁前幼儿尚未达到这一标准。幼儿期记忆容量得到很大发展,其发展趋势是先快后慢:3岁3.91个组块,4岁5.14个组块,5岁5.69个组块。

**3. 无意记忆占优势,有意记忆逐渐发展**

幼儿期虽是心理活动的有意性开始发展的时期,但水平较差;记忆也是如此。识记虽已有发展,但仍是以无意记忆为主。幼儿所获得的知识经验,大多数是在日常生活和游戏等活动中无意识地、自然而然地记住的。特别是幼儿初期,儿童的识记还难以服从于一定的目的,而主要取决于事物本身是否具有鲜明、生动、新奇的特点,是否能够引起幼儿的兴趣和强烈的情绪反应。

在教育的影响下,幼儿晚期时,儿童的有意记忆和追忆能力才逐步发展。最初儿童是被动的,记忆的目标通常是由成人提出,而后儿童才能主动确定目标。有意记忆的出现标志着儿童记忆发展上的一个质变。

**4. 机械记忆占优势,意义记忆逐渐发展**

机械记忆和意义记忆的区别在于对记忆材料理解程度和组织程度的不同,幼儿期是意义识记迅速发展的时期。

(1) 幼儿较多运用机械记忆。和成人相比,幼儿较多运用机械记忆,他们很容易背诵一些自己并不了解的材料,充分显示了他们"死记硬背"的能力。幼儿知识经验贫乏,分析、综合和理解力差,他们常常根据事物的一些外部特征和联系,机械地进行识记。特别是小班幼儿,表现得尤为突出。他们学习儿歌、识记歌词时,往往是凭借儿歌和歌词的音调进行机械地模仿来识记的。幼儿相对较多运用机械识记,可能出于两个原因:一是幼儿大脑皮质的反应性较强,感知一些不理解的事物也能够留下痕迹;二是幼儿对事物的理解能力较差,对许多识记材料不理解,不会进行加工,只能死记硬背,进行机械识记;三是幼儿的经验还不是很丰富,抽象思维不发达,词汇有限。

(2) 幼儿意义记忆的效果优于机械记忆

意义记忆的效果之所以优于机械记忆,主要有两个方面的原因:一是意义记忆是通过对材料的理解进行的。理解使得识记的材料和过去头脑中已有的知识经验联系在一起。把新材料纳入已有的知识经验中,加深了对材料的加工程度,提高了识记效果。二是机械记忆只能把事物作为孤立的小单位来识记,意义记忆使识记材料互相联系,形成较大的单位或者系统,从而提高了记忆广度。

5. 形象记忆占优势,语词逻辑记忆逐渐发展

(1) 形象记忆的效果优于语词记忆

在幼儿语言发展之前,其记忆的内容只有事物的形象,即只有形象记忆。在儿童语言发生后,直到整个幼儿期,形象记忆仍然占主要地位。其原因在于幼儿经验少,第一信号系统占优势,他们往往需要借助形象来识记,物体的直观性和形象性有利于幼儿识记。同时,由于幼儿阶段语言的迅速发展,使他们能够记住一些非形象性的语词,但是效果不如形象性材料,而且记忆不深刻。

(2) 幼儿的形象记忆和语词逻辑记忆随年龄的增长而发展

从表 5-2 中可以看到,3—4 岁幼儿无论是形象记忆或者是语词记忆,其水平都相对较低。之后,两种记忆的结果都随年龄的增长而增长。

表 5-2 幼儿形象记忆与语词逻辑记忆效果比较

| 年龄/岁 | 熟悉的物体/个 | 熟悉的词/个 | 两者比 |
| --- | --- | --- | --- |
| 3—4 | 3.9 | 1.8 | 2.1∶1 |
| 4—5 | 4.4 | 3.6 | 1.2∶1 |
| 5—6 | 5.1 | 4.6 | 1.1∶1 |
| 6—7 | 5.6 | 4.8 | 1.1∶1 |

(3) 幼儿形象记忆和语词记忆的差别逐渐缩小

两种记忆效果之所以逐渐缩小,是因为随着年龄的增长,形象和语词都不是单独在儿童的头脑中起作用,而是相互之间联系越来越密切。一方面,幼儿对熟悉的物体能够叫出其名称,那么物体的形象和相应的语词就紧密联系在一起;另一方面,幼儿所熟悉的语词,也必然建立在具体形象的基础上,语词和物体的形象是不可分割的。形象记忆和语词记忆的区别只是相对的。在形象记忆中,物体或图形起主要作用,语词在其中也起着标志和组织记忆形象的作用。在语词记忆中,主要记忆内容是语言材料,但是记忆过程要求语词所代表的事物形象作支柱。随着儿童语言的发展,形象和词的联系越来越密切,两种记忆的差别也相对减少。

## 三、学前儿童记忆的培养

### (一) 学前儿童记忆的年龄特征

1. 记忆和遗忘的速度快

幼儿很容易记住一些新的学习材料,原因主要有两个:一是因为他们的神经系统具有极

大的可塑性,很容易在大脑皮层上留下记忆痕迹;二是因为他们缺乏经验,许多事物对他们来说都是新鲜的,能够引起他们的惊讶、兴奋等情绪体验,从而加深对新事物的印象,而且较少受以往经验的干扰。

然而有趣的是,他们记得快,忘得也快,记忆的潜伏期较短。这一特点集中反映在"幼儿期健忘"这一有趣的现象上。"幼儿期健忘"是指人们很少能够回忆起3岁以前发生的事情,少数人甚至不能回忆9岁以前发生的事情。这与幼儿大脑皮质的发展有密切关系,一方面,3岁以前幼儿大脑皮质细胞反应性极高,他们往往容易识记所观察对象的全部细节;另一方面,3岁前的幼儿大脑皮质各个区域发展尚未成熟,后发展的区域覆盖了原来区域,使得幼儿不能回忆起3岁以前的事情。

2. 记忆不精确

记忆不精确是幼儿记忆发展的另一显著特点,它主要表现在以下两方面:

(1) 完整性较差。幼儿的记忆常常支离破碎、主次不分,年龄越小,这种情况越明显。他们回忆学习过的语言材料时常漏掉主要情节和关键词语,只记住那些他们自己感兴趣的某个环节。比如,在听完《胆小的小猫》这个故事之后,小班不少孩子只能复述"小猫一跑,克朗朗!克朗朗……把它吓坏了!'嘭'的一声,气球炸了,小猫掉下来了"这样几个带有拟声的、听讲时让他们很开心的句子。至于小猫如何变得勇敢的过程,几乎无人提及。大班情况有了很大的变化,他们开始能够区分主次,以主题贯穿情节。但在回忆自己的生活经历时,仍表现记忆不完整的特点。幼儿用语言再现记忆材料时表现出的这个特点,与其言语发展水平有着密切的关系。

(2) 容易混淆。幼儿的记忆有时似是而非,常常混淆相似的事物。表现为幼儿经常记住事物的非本质、富有情绪色彩的或偶然感兴趣的东西,而忘记了本质的、核心的内容。比如,幼儿认识了一个幼儿园的"园"字,常常就把结构上有某种相似性的"团"字也再认为"园"字;他们整体认识了"眼睛"两个字,就会把单独出现的"睛"字再认为"眼"。更有甚者,幼儿还可能真假难辨,把想象的东西和记忆的东西相混淆。当想象的事物为幼儿强烈期盼的事物时,这种情况便时有发生。

(二) 学前儿童记忆力的培养

记忆力是认知能力,即智力的重要组成部分,人们常用"过目不忘"等词来形容记忆能力强的人。如何根据幼儿记忆的特点来提高记忆效率,是教师和家长共同关心的问题。教师和家长在培养幼儿的记忆力时应注意以下方面。

1. 培养幼儿记忆的兴趣和信心

幼儿的记忆效果与其情绪状态有很大关系。能引起兴趣的事物,记忆效果好;主动进行的、满怀信心的学习,效果也好。反过来,无兴趣的、被迫的、缺乏信心的学习,其记忆效果差。因此,培养幼儿记忆的兴趣与信心是非常必要的。

2. 明确记忆的目的和任务,培养幼儿的有意记忆

是否具有明确的识记目的和任务,对于识记的效果具有重要的影响。因为有了明确的识记任务,幼儿就能把全部的精力集中到识记的任务上,并采取各种措施去实现它。幼儿的识记也是如此。事实表明,如果在记忆某一事物或单词之前,教师用语言向幼儿提出识记的目的、任务、重要性,就能调动他们的积极性,记忆的效果就好。

3. 帮助幼儿理解记忆的材料,培养幼儿在理解基础上的记忆

实验研究表明,幼儿意义记忆的效果优于机械记忆,他们对记忆材料理解得越深,记得就越快,保持时间也越长。因此,教师应该采用多种方法,尽量帮助幼儿理解所要识记的材料,主要指导幼儿在记忆过程中进行积极的思维活动,逐渐学会根据事物的内部联系去识记材料。这样,在理解的基础上去识记,在积极思维的过程中去识记,有助于幼儿逐渐提高意义识记和认识能力,幼儿识记就会变得很容易。

4. 为幼儿提供色彩鲜艳、形象生动、新颖有趣的材料和活泼多变的方法

幼儿的记忆以形象记忆为主,色彩鲜艳、形象生动、新颖有趣的材料,更能够满足他们的需要,激发幼儿强烈的情绪体验,从而使他们自然而然地记住这些材料。因此,幼儿在学习知识的过程中,教师恰当地运用实物、标本、模型、图画等直观教具进行教学,幼儿就能产生形象记忆,提高记忆能力。如朗朗上口的儿歌、童谣,生动形象的图片等。在方法上,教师还可以通过开展游戏、放映幻灯片、演木偶戏等多种感官参与的活动来吸引幼儿的注意,提高记忆的兴趣,这样可以使幼儿以轻松愉快的心情获得深刻的印象。

5. 组织各种活动(游戏、学习等),在活动中提高幼儿记忆的效果

游戏是幼儿最喜爱的活动,是幼儿认识世界的途径。教师把知识融于游戏之中,可使幼儿在游戏中学习,在游戏中记忆。如为了使幼儿认识水,教师在水中放入各种颜色的插塑玩具,先让幼儿进行玩水游戏,通过在水中玩插塑,让幼儿知道水是无色的,再让幼儿用小竹篓盛水,用手抓水,从而知道水会流动,通过玩水的游戏,使幼儿逐渐掌握水的性质。

如果有了多种感觉器官的参与,幼儿的记忆效果会更好。实验研究表明,如果让幼儿把眼、口、鼻、手等多种感官调动起来,使大脑皮层留下很多"同一意义"的痕迹,并在大脑皮层的视觉区、听觉区、嗅觉区、运动区、语言区等建立起多种通道的联系就一定能提高记忆效果。比如,让幼儿认识苹果,应尽量让孩子多看一看、摸一摸、闻一闻、尝一尝,通过眼、耳、手、鼻、口等多种感官从多方面获得有关苹果的感性认识,这样会使幼儿记得又快又好。因此,寓"记忆"于"活动",也是提高幼儿记忆效果的好方法。

6. 教给幼儿运用记忆的方法或策略

记忆能力强弱的关键之一在于是否会运用记忆策略。成人在向幼儿传授知识技能的同时,要培养他们运用记忆方法的意识,并且教给一些常用的识记策略。

(1)歌谣记忆法。借助某些中介建立多种联想,编成歌谣,进行间接记忆,这样将一些无意义的记忆材料赋予一定的意义,增加记忆效果。比如,在教幼儿认识数字时,引导幼儿利用某些形象的事物作为中介来记忆,"1像铅笔会写字,2像鸭子水中游,3像耳朵听声音,4像小旗迎风飘,5像称钩来买菜,6像哨子吹声音,7像镰刀来割草,8像麻花拧一道,9像蝌蚪尾巴摇,10像铅笔加鸡蛋"等。

(2)归类记忆法。把许多同类的事物归为一类,将记忆材料整理成有适当次序的材料系统,这样既能扩大记忆容量,又便于记忆。例如,可以把牛、羊、猪、鸡、鸭、兔或火车、船、汽车、飞机等进行分类,让幼儿记忆和回忆。实验证明,教幼儿进行归类记忆效果明显。在同样条件下,不会归类识记的4岁幼儿只能记住4—5个物体,而采用归类记忆法的幼儿则能记住10个物体;

5岁幼儿不会用归类法主动识记者,只能记住5—6个物体,而采用归类法者能记住14个物体;6岁幼儿不会用归类法主动识记者,只能记住7—9个物体,而采用归类法者平均能记住18个物体。

(3)比较记忆法。在引导幼儿认识类似的事物时,可以通过比较,找出异同点,加深对事物的认识,帮助幼儿记忆。如认识动物鸭子,可在认识嘴、脚时,出示动物鸡。让幼儿比较鸡嘴和鸭嘴的形状、鸡脚和鸭脚的样子,使其根据不同之处明确记住鸡、鸭的各自特征。再比如,当幼儿学习"植物的茎"时,很多幼儿容易把马铃薯看成是植物的根,因为它和甘薯一样,生长在地下。这时,教师就要引导学生将两者进行比较,根据茎的概念知识,发现马铃薯和甘薯不一样:前者表面有许多凹坑,里面有芽,从而认识到它不是根而是地下茎;而甘薯的表面有许多细小的侧根。这样幼儿就获得了正确的认识,也使幼儿认识到比较法在记忆过程中的重要作用,从而自觉地在观察过程中,提高记忆能力。

7. 帮助幼儿根据遗忘规律合理地复习

良好的记忆不仅要识记敏捷,更重要的是要保持得持久,再认或重现得迅速、准确。要使识记材料保持得牢固,就要防止遗忘。而复习是防止遗忘的最基本方法。

有效的复习应该按照遗忘的规律进行。根据遗忘的规律,刚学的东西要尽量在遗忘之前及时复习。否则,下一次又等于重新学,结果是事倍功半。另外,复习的时间安排应该遵循"先密后疏"的原则。开始复习时,间隔时间要短些,次数要多些。随着遗忘速度的减慢,复习的时间间隔可以逐渐拉长。

一般来讲,让幼儿复习巩固所学的内容时,不宜采用单调、长时间的反复刺激。应该在幼儿情绪稳定时,采用多种有趣的方法进行。如利用讲故事、念儿歌、猜谜语、表演活动、做游戏、比赛活动、散步、郊游活动和日常生活活动等。实验证明,这样不仅可以使幼儿在轻松愉快的情绪状态下很快地巩固掌握所学的知识与技能,而且可以激发幼儿的记忆兴趣,提高幼儿学习的积极性。

## 实践实训

1. 苗苗今年3岁,非常喜欢看那路边的广告牌,经常指着广告牌问妈妈上面的字是什么。妈妈觉得苗苗喜欢认字,就买了许多识字卡片来教苗苗认字,苗苗很快就能按照妈妈的要求把一盒卡片上的字全认了下来,妈妈很高兴。可是有一天妈妈无意中发现,如果把卡片上的图片盖住,苗苗就记不住上面的字了。

请根据学前儿童记忆发展的特征和一般规律,分析苗苗的记忆现象。

**分析:** 幼儿期虽是心理活动的有意性开始发展的时期,但水平较差;记忆也是如此。识记虽已有发展,但仍是以无意识记为主。特别是幼儿初期,儿童的识记还难以服从于一定的目的,主要取决于事物本身是否具有鲜明、生动、新奇的特点,是否能够引起幼儿的兴趣和强烈的情绪反应。苗苗在记忆的过程中通过色彩鲜艳、新奇识字图片能够联系实际生活,所以能把相应的汉字记住,当盖住图片,就记不住了。

2. 牛牛是个4岁的男孩,爸爸想让牛牛从小就受到传统文化的熏陶,每天教牛牛背一首唐诗,牛牛记得非常快,爸爸教三遍就背下来了。过了些日子,爸爸发现牛牛虽然记得快,忘得也快,这是为什么呢?请根据学前儿童记忆保持与提取方面的特征,对此现象进行分析。

**分析:** 幼儿记得快,忘得也快是幼儿记忆的一个重要特征。幼儿记忆的潜伏期较短。这与幼儿大脑皮质的发展有密切关系,一方面,幼儿大脑皮质细胞反应性极高,他们往往容易识记所观察对象的全部细节;另一方面,幼儿大脑皮质各个区域发展尚未成熟,后发展的区域覆盖了原来区域,使得幼儿不能回忆起以前的事情。

从学前儿童记忆保持与提取的特征来说,遗忘是一种正常现象,并且在学习之后遗忘的速度特别快,后来逐渐减缓,到了一定时间,几乎不再有遗忘,即遗忘的速度是"先快后慢"。为了防止遗忘的产生,可以反复复习,经常提取信息,把短时记忆转化为长时记忆。另外,也可在记忆的过程中采取一些记忆的策略,加深记忆材料的印象。

## 思考与练习

1. 什么是记忆?记忆的种类有哪些?
2. 幼儿记忆有哪些特点?
3. 如何培养学前儿童的记忆力?
4. 幼儿园教师花大力气教小明记住某首儿歌,可他还是不能完全记牢。但他偶尔听到的某个童谣、看到的某个电视广告,只需一两次就能熟记心中。

结合幼儿记忆的这一现象,请你分析一下影响幼儿无意记忆的因素。

5. 明明今年4岁,上幼儿园中班,是一个智力正常的男孩。明明非常内向,上课能够认真听讲,注意力保持时间较长。但是,与同龄孩子相比,明明有意记忆能力较差,表现在识记速度较慢、记忆保持的时间较短,经常忘记老师布置的任务。

经过对其家长的访谈,发现明明的父母都是下岗工人,父母为了养家糊口经营一个小杂货铺。父母工作辛苦,无暇照顾明明,通常把孩子放在一边,做生意的空余时间给孩子喂点饭,很少与孩子进行言语交流。更为严重的是,父母经常因为生意上的挫折,向孩子撒气、指责孩子。因此,孩子几乎很少开口说话,对外界刺激反应迟缓,对大人的指令从表面看来是认真听讲,但实际上却是充耳不闻。相反,明明在和同伴的交往过程中,话很多,语言表达能力较好,而且愿意帮助别人,能够记住班里多数小朋友的名字。

如果你是明明的老师,为了培养明明有意记忆的能力,你打算怎么做?

扫一扫二维码
轻松获取单元
习题及答案

# 单元六　学前儿童想象的发展

**学习目标**

1. 了解想象的基本特点和分类；
2. 掌握学前儿童想象发展的基本特点和趋势；
3. 能够根据实际情况采取有效的措施发展学前儿童的想象力。

**基础理论**

同记忆力一样，想象也是学前儿童重要的认知能力之一，是学前儿童智力结构中的重要组成部分。由于受到年龄和身心发展水平的局限，学前儿童的许多需要是通过想象来实现的，他们的想象要比成人更加丰富，更加新奇。例如，我们经常看到一个 3 岁的小孩在地板上胡乱涂鸦，嘴里还一直念念有词："我画了一条小鱼，我要再画一只小狗……"，在成人看来，他的"作品"里丝毫没有任何鱼或狗的影子，但孩子却乐在其中。这说明幼儿在自己的幻想和想象中发展着自己的心理能力。学习和研究学前儿童想象力的发展，能够帮助幼教工作者更好地了解孩子，走进孩子的内心世界。

## 一、学前儿童想象发展概述

与感知觉、注意和记忆不同，想象是一种更为高级和复杂的心理活动。人们在社会实践活动中，不仅仅需要通过实际行动和概念、判断、推理去认识客观世界的本质和规律，还要通过在大脑中组织重构事物的新形象去完成任务，这就是想象。

（一）想象的概念、特点、分类及功能

1. 想象的概念

想象是人脑对已有的表象进行加工改造，创造出新形象的过程。例如，幼儿在阅读一本故事书，或者听老师讲故事时，大脑中会根据故事情节的变化呈现各种各样的人物、形象和情景画面；小说家根据生活经验，创造出小说作品中各种鲜明生动的人物形象。这些根据他人的口头讲述或文字描述，或者根据自己已有的知识经验，在大脑中所形成的新的形象，都是想象活动的结果。

想象的产生需要具备两个条件：第一，头脑中要有相当数量的表象作为加工材料。想象并不是凭空产生的，需要相对丰富的知识经验的储备，因此，新生儿不具备想象能力。第二，要有运用智力对已有表象进行加工改造的能力。想象虽是建立在表象的基础上,但表象属于认识的初级阶段,即感性认识阶段,而想象与思维有着密切的联系,同属于认识的高级阶段,即理性认识阶段。

2. 想象的特点

(1) 形象性

想象是在感知的基础上,对旧的表象加工改造,创造出新形象的心理过程。它是以直观的形式呈现在人们的大脑中,而不是词或者符号。想象中出现的新形象是新的,是在已有表象基础上加工改造的结果,而非表象的简单再现。例如,当我们在背诵马致远的《天净沙·秋思》时,大脑中不自觉地就会出现诗中的画面:枯藤、老树、昏鸦、夕阳、瘦马……这些形象组合在一起,就形成了一幅苍凉悠远的画面,诗的意境就淋漓尽致地体现出来了,这也体现了想象的形象性的特点。

(2) 新颖性

想象的新颖性体现在想象不仅可以创造出人们未曾感知过的事物的形象,还可以创造出现实中根本不可能存在的形象,但这都是对客观现实的反映。例如,《西游记》中孙悟空和猪八戒的形象,他们在现实生活中是不存在的,但是我们却能从现实生活中找到他们的原型。孙悟空是作者(吴承恩)把人的特征和猴子的习性、动作等加以整合创造出来的,猪八戒则是对人和猪的某些特征进行加工改造的结果。

3. 想象的分类

据想象是否具有目的性,可将想象分为无意想象和有意想象。

(1) 无意想象

无意想象也称不随意想象,是一种没有目的、不自觉地想象某种形象的过程。它是当人们意识减弱时,在某种刺激的作用下,不由自主地想象某种事物的过程。例如,当我们抬头仰望天上的白云时,脑海中就产生活动的羊群、飘逸的仙女、起伏的山脉、奔腾的骏马等形象;幼儿听故事时,随着故事情节而展开的想象;学生上课时的"走神、分心"等现象,都属于无意想象。无意想象是最简单、最初级形式的想象。学前儿童的想象多属于无意想象。

(2) 有意想象

有意想象也称随意想象,是根据一定目的、在意识的控制下,自觉进行的想象。它是人们根据一定的目的,为塑造某种事物形象而进行的想象活动,具有一定的预见性和方向性。人类在多数情况下,总是根据一定的目的、自觉地进行有意想象活动。例如,工程师对建筑图纸进行的想象;科学家的发明创造等都属于有意想象。有意想象是人们从事实践活动的主要想象形式。

在有意想象中,根据想象的创新程度和形成方式的不同,又可以把有意想象分为再造想象、创造想象和幻想。

① 再造想象

再造想象是根据语言文字的描述或图形、图解、符号等非语言文字的描绘,在头脑中形成新形象的过程,所形成的形象一般是以前已存在的。再造想象的新形象不是想象者自己独立创造出来的,而是再现他人描述的形象。例如,我们在阅读小说时头脑中产生的有关人物的想象,我们在欣赏美丽的风景画时头脑中的想象都是再造想象。再造想象在我们的生活、工作、学习中有着十分重要的意义,它能帮助人们摆脱时空的限制,更广泛、更深入地认识客观世界。

> **知识拓展**
>
> **再造想象的特点**
>
> 再造想象形成的新形象,对本人来说是新的,是根据他人的描述、图像或符号的表示在头脑中再造出来的,突出的是再造性。因此,独立性、新颖性、创造性的成分很小。
>
> 再造想象的新形象因人而异,因为每个人的阅历、知识经验、兴趣需要和能力等差异显著,因此,再造的形象也会有差别。

再造想象的产生应具备三个条件:

第一,**头脑中要有丰富的表象储备**。表象是想象的基础,一个人的知识阅历越丰富,头脑中的表象储备越丰富,再造想象的内容也就越丰富,越逼真。

第二,**为进行再造想象提供的描述及实物标示要鲜明、准确**。言语描述或图样示意越详细,主体的感性经验越丰富,再造想象的形象就越完善。例如,幼儿教师在向幼儿介绍大灰狼的凶猛特点时,就应用生动形象的语言和夸张可怕的声调来描述。

第三,**必须正确理解词语与实物标示的意义**。再造想象是依赖语言的描述和图样的示意而进行的。一个人阅读小说,如果不理解小说内容中字里行间的意思,就不会在头脑中产生栩栩如生的人物形象,也就很难形成丰富的再造想象。

② 创造想象

创造想象是指不依据现成的描述,而是根据自己的创见,独立地构造新形象的过程。它具有首创性、独立性、新颖性等特点。人类在创造新产品、新艺术、新作品时,头脑中所形成的新事物的形象都是创造想象。创造想象所形成的新形象是现实生活中没有的或者从来没有见过的,所以它比再造想象要更加复杂和困难。

创造想象是一切创造活动、科学发明和发现的必要条件。爱因斯坦曾经说过:"想象力比知识更重要,因为知识是有限的,而想象力概括着世界上的一切,推动着进步,并且是知识进化的源泉,严格地说,想象力是科学研究中的实在因素。"这里的想象力指的就是创造想象的能力。

创造想象的产生也应具备三个条件:

第一,**要有丰富的表象储备**。进行创造想象要以对事物的细致观察,储备丰富的表象材料为基础。因为想象取决于已有表象材料的数量和质量。表象材料越丰富,质量越高,人类的想象就会越丰富、越深入,创造的形象也会越逼真;相反,表象材料越贫乏,想象也会越狭窄、越肤浅,甚至完全失真。

第二,**要积累必要的知识经验**。要进行创造想象,必须对有关领域进行深入、细致地研究,掌握必要的知识经验。人类历史上每一个发明创造都是发明者对相关领域深入研究的成果。

牛顿的三大定律,达尔文的进化论,都不是偶然因素造成的,而是他们在相关领域长时间深入研究的结果。

第三,利用原型启发。所谓原型,就是起启发作用的事物。任何一个人对某一项目的发明创造或革新,都不是凭空想出来的,在开始的时候总要受到某种类似事物或模型的启发。例如,鲁班从丝茅草割破手指得到启发,发明了锯子;阿基米德在洗澡时看到水溢出盆外,得出了阿基米德原理。原型之所以有启发作用,是因为事物本身的特点与所创造的事物之间有相似之处,可以成为创造新事物的起点。某一事物能否起到原型启发的作用,还取决于创造者的心理状态,当人的心理状态是积极的而又不过度紧张时,往往能激发人的创造灵感。

再造想象与创造想象既有区别又有联系,具体见表6-1。

表6-1 再造想象和创造想象的异同和联系

| | 再造想象 | 创造想象 |
|---|---|---|
| 不同点 | (1) 具有再造性,构造出的形象与原物相符合<br>(2) 再造的形象所代表的事物已被他人创造出来<br>(3) 在一般性活动中作用较大 | (1) 具有创造性,构造出的新形象是崭新的<br>(2) 创造的形象所代表的事物是前所未有的<br>(3) 在创造性活动中作用较大 |
| 共同点 | (1) 都是根据已有的表象构造出新形象<br>(2) 想象中的事物都是以前没有直接感知过的 | |
| 联系 | (1) 再造想象是创造想象的基础,创造想象是再造想象的发展<br>(2) 创造想象中有再造想象的成分,再造想象中没有创造想象的成分 | |

③ 幻想

幻想是指向未来,并与个人愿望相联系的想象。幻想是创造想象的特殊形式。例如,科学幻想中的外星人的形象,宗教迷信中的形象,各种神话故事中的形象等,都属于幻想。幻想是指向未来的,不与目前的行动相联系,在幻想中体现着个人对未来的愿望和憧憬。

根据幻想能否实现,又可将幻想分为理想和空想。理想是以客观现实的发展为依据,能够实现的可能性较大。如共产主义的理想、四化建设的理想等,顺乎潮流、合乎规律,只要为之努力奋斗,总会实现的。空想则是完全脱离现实生活发展的规律,毫无实现的可能性。例如有的人空有鸿鹄之志,却懒惰懈怠,丝毫不努力,这种空想是消极的,不可能实现的。

4. 想象的功能

(1) 预见功能

人类活动与动物的本能活动的根本区别就在于人类活动是有目的性、预见性和计划性的。人类的任何实践活动,无论是制造简单的工具,还是设计一座大厦,人们总是先在大脑中对未来的活动过程和活动结果进行想象,并利用这些想象指导、调节实践活动的过程,从而实现预定的目的和计划。画家在完成一幅作品之前,作家在构思一个故事之前,都离不开预先的想象。这体现了想象的预见功能。

(2) 补充功能

人脑能够通过感知认识客观世界存在的许多事物和现象。但是,在人类的社会实践活动中,由于受到时间、空间及主客观条件的限制,我们常常遇到一些无法直接认识和感知的事物,如宇宙间的星球、原始人类生活的情景等。这些空间上过于遥远或者时间上过于久远的事物,想要直接感知和认识是不可能的。在这种情况下,我们就可以借助想象来弥补。

(3) 代替功能

在现实生活中,由于各种因素的限制,人们的某些需要不能得到满足和实现时,也可以发挥想象的功能来代替,使人从心理上得到一定的补偿和满足。例如留守儿童在地面上画好妈妈的样子,然后趴到画中妈妈的怀里睡觉;成语"望梅止渴"、"画饼充饥"等,都在某种程度上体现了想象的代替功能。

(4) 调节功能

人们在想象时,机体常会出现心理乃至病理的变化,这说明想象对有机体本身会产生一些反作用。想象温馨甜美的画面,会使人们呼吸放松,嘴角上扬,释放紧张情绪;想象恐惧的画面或害怕的东西,会使我们心跳加快,瞳孔放大;想象自己右手靠在燃烧的火炉旁,左手握着冰块,过一段时间两手温度差异明显。这些都表明了想象对机体的调节作用。

(二) 想象的发生与发展

1. 想象的发生

关于想象最早发生的时间,目前还没有证据表明1岁之前的婴儿有想象力。因为想象是人脑对已有表象进行加工改造而创造新形象的过程,这种加工改造的能力1岁前的婴儿还不具备。想象的发生与儿童大脑皮质的成熟有关,1.5—2岁的儿童大脑神经系统的发展趋于成熟,儿童在头脑中可能储存较多的信息材料,其排列组合的可能性也就更富有。另外,语言的发生也是儿童想象发生的重要因素,因为词具有概括性,词和它所代表的事物之间具有广泛的联系,1.5—2岁左右的幼儿正好处在说话的萌芽阶段,想象正是借助词的概括性联系,对各种具体事物在大脑皮质所留下的痕迹及其相互之间的联系,进行加工改组、重新配合。

有关研究证实,当学前儿童在1.5—2岁时,出现了想象的萌芽,因为此年龄段的幼儿常常把生活中一些简单的行动或现象迁移到他们的游戏中去。例如,两岁的孩子看到图片上的骑马画面,也坐在凳子上假想骑马,这说明他们已经开始运用表象进行想象了。

2. 学前儿童想象的发展趋势

学期儿童的想象从两岁左右开始萌芽,一直到学前末期(5岁左右),其想象还只是处在初级阶段。但是,随着学前儿童年龄的增长,他们想象能力的发展仍然遵循着学前儿童心理发展的总的趋势和一般规律:从简单到复杂;从低级到高级;从被动到主动;从凌乱到成体系。

学前儿童想象发展的一般趋势是从简单的自由联想向创造性想象发展。两岁左右的幼儿的想象处于萌芽阶段,想象的内容极其简单,可以称为简单的自由联想。随着他们年龄的逐渐增长,知识经验的不断丰富,学前儿童的想象也向着更复杂、水平更高的创造想象发展。具体表现在以下三个方面:

(1) 从想象的无意性,发展到出现想象的有意性

整个学前阶段儿童的想象基本上是以无意想象为主,无意想象占据主导和优势地位。到幼儿期开始出现有意想象,并在教育的影响下,有意想象逐渐发展起来。

(2) 从想象的单纯再造性，发展到出现创造性

幼儿最初的想象都属于再造想象。学前儿童的想象以再造想象为主，再造想象占据主导和优势地位。幼儿最初的想象和记忆的差别很小，还谈不上独立的创造，在教育的引导和影响下，出现了最初的创造性。例如，有的幼儿会画一颗结满了各种果实的树，这里面就蕴含了创造性的成分。

(3) 从想象的极大夸张性，发展到符合现实的逻辑性

学前儿童的想象常常脱离现实，带有极大的夸张性的特点，或者常常与现实相混淆。例如，学前儿童经常会将游戏的情境与真实的情境相混淆，把要做的事情说成已经做了的事情。随着他们生活经验的积累和认知水平的不断提高，幼儿的想象也逐渐趋向符合现实的逻辑性，慢慢学会把想象与现实区分开来。

3. 想象在学前儿童心理发展中的作用

学前儿童在1.5—2岁开始出现想象萌芽后，想象便迅速发展起来。想象在学前儿童的心理发展中起着十分重要的作用，可以说，想象贯穿于学前儿童的各种活动之中。

(1) 想象有利于幼儿理解能力的发展

由于生活经验的缺乏，幼儿对事物的理解，往往要依靠想象。想象能够帮助幼儿在学习活动中，更好地掌握抽象的概念，理解较为复杂的知识，创造性地完成学习任务。例如，幼儿在学习数的组成概念时，教师就可以用直观的语言刺激幼儿的想象，让幼儿头脑中出现4个橘子可以分成2份的分法，来帮助幼儿理解"4可以分成2和2"。幼儿教师在给孩子们讲故事时，也可以只讲故事的开头，让幼儿通过想象，去猜一猜后面的故事情节。可见，想象在幼儿的学习生活中运用得非常普遍，缺乏想象力的幼儿，是无法取得较好的学习效果的。

(2) 想象是幼儿创造力发展的核心

没有想象，就没有理解，没有理解，也就没有思维，更谈不上创造性思维。因此，想象是幼儿创造性思维的核心。我们在评价幼儿创造性思维的水平时，也主要是从想象的水平出发进行评价。如在国际上获奖的儿童画"月亮上荡秋千"就充满了孩子丰富的想象。因此，作为幼儿教师，一定要充分发展幼儿的想象，以更好地促进幼儿心理的发展。

(3) 想象能够促进幼儿游戏水平的发展

游戏是学前儿童的主要活动。在各种各样的游戏中，想象起着极为重要的作用。例如，在角色游戏中，角色的扮演、游戏材料的使用、游戏的整个过程都依靠幼儿的想象才能顺利完成。一根木棍，孩子们可以把它想象成一匹马、一杆枪、一堆树叶，或者小动物的杯子，过家家里的炒菜。正是这些丰富的"以物代物"的想象，推动了幼儿游戏的顺利开展，使他们能够沉浸在游戏的快乐中，不断提高游戏的水平。

## 二、学前儿童想象的发展特点

### (一) 学前儿童无意想象和有意想象的发展

整个学前阶段，无意想象（不随意想象）占主导和优势地位。随着学前儿童年龄的不断增长，有意想象才在教育的影响下逐渐发展起来。

1. 无意想象的特点

无意想象是最为简单、最初级形式的想象。先学前儿童的想象基本都是无意的,学前儿童也以无意想象为主。这与婴幼儿阶段调节自身心理活动的能力不足有直接关系。学前儿童的无意想象具体表现在以下几个方面:

(1) 想象无预定目的,想象活动是由外界刺激直接引发的

学前儿童的想象的发生,往往是受外界刺激的直接引发,没有预定的目的。在游戏活动中,婴幼儿的想象活动,随着玩具的出现而被激活,有玩具,更容易引发幼儿的想象,没有玩具,孩子的想象力就很难被激活。例如,看见小勺小碗,就会产生玩娃娃家游戏中喂宝宝吃饭的想象活动;看见小汽车,就会有想当小司机的想象活动……几样简单的"道具",哪怕是一根木棍,都会引发幼儿无限的想象,促使他们开始各种各样的游戏活动。

(2) 想象的主题不稳定

由于幼儿的想象没有明确目的,是在外界刺激物的直接作用下产生的,因此幼儿的想象活动往往没有主题,即便有主题也不稳定,极易变化。例如,一个小朋友正在玩过家家的游戏,突然看见别的小朋友开着小汽车经过,于是他也过去开小汽车;一个小班的幼儿在画画之前说:"我要画一个机器人!"老师给他准备好纸和笔,只见他拿着纸转来转去,玩了好一会儿才开始画,刚画了两笔,就说:"电视!电视!我要画个大电视!"画了一个方块后,又说:"房子!房子!瞧!我画了一个大房子!"由此可见,幼儿的想象过程中极易受到外界刺激的变化,想象的主题极不稳定。

(2) 想象的内容零乱、无系统性

由于幼儿的想象没有预定的目的,想象的主题又极不稳定,因此其想象的内容多是零散的,想象的形象之间不存在有机的联系。例如,幼儿会在一张纸上画上小人、小狗、小猫、房子、鸡蛋、飞机等所有他喜欢的东西,但它们相互之间是没有内在的联系的,那只是幼儿一连串无系统的天马行空般的自由联想。

(3) 常常以想象过程为满足

学前儿童的想象往往不追求达到一定的目的,实现什么结果,而是仅仅满足于想象进行的过程。他们对于自己感兴趣的内容愿意不厌其烦地反复进行想象。这一点在小班幼儿身上表现最为明显。例如,小班幼儿经常要求家长反复讲同一个故事给他听,而且不管重复多少遍,他依然听得津津有味,因为对故事中的形象比较熟悉,可以一边听,一边想象,生动的形象在头脑中像图画一样不断呈现,幼儿会感到极大的满足。但是大班幼儿已经表现出不仅仅满足于想象过程,而且开始追求想象的结果。

(4) 想象容易受到情绪和兴趣的影响

学前儿童的想象往往表现出很强的情绪性和兴趣性。在游戏活动中,幼儿的情绪常常能够激起某种想象过程,甚至改变想象的方向。例如,在玩老鹰捉小鸡的游戏时,本来应以小鸡被老鹰捉住来结束游戏,但是幼儿会同情小鸡,于是他们便会产生新的想象和玩法:鸡爸爸赶回来,趁着老鹰睡着的时候割开老鹰的肚子,把小鸡救了出来。另外,兴趣也会极大地影响幼儿的想象活动。对于感兴趣的游戏活动,幼儿会进行很长时间,对于不感兴趣的活动,则很难

让他们专注于其中。

2. 有意想象的开始萌芽并发展

学前儿童的想象虽是以无意想象为主,但有意想象已经开始萌芽并发展了。特别是到了幼儿晚期(大班),有意想象就表现得很明显了。例如,他们能在活动之前预先商定游戏的主题,设想出大致的情节,商量确定游戏的角色分工,准备游戏材料,在游戏过程中能自动排除无关事物的干扰,克服困难(如材料缺乏、调整规则等),把游戏活动进行到底。但总的来看,6岁以前儿童的有意想象水平还是比较低的。

作为幼儿教师,应该有目的、有计划、有组织地实施相应的引导和教育,以更好地促进学前儿童有意想象的发生和发展。教师可以提出一些简单的任务,让儿童为了完成这一任务而进行积极的想象。例如,教师可以画一个圆圈呈现给孩子,让他们说一说什么东西是圆的,也可以让他们在这个圆圈的基础上,画出各种各样的图形和物体。教师要注意在活动中进行及时的语言提示,有意识地培养和发展学前儿童的有意想象。

(二)学前儿童再造想象和创造想象的发展

1. 学前儿童再造想象的发展

一般来说,学前儿童再造想象的成分很大,创造想象的成分很小。具体来说,学前儿童再造想象的发展表现出以下特点:

(1)学前儿童的再造想象常常依赖于成人的言语描述,或根据外界情景而变化

幼儿在听故事时,其想象是随着成人的讲述而展开的。如果成人在讲述时加上直观的图像的话,效果会更好。但是,如果仅有图像,缺乏外在语言的刺激,幼儿的再造想象也不能很好地展开。这一点在小班幼儿的游戏活动中表现尤为明显。例如,一个3岁的幼儿抱着一个娃娃,可能只是静静地坐在那里,这个时候如果老师走过去说:"娃娃要睡觉了!"或者说:"娃娃该吃饭了!"这时候幼儿的想象活动就会被大大激活。中、大班的幼儿想象的内容虽然比小班幼儿复杂、丰富一些,但是仍然需要成人的语言指导。另外,幼儿的再造想象往往随着外界情景的变化而变化,因为他们的想象活动具有很大的无意性、被动性,水平较低,基本上是再现生活中的某些经验或情境,当外界情景发生变化时,想象活动也很容易随之发生变化。

(2)学前儿童的再造想象多是对记忆表象的复制或模仿,缺乏新异性

幼儿想象的内容基本上是重现一些生活中的经验或作品中描述的细节。尤其是小班幼儿甚至在玩具和游戏材料的使用上都缺乏灵活性,具体表现就是对玩具的逼真性要求特别高,比如喂娃娃吃饭必须用玩具小勺,打电话必须用模拟电话等,否则就认为不像。到了中、大班,尽管幼儿仍以再造想象为主,但是灵活性有所增加,能够通过发挥想象实现"以物代物",开始出现一定的新异性和创造性,但是这种想象也只是对记忆表现的简单加工,因此,新异性并不明显。

(3)实际行动是学前儿童再造想象的必要条件

当幼儿在无意摆弄某个物体时,偶然改变了物体的状态,便在头脑中激起了物体的新形象,也就进行了想象活动。在游戏中,幼儿需要不断地对玩具操作和摆弄,即必须要有实际的动作,幼儿的想象活动才能得以引起和保持。我们经常见到某个小男孩不厌其烦地拿着一根

小棍玩,就是因为这根小棍可以做出各种动作,同时激起幼儿头脑中的各种表象,进而引发其想象活动。

> **知识拓展**
>
> **学前儿童再造想象的分类**
>
> 学者李山川等人将学前儿童的再造想象从内容上分为五种类型:
>
> 1. 经验性想象。是指幼儿凭借自己的生活经验和个人经历而展开的想象活动。例如,一个幼儿对夏天的想象就是可以穿裙子,可以吃冰淇淋;对"六一"儿童节的想象就是爸爸妈妈带着自己去游乐场玩。
>
> 2. 情境性想象。是指由画面的整个情境引起的幼儿的想象活动。例如,幼儿看到天上飘的白云时会想到山羊、骏马、棉花糖等。
>
> 3. 愿望性想象。是指在想象活动中表露出个人的愿望。例如,小班幼儿把自己想象成超人、孙悟空、铠甲勇士等;大班幼儿把自己想象成科学家、警察等。
>
> 4. 拟人化想象。是指把客观事物想象成人,用人的生活、思想、情感、语言去描述。例如,太阳公公、风婆婆、春天姐姐,或者是对着小花小草说:你渴了吗?我给你喝口水吧?
>
> 5. 夸张性想象。是指学前儿童往往喜欢夸大事物的某些特征和细节。夸大的部分往往是他们非常熟悉、印象又特别深刻的部分。例如,画一幅小朋友在放风筝的画时,往往把拿风筝的手画得特别长。

2. 学前儿童创造想象的发展

随着幼儿言语的发展和概括水平的提高,幼儿的想象开始出现了一些创造性的因素,主要表现为能够独立从新的角度对头脑中已有的表象进行加工。具体表现为想象出现了独立性和新颖性。独立性是指想象不是在外界指导下进行的,不是模仿,受暗示的成分较少;新颖性是指想象能够改变原先知觉的形象,甚至能够改变原先知觉的束缚,经过重新加工、组合、改造,从新的角度进行联系和联想形成新形象的过程。这类想象在幼儿晚期(大班)开始较为明显地体现出来。但总的来看,学前儿童的创造想象还只是处在初始阶段,这一阶段的创造想象有以下特点:

(1) 最初的创造想象还只是无意的自由联想,可以称之为表露式创造。这种最初的创造,从严格意义上来讲还不算是创造。

(2) 学前儿童的创造想象与原型(范例)仅仅是略有不同,或者只是在原型基础上稍加改动,可以说,既是模仿,又不是完全意义上的模仿。例如,人原本是不能飞的,没有翅膀,幼儿却会给人画上翅膀。

(3) 学前儿童创造想象发展的表现在于:情节逐渐丰富,从原型发散出来的数量和种类增加,以及能够从不同中找出相似的地方。

**知识拓展**

### 学前儿童创造想象发展的水平

学者契雅琴科(1980)研究了幼儿园小、中、大班和小学预备班(6—7岁)的幼儿,发现可将幼儿创造想象的发展分为6种类型,即6种水平。该研究的方法是:给幼儿20张图片,上面分别画有物体的某个组成部分,如带一根树枝的树干,有两只圆耳朵的头等等,或者是一些简单的几何图形,如圆形、三角形、正方形等。要求幼儿把每个图形加工成为一张成形的图画。从这个研究中发现幼儿创造想象的发展水平由低到高可分为以下6种:

第1种水平,即最低水平。儿童不能接受任务,不会利用原有图形进行想象,他们只是任意幻想,在图形旁边另画些无关的东西。

第2中水平。儿童能在图片上加工,画出图画,但画出的物体形象只是粗线条的(如女孩、树等),只有轮廓,无细节。

第3种水平。能画各种物体,已有细节。

第4种水平。画出的形象包含某种想象的情节。如画出的不仅是一个女孩,而且是一个女孩在做操。

第5种水平。能根据想象情节,画出几个物体,它们之间有情节联系。如一个女孩带着小狗在散步。

第6种水平。按照新的方式运用所提供的图形。不再把原来的图形作为图画的主要部分,而是把它作为想象形象的次要成分。例如,三角形已不再作为屋顶,而是成了孩子画画用的铅笔头。这种水平的幼儿,在运用图片所提供的成分去组合想象形象时,表现出相当大的自由,较少受知觉形象的束缚。

### (三)学前儿童各年龄段想象发展的特点

随着幼儿年龄的逐渐增长,想象也不断发展起来。不同年龄阶段的幼儿的想象存在不同的特点。

1. 2—3岁儿童想象发展的特点

2—3岁是想象发展的最初阶段,这一阶段幼儿想象的发展有以下特点:

(1)纯粹的无意想象

3岁前的幼儿的想象毫无目的性,想象活动开展前不能形成想象的表象。例如,在画画之前完全不能说出自己要画什么,一个两岁多的孩子,成人多次问他:"你要画个什么东西?"他都不回答,只是自己拿着笔乱画,在画的过程中突然告诉成人他画了什么。这是因为这一阶段幼儿的想象是随心所欲的,想象的内容和结果自己没有事先预想,完全由刺激物本身的特性和动作的情况所决定。

(2)想象与记忆的界限不明显

3岁前幼儿的想象和记忆十分接近,想象表象只是新情境的某些特征和旧形象的某些特征的等同或相似性联想。换言之,幼儿只是在新的形象中"认出"了已熟悉的物体。例如,一个幼儿拍着娃娃睡觉,主要是在模仿成人照顾自己时的场景和动作,想象的成分并不明显。

(3) 想象的过程缓慢,内容贫乏

3岁前的幼儿在许多活动中,想象是缓慢展开的。例如,成人用积木搭了一个房子,这时提问幼儿:"这像什么?"幼儿并不能马上说出,这是因为眼前的形象并不能马上引起幼儿头脑中表象的活动,他们需要一个比较长的时间在记忆的基础上进行想象。幼儿需要在头脑中检索记忆所储存的形象,看看那个形象和当前的形象有无相同的特征。另外,幼儿想象的内容较为贫乏,这与幼儿的生活经验不够丰富有关。

(4) 想象依赖感知动作和成人的语言提示

这一阶段幼儿的想象还未完全从知觉过程中独立出来,需要依赖具体、形象的玩具和材料以及实际的行动来展开活动。例如,一根木棍,骑在胯下是马,挥舞在头顶就成了金箍棒,拿在手里便是一杆枪等。除此之外,这一阶段的幼儿的想象还要依赖成人的提示和引导。例如,孩子搭好积木后,成人问他搭的什么,幼儿往往回答不出来,需要在成人的提示和引导下才能说出某样具体的东西来,如高楼等。

2. 3—4岁儿童想象发展的特点

3—4岁儿童的想象基本上是无意的,是一种自由联想,主要表现为:

(1) 想象活动没有目的,没有前后一贯的主题;

(2) 想象内容零碎,无意义联系,内容贫乏,数量少而单调。

导致的原因主要包括以下几个方面:

(1) 想象受感知形象直接影响;

(2) 不追求想象成果,以想象过程为满足。

3. 4—5岁儿童想象发展的特点

4—5岁儿童的无意想象中出现了有意成分,但仍以无意想象为主,具体特点如下:

(1) 想象仍以无意性为主,想象过程常随感知形象、外来因素和自己而变化;

(2) 想象出现了有意成分,表现在出现了有一定目的、一定范围的自由联系;

(3) 想象的目的计划非常简单;

(4) 想象内容较以前丰富,但仍然零碎。

4. 5—6岁儿童想象发展的特点

5—6岁儿童的有意想象和创造想象已有明显表现,具体体现在以下几个方面:

(1) 想象的有意性相当明显;

(2) 想象内容进一步丰富、有情节;

(3) 想象内容新颖性程度增加;

(4) 想象形象力求符合客观逻辑。

## 三、学前儿童的想象与现实

想象常常脱离现实或者与现实相混淆,这是幼儿想象的一个突出特点。

(一) 想象脱离现实

学前儿童的想象常常脱离现实主要表现为想象具有夸张性。幼儿想象的夸张性是其心理发展特点的一种反映。首先,由于认知水平尚处于感性认识占优势的阶段,因此往往抓不住事物的本质。幼儿都很喜欢听童话故事,就是因为童话中有许多夸张的成分。儿童自己讲述事情,也喜欢用夸张的说法。如"我的哥哥玩游戏可厉害了,天下第一"等,至于这些说法是否符合实际,幼儿是不太关心的。

幼儿的这种想象的夸张性还表现在绘画活动中。他们在绘画中表现出来的往往是在感知过程中给他们留下了深刻印象的事物。如人的一双会动的、富有表情的眼睛;每天穿脱衣服都要触及到的扣子等。

### (二) 想象与现实相混淆

幼儿的想象,一方面常常脱离现实,另一方面,又常与现实相混淆。例如,幼儿常常把自己想象的事情当作真实的事情。例如,一个孩子的妈妈生病住了医院,幼儿很想去看妈妈,但是,大人不允许。过了两天,幼儿告诉老师:"我到医院去看妈妈了。"实际上并没有这一回事。幼儿混淆想象与真实的表现,常常被成人误认为他在说谎。

把想象与现实相混淆在小班幼儿中比较常见,到了中、大班,这种情况就会大大减少。为什么会出现想象与现实相混淆的情况?这是由于幼儿的认识水平不高,有时候会把想象表象和记忆表象相混淆。幼儿渴望的事情,经反复想象在头脑中留下了深刻的印象,以至于变成似乎是记忆中的事情了。这与说谎在本质上是不同的,家长和教师应正确看待幼儿的这种现象。

## 四、学前儿童想象力的培养

学前阶段是儿童想象力迅速发展的时期,这是幼儿的智力不断发育进步的表现。想象力是智力发展中非常重要的一个方面,因此,想象力的培养应从婴幼儿开始,针对幼儿的年龄特点和个性差异,有针对性地培养他们的想象力。

1. 激发幼儿的好奇心,使其想象活动始终保持在活跃状态

学前儿童对身边的一切都是好奇的,他们总是怀有一种要发现世界奥秘的热情和愿望,到处探索。作为幼儿教师,要保护好幼儿的好奇心。有关心理学研究表明,幼儿的好奇心和创造力的发展是成正比的。好奇心强的儿童,往往创造力也比较高。历史上大凡有成就的发明家、科学家,在孩提时代都有极强的好奇心。牛顿对苹果落地的好奇,引导他发现了万有引力定律;瓦特对蒸汽掀动壶盖现象的好奇,促使他发明了蒸汽机。因此,幼儿教师在与幼儿的交往过程中,应不断激发他们的好奇心,使它们的想象始终保持在活跃状态。

2. 丰富幼儿的感性经验,使他们多获得一些进行想象加工的"原材料"

想象虽然是创造新形象的过程,但是这种新形象的产生也是在过去已有的表现基础上加工而成的。一个人想象的内容是否新颖、丰富,取决于原有的记忆表象是否丰富,因此,相关感性经验的积累,是幼儿想象力发展的基础。这就要求幼儿教师在实际工作过程中,要指导幼儿去感知周围的世界,多让他们去看、去听、去观察、去体验。不断拓展幼儿的视野,积累感性知识,丰富生活经验,增加表象内容,为幼儿的想象积累"原材料"。

3. 创设环境,充分利用玩具和游戏活动促进幼儿想象力的发展

幼儿的想象需要借助直观形象的玩具和材料。可以说,玩具为幼儿的想象活动提供了物

质基础,能够引起幼儿大脑皮层旧的暂时联系的复活和接通,使想象一直处于积极状态。丰富的玩具更容易帮助幼儿再现过去的经验,使幼儿触景生情,展开各种联想。另外,在游戏活动中,幼儿可以通过扮演各种角色,发展游戏的情节,展开自己的丰富想象。例如,在开火车的游戏中,幼儿坐在小板凳上排成排,嘴里一边叫着"滴滴嘟嘟",一边唱着儿歌"小火车长又长,运粮运煤忙又忙,钻山洞,过大桥,呜—到站了"。在这种游戏活动中,既能极大地调动儿童的热情和积极性,又能有效地发展他们的想象力。

4. 充分利用文学艺术活动发展幼儿的想象力

语言和艺术是幼儿园教学中非常重要的两大领域。在语言活动中,幼儿通过听老师讲故事、自己阅读、续编故事,展开丰富的想象活动;在美术活动中,幼儿通过充分发挥自己的想象力,大胆地用绘画表现自己的想法,创造出优秀作品的同时,也极大地发展了幼儿的想象力;在音乐舞蹈活动中,幼儿去听、去思考、去感受不同旋律、动作、表情,去感受不同的音乐和舞蹈所传达的感情,这样也能给幼儿提供想象的空间,培养幼儿的想象力。因此,充分利用文学艺术活动的开展,激发幼儿的灵感,放飞幼儿的想象,也是非常好的一种形式。

# 实践实训

1. 美美是个幼儿园中班的孩子,有一天她拿起纸和笔画画,在画之前她自言自语地说:"我想画一只小狗。"她先画了狗的耳朵、脑袋,然后画了条线,说这是草地,然后在上面画了小花和小草,接着又画了一只兔子,边画边说:"哎呀,不像不像!像什么呀?像小火车。"这时她又突然想起来:"小狗还没有嘴巴呢,也没有尾巴。"于是又画起小狗来。

请您分析美美的画画行为,说明了学前儿童想象的什么特点?怎样培养幼儿的有意想象?

**分析:**

(1) 美美画画能够先想后画,虽然有时偏离主题,但能够很快自动回到主题上来。这说明中班幼儿想象虽然仍以无意性为主,但想象出现了有意成分。美美注意自己画得像不像,表现幼儿开始能对自己的想象活动成果进行评价,这也是有意想象开始发展的表现。

(2) 幼儿有意想象的培养:

① 成人组织幼儿进行各种有主题的想象活动并启发幼儿明确活动主题。

② 准备有关活动材料(如玩具、绘画材料等)。

③ 成人及时给予言语提示,使幼儿想象围绕一定主题进行。

2. 某幼儿特别喜欢听古典音乐,也很崇拜音乐家。有一天,他跟妈妈说:"今天,肖邦叔叔到我们幼儿园来了,还给我们弹钢琴呢!"妈妈听了吓了一跳,以为孩子在说谎。请根据幼儿想象的有关原理,对此例加以分析。

**分析:** 幼儿常常把自己想象的事情当作真实的事情。幼儿混淆想象与真实的表现,常常被成人误认为他在说谎。

这和幼儿感知分化发展不足有关。感知的分化不足,幼儿往往意识不到事物的异同,察觉不到事物的差别。另一方面,儿童想象与现实相混淆是由于幼儿认识水平不高,有时把想象表象和记忆表象相混淆。有些幼儿渴望的事情,经反复想象在头脑中留下了深刻的印象,以至于变成似乎是记忆中的事情了。中、大班幼儿想象与现实混淆的情况已经有所减少。

3. 一个两岁左右的孩子正在吃饼干。忽然,他停止咀嚼,对着手中被他咬了一块的圆饼干看了片刻,然后把它高高举起来,并高兴地喊着:"妈妈!看!月亮!"这种现象说明了幼儿想象的什么特点?

分析:两岁孩子的想象,几乎只是完全重复感知过的情景,想象只不过是已感知过的事物在新的情景下的再现;儿童最初的想象只是依靠事物外表的相似性而把事物的形象简单地联系在一起,而没有情节之间的组合,只是简单地以一物来代替另一物。

## 思考与练习

1. 简述如何培养幼儿的想象力?

2. 离园时,三岁的小凯对妈妈兴奋地说:"妈妈,今天我得了一个'小笑脸',老师还贴在我的脑门上了。"妈妈听了很高兴。连续两天,小凯都这样告诉妈妈。后来妈妈和老师沟通后才得知,小凯并没有得到"小笑脸"。妈妈生气地责怪小凯:"你这么小,怎么就说谎呢?"

小凯妈妈的说法是否正确?试结合幼儿想象的特点分析上述现象。

扫一扫二维码
轻松获取单元
习题及答案

# 单元七　学前儿童思维的发展

## 学习目标

1. 掌握思维的概念、特性和分类，了解思维的过程和思维的品质；
2. 掌握学前儿童思维发展的趋势和一般特点；
3. 了解思维的基本形式，能够在实践中正确分析学前儿童在概念掌握、判断、推理活动中所表现出来的特点；
4. 掌握学前儿童理解发展的一般趋势。

## 基础理论

思维能力是物质发展的最高成就，恩格斯曾把"思维着的精神"说成是"地球上最美丽的花朵"。人类新生儿从一个毫无生活能力的"弱者"成为一个能改造自然与社会的"强者"，需要经历漫长的发展过程，而作为认识世界的抽象思维能力是发展中的一个极其重要的方面。从某种意义上说，正是因为这一能力，人才成其为人。

### 一、思维概述

（一）思维的概念与特性

1. 思维的概念

思维是人脑对客观现实概括的和间接的反映，它反映的是事物的本质和事物间规律性的联系。思维同感知觉一样是人脑对客观现实的反映。感知觉所反映的是事物的个别属性、个别事物及其外部的特征和联系，属于感性认识；而思维所反映的是一类事物共同的、本质的属性和事物间内在的、必然的联系，属于理性认识。

例如，经常见到刮风、下雨，这还只是对这些自然现象的感知觉，即仅仅是对直接作用于感官的一些事物表面现象的认识；但如果我们要研究为什么会刮风、下雨，并把这些现象跟吹气、扇扇子、玻璃窗上结水珠、水管子"冒汗"、壶盖上滴下水珠等现象联系在一起，会发现它们都是"空气对流"的表现或"水蒸气遇冷液化"的结果，这就是深入到事物的内里，把握因果关系的思维了。在认识过程中，思维实现着从现象到本质、从感性到理性的转化，使人达到对客观事物的理性认识，从而构成了人类认识的高级阶段。

2. 思维的特性

（1）概括性，即思维反映的是一类事物共同的本质特征和事物之间的内在联系及规律。如5只老虎、3只山羊、7只猴子、2只猫。这就是一个根据事物的共性使用数量来概括事物的例子。再如，我们可以借助思维来认识温度的升降与物体胀缩之间的关系，从而得出"热胀冷缩"的物理规律，这实际上反映了事物之间的内在联系。

（2）间接性，思维总是通过某种媒介来反映客观事物。例如，警察在罪犯的犯罪现场，通过寻找一些罪犯在现场留下的痕迹，就可以在脑中推断出罪犯在现场作案时的场景。医生在给患者看病时，通过病人描述症状以及通过一些化验结果就可以得知病人的病情以及感染了何种病毒。思维的这种能力，把本无直接关系的现象联系在一起，使得人们不必去直接地接触某些信息，而是通过一些规律，便可以成功地揭露出事物的本质。

（二）思维的分类

1. 按思维的水平及其凭借事物的不同，可将思维分为动作思维、形象思维和抽象思维

动作思维是一种以实际动作为支柱的思维。形象思维是一种以直观形象或表象为支柱的思维。抽象思维是运用概念进行判断、推理的思维活动，是人类特有的复杂而高级的形式。三种思维出现的顺序依次是：动作思维、形象思维、抽象思维。

2. 按思维时是否遵循明确的逻辑形式和逻辑法则，可将思维分为直觉思维和分析思维

直觉思维是一种未经有意识的逻辑推理过程，而对问题的答案突然领悟或迅速作出合理的猜测、设想的思维。分析思维又称逻辑思维，它是按照逻辑规律，逐步分析推导，最后获得合乎逻辑的正确答案或合理的结论的思维。

3. 按思维的主动性和创造性的不同，可将思维分为常规思维和创造思维

常规思维又称为习惯性思维、再造性思维，是运用已获得的知识经验，按现成的方案解决问题的思维。创造性思维是采用新颖、独特方法来解决问题的思维。

4. 根据解决问题时的思维方向，可将思维分为聚合思维和发散思维

聚合思维是指从已知信息中产生逻辑结论，从现成资料中寻求正确答案的一种有方向、有条理的思维方式，又称为求同思维、集中思维、辐合思维等。如在考试中学生从各种解题方法中筛选出一种最佳方法就是运用聚合思维法。发散思维是指从所给予的信息中产生众多的信息，或是指从一个目标出发，沿着各种不同的路径寻求各种答案的思维。它具有流畅性、变通性、独特性和多感官性等特点，又称为求同思维、扩散思维、辐射思维等。

（三）思维的过程

思维是高级的心理活动形式，人脑对信息的处理包括分析、综合、抽象、概括、分类、比较、系统化和具体化等过程。其中分析和综合是思维最基本的过程。

分析：分析是把一个事件的整体分解为各个部分，并把这个整体事件的各个属性都单独分开的过程。如把一篇文章分解为段落、句子和词。人们对事物的分析往往是从分析事物的特征和属性开始的。

综合：综合就是分析的逆向过程，它是把事物的各个部分、各个属性都结合起来，形成一个整体的事物。如把文章的各个段落综合起来，就能把握全文的中心思想。

抽象：抽象是把事件共有的特征、属性都抽取出来，并对与其不同的、不能反映其本质的内容进行舍弃。日常生活中人们使用的高度、重量、体积以及忠诚、勇敢、勤劳等概念，就是思维抽象的结果。

概括：在抽象的基础上，人们就可以得到对事物的概括的认识。如幼儿可以对香蕉、苹果、皮球、口琴等进行分类，就是一种较低水平的概括，我们所学习的公式、定理、定义就是较高水平概括的产物。

比较与分类：比较是在思想上确定对象之间异同的心智操作。分类是思想上根据对象的共同点和差异点，把它们区分为不同类别的心智操作。

系统化和具体化：系统化就是把本质属性相同的东西，分成一定的类别并归纳到一定的类别系统中去的过程。如我们把学过的各种词汇按其不同的意义和特点分为名词、动词、形容词等，这个建立词的类别系统的过程就是系统化。系统化有助于人们对知识的理解、巩固、提取和运用，是学习系统的科学知识所不可忽视的智力操作手段。具体化是人脑把经过抽象概括后的一般特征和规律推广到同类的具体事物中去的过程。如运用所学的原理解决具体问题就是思维具体化的操作。

思维的过程彼此之间不是截然分开的，在实际解决问题活动中是相互联系、统一的。

### （四）思维的品质

思维品质，实质是人的思维的个性特征。思维品质反映了每个个体智力或思维水平的差异，主要包括深刻性、灵活性、独创性、批判性、敏捷性和系统性六个方面。

深刻性是指思维活动的抽象程度和逻辑水平，涉及思维活动的广度、深度和难度。人类的思维主要是抽象理性的认识。在感性材料的基础上，去粗取精、去伪存真，由此及彼、由表及里，进而抓住事物的本质与内在联系，认识事物的规律性。个体在这个过程中，表现出深刻性的差异。思维的深刻性集中表现为在智力活动中深入思考问题，善于概括归类，逻辑抽象性强，善于抓住事物的本质和规律，开展系统的理解活动，善于预见事物的发展进程。

灵活性是指思维活动的灵活程度。它的特点包括：一是思维起点灵活，即从不同角度、方向、方面，能用多种方法来解决问题；二是思维过程灵活，从分析到综合，从综合到分析，全面而灵活地作"综合的分析"；三是概括—迁移能力强，运用规律的自觉性高；四是善于组合分析，伸缩性大；五是思维的结果往往是多种合理而灵活的结论，不仅仅有量的区别，而且有质的区别。灵活性反映了智力的"迁移"，如我们平时说的"举一反三"、"运用自如"等。

独创性即思维活动的创造性。在实践中，除善于发现问题、思考问题外，更重要的是要创造性地解决问题。独创性源于主体对知识经验或思维材料高度概括后集中而系统地迁移，并进行新颖的组合分析，找出新异的层次和交结点。概括性越高，知识系统性越强，伸缩性越大，迁移性越灵活，注意力越集中，则独创性就越突出。

批判性是思维活动中独立发现和批判的程度。是循规蹈矩、人云亦云，还是独立思考、善于发问，这是思维过程中一个很重要的品质。思维的批判性品质，来自于对思维活动各个环节、各个方面进行调整、校正的自我意识。它具有分析性、策略性、全面性、独立性和正确性五个特点。

敏捷性是指思维活动的速度,它反映了智力的敏锐程度。有了思维敏捷性,在处理问题和解决问题的过程中,能够适应变化的情况来积极地思维,周密地考虑,正确地判断和迅速地作出结论。比如,智力超常的人,在思考问题时敏捷,反应速度快;智力较低的人,往往迟钝,反应缓慢;智力正常的人则处于一般的速度。

系统性是指思维活动的有序程度,以及整合各类不同信息的能力。

## 二、学前儿童思维发展概述

### (一)学前儿童思维的发生

上面我们所讲到的"思维"的概念是人类典型的思维形式——逻辑思维,这种思维在个体身上很晚才能形成,是一个从无到有,从萌芽到成熟的发展过程。儿童发展心理学是一个以个体心理的发生发展规律为研究对象的学科,因而它所使用的思维概念要宽泛一些,包含思维的萌芽以及迈向逻辑思维过程中的各种过渡形态。

儿童最初对客观事物间接和概括的反映是依靠动作实现的。大约在1岁左右,儿童出现了表意性动作,如他自己想去某个地方或要什么东西,但他知道依靠自己的力量达不到,于是就向成人发出求助的信号。这时手不再仅仅是获取触觉信息的工具,也不仅仅是操作物体的工具,而是成为一种具有象征功能的类似语言的符号,使得心理反映具有了初步的间接性。1岁以后,儿童拿到物体不再盲目地敲敲打打,而是按照它们的性质进行活动,如拿到玩具车就会在地上推来推去,拿到布娃娃就会给它喂饭等,这些动作是一些带有理解性的动作,反映了儿童对于"类"概念的朦胧认识。

有了以上两类动作的发展基础,儿童逐渐有了一些解决问题的手段,并在生活中积累经验。儿童解决问题的智慧性动作的出现,标志着思维的发生。一般来讲,1.5—2岁是儿童思维发生的时期。

### (二)思维在学前儿童心理发展中的意义

思维的发生是儿童心理发展的重大质变。

#### 1. 思维的发生标志着儿童的各种认识过程已经齐全

儿童的各种认识过程并不是在出生时就已具备,而是在以后的生活中逐渐发生的。思维是复杂的心理活动,在个体心理发展中出现较晚。它是在感觉、知觉、记忆等心理过程的基础上形成的。思维的发生,说明儿童已具备了人类的各种认识过程。

#### 2. 思维的发生发展使其他认识过程产生质变

思维是人类认识活动的核心。思维一旦发生,就不是孤立地进行活动。它参与感知和记忆等较低级的认识过程,而且使这些认识过程发生质的变化。由于思维的参加,知觉已经不只是单纯反映事物的表面特征,而成为在思维指导下的理解的知觉,儿童的知觉也就复杂化起来。以空间知觉为例,思维的参加使儿童能够使用空间参照物,如根据一个固定的物体判断其他物体的远近。又比如儿童认识图画能力的概括化,就是思维在感知图画中作用的不断加强。丁祖荫(1964)提出的儿童认识图画的初级阶段——认识个别对象阶段和认识空间联系阶段,主要是对图画中对象的直接感知,而后来的发展阶段——认识因果关系阶段和认识对象总体阶段,已是依靠思维进行的认识活动。思维的参加对其他认识过程的影响也是一样。

3. 思维的发生发展使情感、意志和社会性行为得到发展

情绪情感过程与认识过程有着密切的联系,思维的发生发展使儿童的情绪活动越来越复杂化和深刻化,并出现了高级情感,如道德感。这些情绪和情感都和对有关事物的理解密切联系。比如,随着儿童思维的发展使他们懂得了关心别人,有了同情心,同时也会根据别人对他的态度作出适当的情绪反映。

思维的发生和发展使儿童出现了意志行动的萌芽,儿童开始明确自己的行动目的,理解行动的意义,从而能够按一定目的去实现行动。

思维的发生发展,也使儿童开始理解人与人之间的关系,理解自己的行为所产生的社会性后果,比如出现了责任感,出现了说谎和诚实的行为等等。

4. 思维的发生发展促进了儿童个性的形成

思维的参与使儿童的认识过程、情感过程和意志过程都发生了质的变化,其在兴趣、爱好、动机、自我意识、能力等方面都得到了发展,促进了儿童个性的形成。儿童通过思维活动,扩展了自己的生活空间,对外部世界和自己都有了更深的认识,正是在这一过程中,儿童逐渐认识了自己和他人,形成了自己最初的个性。

(三) 学前儿童思维发展的趋势

儿童对事物的概括是从动作概括向表象概括再向概念概括发展,相应地,儿童对事物的反映也从反映事物的外部联系、现象到反映事物的内在联系、本质。具体来说,儿童思维发展的趋势表现在下列几个方面。

1. 思维方式的变化

从思维发展的方式看,儿童的思维最初是直观行动的,然后是具体形象的,最后发展起来的是抽象逻辑思维。

(1) 直观行动思维

直观行动思维,又称直觉行动思维,主要以直观的、行动的方式进行。直观行动思维是最低水平的思维。这种思维的概括水平低,它更多依赖感知和动作的概括。这种思维方式在2—3岁儿童身上表现最为突出。在3—4岁儿童身上也常有表现。这些儿童离开了实物就不能解决问题,离开了玩具就不会游戏。年龄更大的一些儿童,在遇到困难的问题时,也要依靠这种思维方式。

(2) 具体形象思维

具体形象思维是依靠表象,即依靠事物的具体形象的联想进行的。例如,幼儿开展游戏,扮演角色,遵守规则,并按照主题来行动,就是依靠在头脑中关于角色,规则和行动计划的表象进行思维和解决问题。思维的具体形象性是在直观行动性的基础上形成和发展起来的。这是幼儿思维的典型方式。

(3) 抽象逻辑思维

抽象逻辑思维是反映事物的本质属性和规律性联系的思维,是通过概括、判断和推理进行的,是高级的思维方式。严格来说,学前期儿童还没有形成这种思维方式,只有这种方式的

萌芽。

2. 思维工具的变化

儿童思维方式的发展变化,是与所用工具的变化相联系的。直观行动思维所用的工具主要是感知和动作,具体形象思维所用的工具主要是表象,而抽象逻辑思维所用的工具则是语词所代表的概念。在思维发展过程中,动作和语言对思维活动的作用不断发生变化。变化的规律是:动作在其中的作用是由大到小,语言的作用则是由小到大。

3. 思维活动的内化

儿童思维起先以外部形式展开,之后逐渐向内部的、压缩的方向发展。

直观行动思维活动的典型方式是尝试错误,其活动过程依靠具体动作展开,而且有许多无效的多余的动作。这种智力活动方式虽然能够初步揭露事物的一些隐蔽属性以及事物间的一些关系。但是这些隐蔽的属性和关系的展现,只是儿童行动的客观结果。在行动之前,儿童主观上并没有预定目的和行动计划,也不可能预见自己行动的后果。随着儿童的发展,其行动逐渐变得有目的性,混乱地尝试错误逐渐发展成为系统地尝试错误或最初的探索性行动。行动目的的形成,必须依靠内化的智力活动。因为行动目的是指向行动的未来结果,而这在事实上尚不存在。因此,行动的未来结果只能在头脑中显现。儿童为了保证按目的进行的行动的有效性,必须把已做出的行动结果同行动目的进行比较,而这种比较过程,是在头脑中以表象为中介进行的内部过程。儿童思维活动的内化大大提高了思维的质量和水平。

4. 思维内容的变化

最初的思维活动,只是反映知觉所不能揭露,而利用实际行动改变客体形态后能够揭露的事物。由于依靠直接感知和实际行动进行,思维的内容仅限于感官所能及的具体事物,因此内容是表面的、片面的,从儿童自身出发的,范围较狭隘,所反映材料的组织程度较低,零碎无系统,因而也不具灵活性。这种思维所反映的往往是事物的表面和非本质特性。随着思维的内化,思维在头脑内部进行,其内容逐渐间接化、深刻化,逐渐能够全面地、客观地反映事物的关系和联系,范围日益扩大且反映事物的本质。

### 三、学前儿童思维发展的一般特点

儿童的思维在2岁左右发生,幼儿期(3—6岁)是思维开始发展的时期。幼儿期思维的主要特点是具体形象性,它是在直觉行动思维的基础上演化而来的,在幼儿末期,抽象逻辑思维开始萌芽。

(一)直觉行动思维的发展

1. 思维解决的问题由比较简单到相对复杂

2岁以前儿童的直觉行动思维只能解决一些非常简单的问题,比如在游戏的过程中,动作非常简单,基本没有主题和情节,随意性也较大;儿童在绘画或手工时,也只能画出或做出一个简单、孤立的作品,如只能用橡皮泥搓出香肠或圆球。随着儿童思维的发展,到了幼儿期,儿童用直觉行动思维解决的问题相对复杂化,他们可以用相同的方式对相似的情景作出反应,用间接的手段达到自己的目的,如在日常生活中,儿童想要某个东西,他不直接问妈妈要,而是和妈妈讨论这个东西,或者说,某某小朋友有这个东西。

2. 思维解决问题的方式由具体到比较概括

2岁左右及以前的儿童,其思维离开具体的实际行动无法进行,每一步都和实际行动分不开,缺少概括化。如一岁半的儿童把装奶豆的袋子推倒了,刚开始,他会蹲下捡一颗站起来放进袋子里,然后捡另一颗,过一会他才想到,把袋子拿下来,然后一颗一颗放进去。又如,我们把玩具放在高处,儿童拿不到,刚开始儿童总是试图用手去拿,拿不到才会想到用小棍等工具去够。一项以70名1.5岁儿童为被试的研究表明,62%的儿童是通过直觉和行动来解决问题的。

到了幼儿期,儿童在解决问题的过程中有些行为就可以压缩和省略了,行动逐渐概括化。如幼儿在游戏时,端起碗比划一下就算吃饭了。儿童在完成一行动时,会开始思考下一步的行动。

3. 语言在思维中的作用逐渐增强

在儿童最初的思维中,语言只是行动的总结,往往在行动之后,儿童根据感知和联想说出行动的结果。即便到了幼儿期,儿童的语言仍离不开直观形象,直观和行动在思维中仍占据相当大的比重,但是语言对思维的调节作用越来越大,而直观和行动作为语言的支柱,起到引起注意,并补充和加强语言的作用。

(二) 具体形象思维成为幼儿期主要的思维特点

随着儿童生活范围的扩大,知识经验的积累,语言的丰富和发展,他们的思维方式也发生了变化。到了幼儿期,在直观行动思维的基础上,儿童思维的具体形象性逐渐发展,成为儿童思维的主要形式。如幼儿能计算 3 + 2 = 5,实际上并不是一种逻辑计算,而是依靠头脑中再现的实物表象,如3个苹果再加上2个苹果,数出一共是5个苹果得出结果。可以看出,具体形象思维的特点是具体性和形象性。

此时,幼儿思维的内容是具体的。儿童能够掌握代表实际事物的概念,不易掌握抽象概念。如桌子、椅子、板凳等具体概念儿童比较容易掌握,而家具、蔬菜等相对抽象的概念就比较难掌握。幼儿思维的形象性,表现在幼儿依靠事物在头脑中的形象来思维。幼儿头脑中充满着颜色、形状、声音等生动的形象,儿童在思维时就是运用这些形象进行运算并解决问题。

幼儿的具体形象思维除了具体性和形象性的特点外,我国学者陈帼眉还总结出了一些派生的特点:

1. 经验性

幼儿的思维是根据自己的生活经验来进行的。比如,一个孩子画了一幅画,画上有太阳和其他一些东西,老师问他画了什么,他告诉老师,他画了太阳,还在太阳底下种了巧克力,他还表示,要经常给巧克力浇水。又如,老师在对儿童进行安全教育时,问幼儿当只有自己一个人在家时,有人敲门该怎么办,儿童回答:"我从来不一个人在家,奶奶和我在家里。"幼儿拒绝接受老师的逻辑,而是从自己具体的生活经验出发去思维。

2. 拟人性

幼儿往往把一些动物或物体当作人,把自己的生活经验或思想情感加到他们身上,和他们交谈,把他们当作朋友。如幼儿喜欢抱着心爱的玩具睡觉,还会和玩具做游戏,也经常提一些拟人化的问题,如晚上太阳到哪里去睡觉了,星星为什么总是眨眼睛?幼儿最喜欢童话故事和动画片,那是因为童话故事和动画片拟人化的表现手法,符合幼儿思维的特点。

3. 表面性

幼儿思维只是根据具体接触到的表面现象来进行,因此思维往往只是反映事物的表面联系,而不反映事物的本质联系。比如一个三岁半的孩子看到黄河时问爸爸:"爸爸,黄河的水龙头在哪里?"幼儿只能理解语言的表层含义,难以理解"反话",如一位正在忙家务的妈妈对调皮捣蛋的儿子说:"你就在那儿闹吧,呆会看我给你好果子吃。"孩子果真就继续闹,还缠着妈妈要果子吃。

4. 片面性

幼儿由于不能全面地看待问题,抓住事物的本质特征,思维往往带有片面性。如在儿童的世界里,除了好人就是坏人,幼儿在看电视剧时,总是不断地问大人,谁是好人,谁是坏人。在解决问题的过程中,幼儿常常只能照顾到事物的一个维度,而不能兼顾两个维度。如把一个杯子里的水倒入两个形状不同的杯子,其中一个杯子高而细,另一个杯子矮而粗,幼儿就会因此认为水变多了或少了,这是因为他们不能把握高矮和粗细两个维度的联系。

5. 固定性

思维的具体性使幼儿缺乏灵活性。如幼儿认为奶奶总是白头发。在日常生活中,幼儿也常常"认死理",如两个小朋友在抢一个玩具,成人拿出另一个同样的玩具,让他们各玩一个时,幼儿往往都不愿意,谁都要原来那一个。

6. 近视性

思维的具体性还表现在幼儿只能考虑到事物的眼前关系,而不会更多地去思考事情的后果。如家长告诉幼儿,上幼儿园可以增长才干,要听幼儿园老师的话,要按时去幼儿园,养成良好的习惯。幼儿往往不能理解,会认为去幼儿园是爸妈的要求,不是他自愿的。

应该强调,我们说具体形象思维是幼儿思维的主要特点,并不表示幼儿在各种场合下的思维都具有这种特点,幼儿思维的发展水平会因各种条件的不同而存在着个体差异。

**知识拓展**

### 皮亚杰的三山实验

皮亚杰是瑞士著名儿童心理学家,发生认识论的创始人。他对儿童关于现实、因果、时空、几何各种物理量的守恒等概念的形成和心理运算的起源与发展进行了大量的研究工作,他的儿童认知发展阶段理论把儿童认知发展分为四个阶段:感知运动阶段、前运算阶段、具体运算阶段和形式运算阶段。

其中2—7岁为前运算阶段,这一阶段的特点是儿童的语言得到了飞速的发展,而思维发展具有片面性和我向思维,即集中于事物的某一方面而忽视其他方面的倾向。他的"守恒实验"就揭示了儿童的这一思维特点。

这个实验的过程如下:实验者当着儿童的面把两杯同样多的液体中的一杯倒进一个

细而长的杯子中,要求儿童说出这时哪一个杯子中的液体多一些。这时儿童不能意识到液体的体积是守恒的,因此多倾向于回答高杯子中的液体多一些。儿童只注意到高杯子中的液体比较高,却没注意到高杯子比较细,皮亚杰把这一思维称为"我向思维"或"自我中心"。即儿童认为别人的思考和运作方式应该与自己的思考完全一致,这时儿童还没有意识到别人可以有与自己完全不同的思考方式。

在这一阶段他还有一个著名的实验,即"三山实验"(见图7-1),这个实验用以测验儿童的"自我中心"的思维特征。实验材料是一个包括三座高低、大小和颜色不同的假山模型,实验首先要求儿童从模型的四个角度观察这三座山,然后要求儿童面对模型而坐,并且放一个玩具娃娃在山的另一边,要求儿童从四张图片中指出哪一张是玩具娃娃看到的"山"。结果发现幼童无法完成这个任务。他们只能从自己的角度来描述"三山"的形状。皮亚杰以此来证明儿童的"自我中心"的特点。

通过这两个实验,揭示了儿童期思维的模式,对儿童早期教育起到重要的作用。

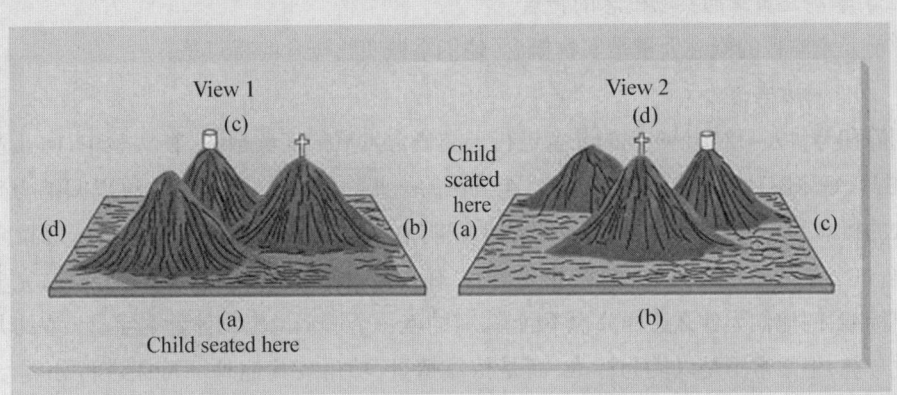

图7-1 皮亚杰的三山实验

### (三) 抽象逻辑思维开始萌芽

抽象逻辑思维是人思维的典型方式,儿童到幼儿期还不能形成这种典型的思维方式,但到了幼儿后期(5岁以后),明显地出现了抽象逻辑思维的萌芽,这具体表现在分析、综合、比较、概括等思维基本过程的发展,概念的掌握、判断和推理的形成,以及理解能力的发展等方面。

## 四、学前儿童概念的发展

### (一) 学前儿童掌握概念的方式

什么是概念?概念是思维的基本形式,是人脑对客观事物的一般特征和本质特征的反映。概念是在概括的基础上形成和发展起来的,是用词来标志的。在谈及概念时,一般会对"概念的形成"和"概念的掌握"作出区别。概念的形成是指从无到有的历史演变。概念是在人类社会历史发展的过程中逐步形成和发展的。而概念的掌握则是对个体而言,是指儿童掌握社上业已形成的概念。但是儿童并不是简单地、机械地接受成人所教的概念,成人利用语言工具,通过与儿童的言语交际及教学手段,把概念传授给儿童,儿童则把成人传授的知识纳入自己的经验系统之中,经过概括而形成概念。因此,儿童掌握概念的特点与他的概括水平有密切的联系。如有时儿童告诉家长他想吃饭,但家长给他做出来他又不吃,实际上原因在于儿童所说的"饭"可能是特指一种食品,这个词只代表个别食物的具体名称,还没有达到高一级的概括化。

儿童掌握概念的另一种方式是在生活实践中形成自己的概念。如儿童掌握"星期天"的概念,就是不上幼儿园的日子。

由于儿童掌握概念的特点直接受他们概括水平的制约,而儿童的概括内容比较贫乏,内涵往往界定不清,反映事物的特征又多是外部的、表面的、非本质的,因此儿童概念的掌握在广度和深度上都较差,他们一般只能掌握比较具体的实物概念,不易掌握一些比较抽象的性质概念、关系概念及道德概念。

### (二)学前儿童掌握实物概念的特点

学前儿童掌握的概念大量是实物概念,他们掌握实物概念的特点是:

1. 以低层次概念为主

刘静和等(1964)对4—9岁的儿童进行了类概念发展的实验研究,在实验中,向儿童提供28张图片,每张图片中绘有儿童熟悉的、能辨认的一些物体。这28张图片可以归纳为8个第一层次的概念和4个第二层次的概念。结果表明,4岁儿童尚不能按图片进行一级概念的独立分类,这个年龄的儿童听完主试的指导语后,有些无动作,也不言语,有些则乱分,完全看不出任何标准,问他们为什么这样分也不回答,有的就一个一个说出物体的名字。5岁的儿童可以独立分类,但常常不是以类为标准,而是依靠情景、功用或其他外部特征进行分类,到了6岁,儿童才能够独立分类,表明已经形成了类概念。

当然,我们也不能认为,概念越具体,概括水平越低,儿童就越容易掌握。朱智贤的研究表明,对于3岁左右的儿童,实物概念的内容不能足以代表儿童所熟悉的某一个或某一些事物。有人根据抽象水平,将儿童获得的概念分为上级概念、基本概念和下级概念三个层次。调查发现,儿童最先掌握的是基本概念。如"树"是基本概念,"植物"是上级概念,"柳树"、"杨树"等是下级概念,儿童先掌握的概念是"树",然后才是更抽象或更具体的上、下级概念。

2. 以具体特征为主

下定义是掌握概念的表现之一。陈帼眉等曾用要求幼儿下定义的方法研究了3—7岁儿童对实物概念的掌握,研究方法是要求幼儿对5个具体名词(灯、鱼、鸟、公园、武器)作解释。结果发现,幼儿对实物概念所下的定义可分为7种类型。

(1) 不会说。幼儿不会说话或表示不会。

(2) 同义反复。比如要求幼儿说出"什么是灯"时,他说"灯灯"或"大灯"。

(3) 举出实例。比如解释"灯"时,说"红灯"、"绿灯"、"亮灯"。

(4) 说出一般性的非本质特征。如说"灯"是"长的",说"鱼"是"黑色的"。

(5) 说出重要特征。比如说灯是"屋顶上挂的","在墙上排的","一个圆的玻璃,里边特别亮"。

(6) 说出功用或习性。如灯是"照亮的","能发光的",鱼是"给人吃的","在水里游的"。

(7) 说出初步概念。如灯是"给人照亮的东西","有电、有用的东西",鱼是"一种水里的动物",鸟是"一种飞禽"等等。

从幼儿期儿童对实物概念掌握的趋势来看,下定义的水平随年龄的增长而有所提高,但幼儿对具体名词的解释集中于具体特征水平,不会说或不会解释词的人数在 4 岁所占的比例较大,4—5 岁以后有所缩小,5 岁以后明显降低,而达到初步概念(接近下定义水平)的人数,则在 5 岁以后明显增加。

### (三) 学前儿童掌握数概念的特点

掌握数概念是逻辑思维发展的一个重要方面,数概念比实物概念更抽象,掌握数概念比实物概念也更困难。幼儿掌握数概念需要理解三个方面的内容:

1. 数的实际意义。如 3 是指三个物体。当幼儿学会口头数数以后,逐渐学会口手一致地数物体,即按物点数,然后学会说出物体的总数,这时可以说幼儿掌握了数的实际意义。

2. 数的顺序。如儿童知道 2 在 3 之前,3 在 2 之后,3 比 2 大。一般 3 岁儿童已经学会了口头数 10 以内的数,并记住了数的顺序。

3. 数的组成。如 4 是由 1+1+1+1,1+2+1,1+3 组成的,掌握数的组成是幼儿掌握数概念的关键,幼儿学会数物体并说出物体总数以后,逐渐学会用实物进行 10 以内的加减。在实物加减的过程中,幼儿知道了两个或更多的数群可以合并成为一个新的更大的数群;一个数群又可以分成两个或更多的子群,由此形成了数群可分可合的观念,在他的头脑中,数群已不再是由一些单个元素集合起来,也可以由子集组成,幼儿掌握了数的组成以后,就形成了数的概念。

林崇德(1980)的研究表明,儿童数概念的形成经历口头数数→给物说数→按数取物→掌握数概念四个阶段。

幼儿数概念的形成过程是从感知和动作开始的。幼儿计数,开始不但要用眼看,而且要动手去做,以后儿童可以逐渐减少用手点数的动作,主要凭借视觉把握物体的数量,用眼看实物,嘴里默默地数,有时还用点头来帮助数数,似乎以头的动作代替手的动作。

当幼儿可以脱离感知而进行口头计数时,他还必须依靠物体数量的表象,这表现在儿童能够正确地回答 10 以内的应用题,却不能正确回答 10 以内的式子题,因为应用题描述的情景成分唤起了儿童关于物体的表象,这些表象对计算具有支持作用,帮助幼儿由感知阶段向数概念过渡。幼儿晚期才能逐渐运用数词进行计算,开始进入数概念阶段。

### (四) 学前儿童掌握科学概念的特点

学前儿童所掌握的概念主要是日常概念,不是科学概念。日常概念可以不经过专门教学而在日常生活中,在与别人的交往中,在幼儿经验的积累中形成。科学概念则需要专门的教学才能形成。但日常概念和科学概念并不是绝对对立的。学前儿童在日常的生活过程中,在与其他幼儿交往的过程中,通过自己的各种活动,在掌握语言的同时,掌握了大量的概念,其中有些概念已具有科学的成分。皮亚杰认为,3—5 岁的儿童对任何非生物的事物都作"泛灵论"的理解,方富熹(1985)的实验研究驳斥了这一说法,认为3岁的儿童在生活中已经能够把人和石头区分开来,也能把人和玩具娃娃区分开来。这是因为儿童对人、玩具娃娃和石头都比较熟悉,已经理解了它们的不同。皮亚杰的实验向儿童询问的是太阳、月亮、风等儿童不熟悉的事物,儿童缺乏相关的知识,自然不能科学地掌握这些概念。

丰富的日常概念可以为儿童掌握科学概念打下基础。幼儿可以学习一些浅显的科学知识,但不必要求掌握严格的科学概念,有许多科学概念不是幼儿的思维水平能够掌握的。在选择幼儿用书时,应该注意回避幼儿不能理解的科学概念,并且不要教给幼儿错误的概念。

### 五、学前儿童判断和推理的发展

判断是概念与概念之间的联系,是事物之间或事物与它们的特征之间联系的反映,推理是判断与判断之间的联系,是在已有判断基础上推出新的判断。概念、判断、推理这几种思维形式是互相联系的。概念的形成往往要通过一定的判断和推理过程。判断是肯定与否定概念之间的联系,获得判断主要通过推理。逻辑思维主要运用判断、推理进行。幼儿判断和推理的发展,是抽象逻辑思维的表现。

#### (一) 学前儿童判断的发展

什么是判断? 判断就是肯定或否定概念之间的某种联系。判断可以分为两大类,一种是感知形式的直接判断,另一种是抽象形式的间接判断。一般认为,直接判断并不参与复杂的思维活动,间接判断才是真正使用概念所进行抽象思维的判断。间接判断主要反映的是对象的联系和关系(显然它不是直观的直觉所能解决的)。对象的联系和关系表现在因果、时间、空间、条件等方面,其中制约思维过程的基本关系是事物的因果关系。

学前儿童判断发展变化的特点:

1. 判断形式的间接化

从判断形式看,学前儿童以直接判断为主,开始向间接判断发展。他们进行判断时,常受知觉线索的左右,把直接观察到的事物的表面现象或事物间偶然的外部联系,当作事物的本质特征或规律性联系。例如,有幼儿认为"汽车比飞机跑得快"。飞机比汽车快,对于一般成人来说,是间接判断的结果。成人即使没有坐过飞机,根据经验、知识等也能作出正确的判断。而这个幼儿坚持自己的判断,是因为他是从直接判断得出的。他的理由是:"我坐在汽车里,看到天上的飞机飞得很慢。"

随着年龄增长,儿童的间接判断能力开始形成并有所发展。我们从一项研究的结果就可以看出(见表7-1)。

表7-1 儿童直接判断、间接判断及其他判断的发展

| 年龄(岁) | 5 | 6 | 7 | 8 | 9 | 10 |
|---|---|---|---|---|---|---|
| 直接判断(%) | 74 | 63 | 27 | 28 | 23.1 | 4.2 |
| 间接判断(%) | 11.2 | 22.8 | 71 | 70 | 76.2 | 95 |
| 其他判断(%) | 14.7 | 14.2 | 2 | 2 | 0.7 | 0.8 |

从表 7-1 可以看出：7 岁前的儿童大部分进行的是直接判断，之后儿童大部分进行间接判断，6—7 岁判断发展显著，是两种判断变化的转折点。

李文馥等人在研究儿童对面积的判断时发现(1982，1983)，5、6 岁儿童在判断两块相等的面积时，大部分依靠直觉判断。他们倾向于认为一块完整物体的面积比被分割开后的面积大，如说"一整块大，许多小块小"或"分成两块的就小，一大块的就大"等。7 岁以后儿童大部分进行间接推理判断。6—7 岁判断发展显著，是两种判断变化的转折点。

2. 判断内容的深入化

从判断的内容来看，幼儿的判断从反映事物的表面联系，开始向反映事物的本质联系发展，这种发展趋势与判断形式从直接向间接变化的趋势同时进行。幼儿初期往往把直接观察到的物体表面现象作为因果关系。例如，对斜板上皮球滚落下来的原因，3—4 岁儿童认为"(球)站不稳，没有脚"。对只有一条腿的桌子是否倒下来的现象，3—4 岁儿童认为"要倒，是坏的"。这些判断都是根据表面现象，或事物间偶然性的联系进行的。在发展过程中，幼儿逐渐找出比较准确而有意义的原因。例如，"球在斜面上滚下来，因为这儿有个小山，球是圆的，它就滚了，要是钩子，如果不是圆的，就不会滚动了"。5—6 岁幼儿，开始能够按事物隐蔽的、比较本质的联系，作出判断和推理。如"皮球是圆的，它要滚"，"桌子断了三条腿，它站不稳"。

在这个过程中，幼儿的判断从反映物体的个别联系逐渐向反映物体多方面的特征发展。比如，较小的幼儿会说："火柴在水里浮起来，因为它小。"较大的幼儿已经知道，"钥匙沉到水里，因为它小而且重，而水轻。"一般来说，判断和推理只有在揭示事物之间的本质和规律性联系时，才是正确的。幼儿起先对事物关系的判断是笼统而不分化的，以后逐渐分化和准确化，由上述事例也可以看出，幼儿能够把客体(或其特性)之间的联系(或关系)分解出来，并且概括起来，开始反映概括了的规律，分解的深度和概括性也逐渐提高。

3. 判断根据客观化

从判断根据看，幼儿从以对待生活的态度为依据，开始向以客观逻辑为依据发展。幼儿初期常常不能按照事物本身的客观逻辑进行判断和推理，而是按照"游戏的逻辑"或"生活的逻辑"进行。这种判断没有一般性原则，不符合客观规律，而是从自己对生活的态度出发，属于"前逻辑思维"。例如，3—4 岁幼儿认为，球会滚下去，是因为"它不愿意呆在椅子上"，或者是因为"猫会吃掉它"。物体会浮是因为它们"想洗澡"。秤杆为什么要一头翘起，因为"它不乖"，"它不听话"。他们不会客观地进行逻辑判断。在前述李文馥等的研究(1982)中，5—6 岁幼儿在判断面积时，也常常以生活逻辑为直接判断的依据，如："一大块地可以有很多小朋友在那玩，而小块地只能很少的小朋友玩。""四周都空，地方多大呀！哪儿都能跑着玩，那边一块地太小了，跑不了，一跑，再一跑，就不行了。"

之后，幼儿逐渐从以生活逻辑为根据的判断，向以客观逻辑为根据的判断发展。在这个过程中，还要经过以事物的偶然性特征(颜色，形状等)为根据，过渡到以孤立的、片面的、不确切的原则为根据(重的沉，轻的浮)，然后，开始出现一些正确的或接近正确的客观逻辑的判断(木头做的东西在水里浮)。

4. 判断论据明确化

从判断论据看，幼儿从没有意识到判断的根据，开始向明确意识到自己的判断根据发展。

幼儿初期,儿童虽然能够作出判断,但是,他们没有或不能说出判断的依据,3—4岁儿童或者以别人的论据作为论据,如:"妈妈说的","老师说的",或者只能说出模糊的论据,如:"不会漂,它在水里呆不住。"他们甚至于并未意识到判断的论点应该有论据。随着幼儿的发展,他们开始设法找寻论据,但是最初出现的论据往往是游戏性的或猜测性的。幼儿晚期,儿童开始不断修改自己的论据,努力使自己的判断有合理的根据,对判断的论据日益明确,说明思维的自觉性、意识性和逻辑性开始发展。

### (二)学前儿童推理的发展

推理是判断和判断之间的联系,是由一个判断或多个判断推出另一新的判断的思维过程。

推理可以分为直接推理和间接推理两大类。直接推理比较简单,是由一个前提本身引出某一个结论。如从"讲卫生的小朋友不随地吐痰"这一前提推出"随地吐痰的小朋友不讲卫生"这个结论。间接推理是由几个前提推出某一结论的推理。推理还可以分为归纳推理、演绎推理和类比推理。

学前儿童在其经验可及的范围内,已经能进行一些符合事物客观逻辑的抽象推理,但水平比较低,主要表现在以下几个方面:

#### 1. 抽象概括性差

学前儿童的推理往往建立在直接感知或经验的前提上,认为直接观察到的物体表面现象之间存在因果关系,其结论也往往与直接感知和经验的事物相联系。年龄越小,这一特点越突出。比如,幼儿看到红积木、黄木球、火柴棍漂浮在水上,不会推断出木头做的东西会浮在水上的结论,而只会说"红的"、"小的"东西浮在水上。

#### 2. 逻辑性差

学前儿童,尤其是年龄较小的儿童,往往不会推理。如对幼儿说:"别哭了,再哭就不带你找妈妈了。"他会哭得更厉害,因为他不会推出"不哭就带你去找妈妈"的结论。大些的孩子似乎有了推理能力,但其思维方式与事物本身的客观规律之间一致程度较低,常常不会按照事物本身的客观逻辑,不会按照给定的逻辑前提去推理判断,而是以自己的"逻辑"去思考。如前面所列举的关于皮球滚落原因的解释。

#### 3. 自觉性差

学前儿童的推理往往不能服从一定的目的和任务,以至于思维过程时常离开推论的前提和内容。例如,当研究者问:"一切果实里都有种子,萝卜里面没有种子,所以萝卜……怎么样?"时,有的儿童立即回答说:"萝卜是根"或"萝卜是长在地上的"。答案完全不受两个前提内在联系的制约,说明儿童的推理缺少目的性。

下面分别叙述学前儿童归纳、演绎和类比推理的一般特点和发展趋势。

#### 1. 学前儿童的归纳推理

归纳推理是一种从个别到一般的推理。通过考察个别事物或现象具有某种属性,进而推导出该类事物或现象普遍具有该属性。归纳推理必须以概括为基础,首先要把个别事物或现象归属到某一类事物或现象,然后在此基础上进行推理。例如,由"喜鹊长着两只脚,燕子长着两只脚,乌鸦长着两只脚",推出"鸟长着两只脚"。

学前儿童的概括处于具体形象水平,故往往只能对事物外部的、非本质的特征进行归纳,很难抓住事物间的本质联系进行从个别到一般的推理,以至于出现从一些特殊事例到另一个特殊事例的推理,即"转导推理"。它不是逻辑推理,而属于前概念的推理。例如,有个3岁的孩子看到大人种葵花籽,知道了"种豆得豆,种葵花籽长葵花"的道理,于是自己抓了几颗最爱吃的糖来种,希望长出几棵"糖树"。

转导推理是从个别到个别的推理,这一类型的推理在3—4岁幼儿身上比较常见。这种无逻辑的推理是儿童还没有形成"类概念",即不能把同类与非同类事物相区别的结果。随着儿童概括能力的发展,类概念的形成,幼儿的归纳推理能力才能逐渐发展起来。

2. 学前儿童的演绎推理

演绎推理是从一般到个别的推理。其简单且典型的形式是三段论。如"大班小朋友暑期后要上小学了"(大前提),"佳佳是大班的小朋友"(小前提),"佳佳暑假后要上小学了"(结论)。有实验证明,学前晚期(5—7岁)的儿童,经过专门教学,能够正确运用三段论式的逻辑推理。该研究结果指出,3—7岁儿童的三段论式逻辑推理的发展可分为5个阶段。

(1) 不会运用任何一般原理。如前面讲到的关于物体沉浮的例子,儿童对于自己的断言不提任何论据,或者只提出一些极为偶然的论据。

(2) 运用一般原理,并试图引用一些从偶然特征上作出的概括,来论证自己的答案。

(3) 运用一般原理,这种原理已经能在某种程度上反映事物的本质特征,但只是近似性的,不准确,不能概括一切可能的个别情况,因而还不可能作出正确的结论。

(4) 不说一般原理,却能正确而自信地解决问题。

(5) 会运用正确反映现实的一般原理,并作出恰当的结论。

3. 学前儿童的类比推理

类比推理是一种比较特殊的推理,它在某种程度上属于归纳推理,是对事物或数量之间关系的发现和应用。典型的类比推理如"苹果/水果,_____/文具",要求儿童在"铅笔、书、报纸"几个答案中作选择。类比推理的测验材料可以是几何图形、实物照片、语词,也可以是数字。由于类比推理是对事物之间关系的发现和应用,因此,可以从客观事物的多种关系中选择6种比较普遍的关系作为实验的基本内容:(1)工具和功用关系(如笔/写字,_____/切菜);(2)部分与整体关系(苹果/苹果树,手指/_____);(3)对立关系(高/矮,粗/_____);(4)并列关系(白菜/萝卜,猴子/_____);(5)从属关系(白菜/蔬菜,_____/动物);(6)因果关系(下雨/地湿,_____/打针)。

研究表明3—6岁的儿童已经具有一定水平的类比推理,且类比推理的能力随着年龄增长而发展提高。研究结果显示,三岁以前的儿童还不会进行类比推理,四岁儿童类比推理开始发展,但水平很低。这个年龄的儿童出现根据两种事物之间外部的功用或部分的特征来进行初级形式的类比推理。如4岁儿童中有不少人对"苹果/水果,_____/文具"项目做出了正确的选择,但他的理由是看到文具图片里也有一支铅笔,认为"铅笔跟铅笔是一块的",或"铅笔也是写字用的",而没有理解苹果是水果的一种,基于这种种属关系的理解,去类比铅笔是文具的一种,从而推断出应该选择铅笔。因此4岁儿童的类比推理还不能算是真正的类比推理,只能说是萌芽状态。

5岁和6岁儿童的类比推理能力有所发展,大部分儿童能够理解自己所熟悉的事物之间的关系,但语言表达不够准确,学前儿童的类比推理能力还没有达到较高级的水平。

## 六、学前儿童理解的发展

学前儿童思维的发展也表现为理解的发展。所谓理解是个体运用已有的知识经验去认识事物的联系、关系乃至其本质和规律的思维活动。理解普遍存在于认识过程中,无论是对事物的知觉,还是对事物内在实质的把握,都离不开理解的参与。

一般可将理解分为两种类型:直接的理解和间接的理解。直接的理解是不需经过间接的思考过程就能立刻实现的理解。这种理解体现于知觉的概括性中,某些情况下,则可能跟灵感、顿悟等心理过程有关,当然我们也可以把它视作间接理解的闪现。间接理解的主要特点是时间上经历一个逐步展开的阶段,因此它又可以分为两种类型:(1)最初先分解出对象的个别要素并达到对它们的理解,然后再获得对整体的理解;(2)整体上马上被理解,可这只是一种混沌的、不明确的理解,而后经过思考逐步达到分化、精确的理解,这时整体的每一部分、每一方面都占据一定的位置,成为被理解的整体的一个有机成分。这两种理解都包含着一系列复杂的分析综合过程,分析为理解作准备,综合则完成理解。正因为如此,间接的理解对主体来说,意味着建立了新的联系。

学前儿童的理解主要是直接理解,与知觉过程融合在一起,不要求任何中介的思维过程。幼儿期逐渐出现间接理解。

学前儿童对事物的理解有以下发展趋势:

### (一)从对个别事物的理解,发展到对事物关系的理解

这是从理解的内容上来说的。从儿童对图画和对故事的理解中,我们可以看到这种发展趋势。儿童对图画的理解,起先只理解图画中最突出的个别人物,然后理解人物形象的姿势和位置,再理解主要人物或物体之间的关系。如果图片中突出了一些琐碎的细节,就妨碍幼儿把图画中的基本因素联系起来,使儿童不能理解或不能正确理解图画。

儿童理解成人讲述的故事,常常也是先理解其中的个别字句、个别情节或者个别行为,以后才理解具体行为产生的原因及后果,最后才能理解整个故事的思想内容。

### (二)从主要依靠具体形象来理解事物,发展到依靠语言说明来理解

这是从理解的依据上来说的。由于言语发展水平的限制以及幼儿思维的特点,儿童常常依靠行动和形象理解事物。如3岁的儿童在听到或自己讲到"大象用鼻子把狼卷起来"时,总是用手做出"卷"的动作;说到"大象把狼扔到河里去"时,又用手做出"扔"的样子。小班儿童在听故事或者学习文艺作品时,常常要靠形象化的语言和图片等辅助才能理解。随着年龄的增长,儿童逐渐能够摆脱对直观形象的依赖,而只靠言语描述来理解。但在有直观形象的条件下,理解的效果更好。例如,一项研究指出:在教幼儿学习文学作品时,有无插图,效果很不一样。假定没有插图儿童理解水平为1,有插图后,3—4.5岁幼儿的理解水平为2.12;4.5—9.5岁为1.23。可见,直观形象有助于幼儿理解作品。幼儿年龄越小,对直观形象的依赖性越大。

教师对幼儿进行道德品质的培养与教育,不采用说教的方式,而是将道理寓于故事之中,或让儿童有感性的体验,原因也在此。

### (三) 从对事物作简单、表面的理解,发展到对事物较复杂、较深刻的理解

这是从理解的程度上来说的。幼儿的理解往往很直接、很肤浅,年龄越小越是如此。例如,在给小班儿童讲完《孔融让梨》的故事后,问孩子们:"孔融为什么让梨?"不少儿童回答:"因为他小,吃不完大的。"可见他们还不理解让梨这一行为的含义。幼儿对语言中的转义、喻义和反义现象也比较难理解。例如,上课时,一个小朋友歪歪斜斜地坐着,如果老师批评说:"××坐的姿势多好!"小班幼儿可能都学着他的样子坐起来。他们以为老师真认为那样坐是好的,真的在表扬那位小朋友。所以对幼儿,尤其是小班幼儿千万不要说反话,要坚持正面教育。

### (四) 从理解与情感密切联系,发展到比较客观的理解

这是从理解的客观性上谈。儿童对事物的情感态度,常常影响他们对事物的理解。这种影响在 4 岁前儿童的身上体现得尤为突出,因此,儿童对事物的理解常常是不客观的。有位妈妈给儿子出了道加法题:"爸爸打碎了 3 个杯子,小宝打碎了 2 个杯子,一共打碎了几个杯子?"孩子听后哭了,他说他没有打碎杯子。这种现象表明,妈妈出算术题时,没有考虑到儿童对事物理解的情绪性。较大的儿童开始能够根据事物的客观逻辑来理解。

### (五) 从不理解事物的相对关系,发展到逐渐能理解事物的相对关系

儿童对事物的理解常常是固定的或极端的,不能理解事物的中间状态或相对关系。对幼儿来说,不是有病,就是健康;不是好人,就是坏蛋。幼儿学会了"5 + 2 = 7"后,不经过进一步学习,不知道"2 + 5 = 7"。随着年龄的增长,幼儿逐渐能理解事物的相对关系。

## 实践实训

1. "我有一个美丽的愿望,长大以后能播种太阳,播种一颗一颗就够了,会结出许多的许多的太阳。一颗送给送给南极,一颗送给送给北冰洋,一颗挂在挂在冬天,一颗挂在晚上,挂在晚上。啦啦啦,种太阳……"

《种太阳》是一首传唱二十余年的经典儿童歌曲。词作者李冰雪在她 10 岁时创作的诗歌《种太阳》由作曲家王赴戎、徐沛东谱曲后,很快唱遍全国,曾被评为亚运会期间十首优秀歌曲之一。一个 10 岁的孩子表达了她希望世界充满温暖和明亮的美好愿望,作为幼儿教师,我不记得将这首歌教给过多少孩子,并希望他们了解那个 10 岁姐姐的愿望有多美好,她又多善良,以及她是多么有想象力和创造力。

可是今天早晨,甜甜的父亲向我描述了孩子的疑惑,甜甜问他:"爸爸,太阳能种吗?那你说是先有人还是先有太阳?太阳如果比人出来的都早,那第一个太阳是谁种的呢?还有种那么多太阳干啥呀,晚上多亮啊,都睡不着觉了!"甜甜父亲也对我提出了质疑,孩子机械地学唱这种不能理解内容的歌曲有意义吗?原来,在这个 5 岁孩子的心中,种太阳并不是一件简单而美好的事。

尝试用我们所学的"学前儿童思维发展的趋势、特点及学前儿童理解的发展特点"分析甜

甜的疑惑。

**分析**：作为5岁的幼儿，甜甜的思维是典型的具体形象思维，在思维和解决问题的过程中表现出经验性、表面性和近视性等特点。她还不能在抽象的水平上理解"种太阳"只是一种美好的愿望，而是根据生活中的经验去分析和判断，判断的论据与自身的生活密切联系，以自我为出发点，同时在理解时也容易受到自己情绪的影响。

2. 发展学前儿童思维能力的游戏

（1）加强对数字的敏感

在日常生活中，父母要加强孩子对数字的敏感性。例如，当孩子吃苹果时，妈妈可以告诉他："妈妈一共买了六个苹果，宝宝今天吃一个。"当孩子穿衣服的时候，可以启发孩子："宝宝有一双小袜子，有一顶小帽子。"带孩子在小区里面玩耍的时候，可以有意识地跟他们说："这里有三棵松树，门口停了四辆自行车和两辆轿车。"在说到数字时可以加强语气，以此加强孩子对数字的敏感。

（2）比多少

两个孩子每人一篮不同颜色的瓶盖，游戏开始时，各自在自己的篮子中取出一把瓶盖，喊出"一、二、三"后，同时相互出示手中的瓶盖，点数自己手中的瓶盖，并说出自己比对方手中的瓶盖多还是少？多多少？少多少？计数正确且先说对者为胜。

### 思考与练习

1. 某幼儿园一位新教师在教幼儿10以内减法时，为了帮助幼儿理解，用非常形象的语言讲述"3-1=2"，于是老师说："森林里有三只漂亮的小白兔，一天来了一只大灰狼，把其中一只小白兔给叼走了，最后只剩下了两只。"老师刚说完，有个孩子突然大哭起来，整个课堂一下子乱了套。请结合材料，分析幼儿理解发展的特点。

2. 杰杰是个幼儿园中班的孩子，一天他得意地对爸爸说："爸爸，我知道2加3等于5。"爸爸很高兴，问："你怎么知道的?"杰杰说："老师告诉我们的。"爸爸再问："3加2等于多少?"杰杰摇摇头说："老师没有说。"

请根据儿童思维发展的特点来分析杰杰的表现。应怎样进行有针对性的教育？

3. 简述学前儿童思维发展的一般趋势。

4. 简述学前儿童判断发展变化的特点。

扫一扫二维码
轻松获取单元
习题及答案

# 单元八　学前儿童言语的发展

## 学习目标

1. 了解学前儿童言语发展的基本趋势；
2. 了解学前儿童言语发展的基本特点；
3. 掌握学前儿童口头语言能力培养的基本方法；
4. 能够根据实际情况分析学前儿童语言的发展情况，并能采取相应的教育措施。

## 基础理论

### 一、学前儿童言语发展概述

#### （一）什么是言语

言语是个人使用语言的过程，包括理解别人运用和自己运用语言的过程，人们通过言语活动互相交往、交流思想。

在言语交际过程中运用的语言，都是词的符号系统，是人类最重要的交际工具。这种工具是交流双方共同使用的，它的构成是以语音或字形为物质外壳，以词汇为建筑材料，以语法为结构规律。语言因为有物质化的语音或字形，因而可把自己的思想情感表达出来传达给别人。语言的词汇表示着一定的事物。语言的语法规则反映着人类思维的逻辑规律，所以能够相互交流并为人理解。语言是人类最重要的交际工具。

言语和语言的概念是不同的，但是言语和语言又是不可分的。一方面，言语活动是依靠语言作为工具进行的。学前儿童不掌握语言，他的言语活动也就没法进行。学前儿童掌握语言的水平，也影响他的言语活动水平。另一方面，语言是在人们的言语交流活动中形成和发展的，如果某种语言不再被人的言语活动所使用，它就会从社会中消失。学前儿童如果没有言语活动的机会，也就不能掌握语言。

#### （二）言语的作用

言语与其他心理活动有着密切的关系，在人的心理发展上具有重要意义。

1. 言语的概括作用

言语中的词，是客观事物的符号，它总代表着一定的对象或现象。言语不仅标志着个别对象或现象，还可以标志某一类的对象或现象。例如"玩具"一词包括着积木、玩具汽车、手枪等等多种多样的东西。所以说言语的概括作用,加快了人们对事物的认识。人们不需要逐个地去了解,而是可以根据一类事物的共同特征,成批地、概括地认识同类事物。如成人指着一个布娃娃对幼儿说"娃娃是一种玩具",虽然说这话时,呈现在幼儿面前的是一个布娃娃,但后来,幼儿无论接触到其他外形或其他材料制作的娃娃时,也会知道它是可以玩的玩具。

2. 言语的交流作用

人说出的有声言语或写出的言语都是表露在外的,因而能为别人感知和接受。而人通过感知、记忆、想象等内部活动产生的思想、愿望、需要等,必须凭借言语才能表达出来使人感知和理解。这表明了言语的交流作用。言语是人与人之间进行交际、沟通思想情感的桥梁,是人们相互影响、进行交际的工具,也是传递世代经验的途径。

3. 言语的调节作用

人通过言语反映客观现实时,不仅能认识到客观事物,也能认识到自己的心理和行为,使人的心理活动具有自觉的性质。人在活动之前,可以在头脑中以词的形式预定行动目的,设想行动结果,制订行动计划。而在心理活动进行过程中,人们又能按照预定的计划,用词调节自己的心理和行动,以求达到预定的结果和目的。因此,可以说言语对心理和行为起着调节的作用。

(三)言语的种类

言语根据不同的标准作不同的分类。最普通的分类为口头言语和书面言语。

1. 口头言语

(1)含义

口头言语是指说出的和听到的言语。儿童在出生后的三年中,由于受到成人的言语教育以及言语器官、神经组织的成熟,他们的言语在不断发展,到了幼儿期,儿童言语的发展进入了一个新的时期。他们从"掌握本族语言的准备期"或"前言语期"或"最初正式掌握本族语言期"进入了"言语丰富化期"。

(2)分类

口头言语又可分为对话言语和独白言语两种言语形式。

① 对话言语,当人们提出问题、要求或回答问题时,所用的言语形式即对话言语。它不需要将一切思想和事物都用言语表达出来,句子结构也不需要完整,彼此能明白就行。

② 独白言语,是说给别人听或向别人传达自己的思想、感情,或讲述知识经验等所使用的言语。如讲演、作报告、讲述故事等都是独白言语。由于独白言语是一个人比较长时间的独自讲述,没有交谈者的应答来支持,因而要求语句完整,讲述内容不能简化。

三岁以前的儿童,他们多半是在成人的陪伴下进行活动,他们的交际采用的是对话形式,到了幼儿期,随着独立性的发展,幼儿常常离开成人进行各种活动,从而获得各种自己的经验、体会、印象等。同时,他们又处于集体中,在与成人或同伴的交际过程中,他们也有必要向成人或同伴表达自己的各种体验或印象。这样,幼儿的独白言语也就发展起来了。

2. 书面言语

书面言语是指书面上的可阅读、可书写的言语,是在口头言语的基础上发展起来。言语的发展主要会经历从口头语言到书面语言的发展过程。因此,到了一定阶段,儿童开始学习书面言语。

书面言语的掌握要比口头言语的掌握困难。

第一,书面言语不仅需要形成动觉刺激、听觉刺激和词的意义之间的联系,还要加上字形的视觉刺激的联系。

第二,书面言语比口头的独白言语更难开展。书写者无法从阅读者的及时反馈中对发出的信息作适当的修正和补充,要求在写作时就尽量把要说明的问题阐述清楚。

第三,书面言语是最随意的言语形式,写作时要考虑用何种最适宜的言语手段来表达问题。

总之,书面言语比口头言语在表达上和结构上要复杂得多,有一定的难度,需要专门组织教学。

第二种分类把言语分为外部言语和内部言语两种。

1. 外部言语

外部言语是指可以出声的言语,所以口头言语和书面言语都属于外部言语。外部言语是形成内部言语的基础,二者可以互相转化。

2. 内部言语

内部言语是一种自问自答或不出声的言语活动。内部言语不发出声音,但言语的发音器官肌肉组织仍有活动,它向大脑皮层发送动觉刺激,这种活动可通过精密仪器检测到。

内部言语比外部言语压缩、概括。内部言语常用一个词或一个词组来表达在外部言语中需要用一句话或一段话来表达的意思。

内部言语不是用来和人交际的言语,而是对自己发出的言语,是自己思考问题时的言语。内部言语也具有调节自身心理活动的功能,与心理自觉性的发展相联系。

内部言语是言语的高级形式,它是在外部言语的基础上产生的,在幼儿前期还没有内部言语,他们还不能不出声地考虑问题,到了幼儿期,内部言语才开始产生。

在幼儿内部言语开始发展的过程中,常常出现一种介乎外部言语和内部言语之间的言语形式,即出声的自言自语,它既是出声的,又是对自己讲的言语。据柳布林斯卡娅分析,在出声的自言自语中,又可分为"游戏言语"和"问题言语"两种,大约出现在幼儿4岁左右的阶段中。

"游戏言语"是一种在游戏和活动中对行动的"伴奏",即一面动作,一面嘀咕,这种言语通常比较完整、详细、有丰富的表现力。

"问题言语"是在活动进行中碰到困难或问题时产生的自言自语,常用来表示对问题的困惑、怀疑、惊奇及解决问题所采用的办法。这种言语一般比较简单、零碎,由一些压缩的词句组成。

对于不同年龄的幼儿,这两种言语所占的比例不同,三至五岁的儿童,"游戏言语"占多数,五至七岁儿童则"问题言语"增多。这是因为年幼儿童还不会独立解决问题。

幼儿期,自言自语在口头言语中占有很大的比例。但随着年龄增长,它的比例逐渐缩小。

## 二、学前儿童言语的发展

言语活动是双向的过程,既包括对他人言语信息的接受和理解,也包括个人表达思想时发出的言语信息。通俗地说,言语活动是由听和说共同构成的。但是在实际发展过程中,两个过程并不完全同步,一般来说,接受性言语先于表达性言语的出现。

一般常说的儿童说出第一批真正能被理解的词的时间就是言语发生的标志,并以此为界,可将言语活动的发生发展过程划分为言语准备期(0—1岁)和言语发展期(1岁以后)两大阶段。言语发展期还可以分为言语形成期(1—3岁)和言语发展期(3岁以后)。

### (一) 儿童言语的准备(0—1岁)

言语发生的准备包括两个方面内容:发音的准备;语言理解的准备。

1. 发音的准备

婴儿发音的准备大致经过了三个阶段:

(1) 简单发音阶段(1—3个月)

新生儿因呼吸而发声,哭是儿童最初的发音。新生儿哭的时候,特别是哭声停止的时候,可以听出"ei"、"ou"的声音。2个月以后,婴儿不哭时也开始发音,当成人逗他时,发音现象更明显,已能发出"ai"、"a"、"ei"等音。发这些音不需要较多的唇舌运用,只要一张口,气流自口腔冲出,音也就发出了。这与儿童发音器官不完善有关,这一阶段的发音是一种本能行为,天生聋哑的儿童也能发出这些声音。

(2) 连续音节阶段(4—8个月)

这一阶段,婴儿明显变得活跃起来,当他吃饱、睡醒时,常常自动发音。有人逗他的时候发音会更频繁,发出的音中不仅有韵母、声母,还会出现连续重复同一音节,如"a-ba-ba-ba"、"ge-ge"等等。这些音还不具有意义,但如果成人利用这些音与具体事物相联系,就可以慢慢形成条件反射,这样发出的音就具有了意义。

(3) 模仿发音阶段(9—12个月)

这一阶段,儿童所发的音明显增加了不同音节的连续发音,音调也开始多样化,这是真正发出语音的阶段。言语听觉分析器对发音起着监督的作用,使发音符合所需要的要求。真正发出语音是一种发音的随意运动,是经过学习得来的。

在成人的教育下,婴儿渐渐能够把一定的语音和某个具体事物联系起来,用一定的声音表示一定的意思。虽然此时他们能够发出的语音只有少数几个,但毕竟能开口"说话"了。

2. 语音理解的准备

(1) 语音知觉能力的准备

儿童对言语刺激是非常敏感的。出生不到10天的新生儿就能区分语音和其他声音,并对语音表现出明显的偏爱。近期的研究又发现,几个月的幼儿还具备了语音范畴知觉能力;能分辨两个语音范畴之间的差别,而对同一范畴之内的变异予以忽略。

(2) 语词理解的准备

8、9个月的儿童已经能"听懂"成人的一些言语,表现为能对言语作出相应的反应。但这时,引起儿童反应的主要是语调与整个情境,而不是词的意义。如果成人同样发出这种语音,但改变语调和语言情境,婴儿就不再反应。相反,语调不变而改变词汇,反应还可能发生。

有人做过这样一个小小的实验:给 9 个月的婴儿看"狼"和"羊"的画片,每当出示"羊"时,就用温柔的声音说"羊,羊,这是小羊",而出示"狼"的图片时,就用凶狠的声音说"狼,狼,这是老狼"。若干次以后,当实验者用温柔的声音说"羊呢?羊在哪里",婴儿就会指着"羊"的图片;反之亦然。这时,实验者突然改变说话的语调,用凶狠的声音说"羊呢?羊在哪里",婴儿毫不犹豫地指向画着狼的图片。这足以证明,儿童反应的主要对象是语调和说话时的整个情境,而不是词,他还不能把词从语音符合情境中分离出来,真正作为独立信号而引起儿童相应的反应。一般到 11 个月左右,语词才逐渐从符合情境中分离出来,真正作为独立信号而引起儿童相应的反应。到这个时候,儿童才算是真正理解了这个词的意义。

1 岁左右,儿童能理解几十个词,但能说出的很少。这种能理解却不能主动说的语言叫被动型语言。这种语言很难发挥交际功能。只有出现主动语言,即既能理解又能说出的语言时,才标志着符号交际的开始。

婴儿言语准备的情况和语言环境有直接的关系,在婴儿尚不理解语言的时候,如果不给他们语言上的刺激,那么,婴儿的言语发展一定进步很慢,反之,如能注意平时多和他们进行交流,多给他们讲故事,使他们每次感知某事物时都能听到成人说出关于这个事物的词语,那么婴儿的言语就会迅速地发展起来。

(二) 儿童言语的形成(1—3 岁)

从 1 岁起,儿童进入了正式学习语言的阶段,并且经过短短两三年时间,儿童便能初步掌握本民族的基本语言。因此 1—3 岁先学前期,是儿童言语真正形成的时期。

儿童言语发展呈现出基本规律:先听懂,后会说。

1—1.5 岁这个阶段儿童理解言语的能力发展较快,并在此基础上,开始主动说出一些词语。2 岁以后,言语表达能力迅速发展,逐渐能用较完整的句子表达自己的思想。

先学前期,儿童口语的发展可以分为两个阶段。

1. 不完整句阶段

不完整句可以细分为单词句阶段和双词句阶段。

(1) 单词句阶段(1—1.5 岁)

这个年龄阶段儿童言语的发展主要反映在理解方面。同时,儿童开始主动说出有一定意义的词语。这一阶段儿童理解词语方面呈现以下几个特点:

① 由近及远。儿童最先理解的词语是他在日常生活中经常接触到的物体的名称,比如"桌子";其次是对周围照管他的成年人的称呼,如"妈妈"、"爸爸";最后是玩具和衣服的名称,如"汽车"、"帽子"等等。如果成人在照管儿童的过程中经常教他一些动作或者叫他做一些力所能及的事情,如"坐下"、"扔垃圾到垃圾桶"等等,儿童也能理解这些词语,可见,日常生活中要注意引导幼儿关注与其密切联系的生活中的事情,有针对性地和儿童进行交谈,他们理解的词语会更多。

② 固定化。这个阶段儿童对词的理解,往往和某种固定的物体相联系,甚至把物体连同

某种背景固定起来学习。如"小猫"就是指自己家的那只"猫",并且自己家那样的白颜色的比较小的猫。在幼儿看来,物体的名称是和该物体以及物体所处的具体情境相联系的。

③ 词义比较笼统。儿童对词的理解不确切,经常出现一词代表多种事物的现象。孩子们会将具有相似特征的两种事物当成一种事物,说明他对于词的理解比较笼统。

(2) 多词句阶段(1.5—2岁)

1岁半以后,儿童说话的积极性越来越高涨,在很短时间内,会从"不大说"到很"爱说话",呈现出这一阶段儿童言语的发展特征:开始说由双词或三词组合在一起的句子。这种句子的表现形式是断断续续的、简略的,结构也不完整,非常像电报式文件,所以称为"电报句"或"电报式语言"。

能说出句子是儿童言语发展中的一大进步,也是这一年龄阶段儿童发展的主要特点,具体表现:

① 句子简单

孩子说出的句子比较简单、短小,大约有3—5个字,多为简单的主谓句、谓宾句和主谓宾句子。如"妈妈吃饭"、"拿帽帽"等等。

② 句子不完整

虽然能说出不少的句子,但所说的句子往往缺字漏字,结构不完整,要结合当时的语境进行理解。如"妈妈车"(妈妈给我买了小车)。

③ 词序颠倒

说出的句子时常是不按语法规则来进行表述,使人理解起来有一定的难度,或者经常曲解了儿童所要表达的意思。

2. 出现完整句阶段(2—3岁)

当处于不完整句阶段,儿童能够选择一个词或者把几个词组合起来粗略地表达语义。2岁以后,孩子慢慢学习运用合乎语法规则的完整句更为准确地表达思想。

研究证明,2—3岁是人初学说话的关键时期。如果有良好的语言环境,家长经常和孩子一起进行交流,这一时期将会成为言语发展最迅速的时期。

这一阶段语言发展的具体表现为:

(1) 能够说出完整的简单句,并出现复合句

这个时期是孩子终止婴儿语的时期,能够用简单句表达自己的意思,并开始会说一些符合句来表达自己的思想,在语言表达的内容方面也发生了质的变化,以前,孩子只能以眼前的事物为话题来进行交谈,从2岁开始他们已经能够把过去的经验进行表达,并且2—3岁孩子可以用句子来表达事物之间比较简单的关系,慢慢理解事物之间的因果关系,并用自己的语言表达出来。

(2) 词汇量迅速增加

2—3岁孩子的词汇量增长非常快,几乎每天都能掌握新的词汇,并且他们学习新词汇的积极性比较高。他们经常会指着某种物体问:"这是什么?","那是什么?"到3岁时,儿童已经能够掌握1 000个左右的词汇了。儿童的言语也基本形成了。

### 三、学前儿童口头言语的发展

幼儿的言语主要是口头言语,言语发展主要表现在语音、词汇、语法、口语表达能力及言语机能的发展等方面。

#### (一) 语音的发展

1. 逐渐掌握本民族全部语音

3—4岁是语音发展的飞跃阶段,据调查,3—6岁的幼儿普遍存在发音不准确的现象。发音不准的幼儿人数随着年龄增长而降低。其中,4岁前幼儿发音不准的较多。因此可以认为,3—4岁幼儿已经接近掌握了本民族的全部语音。

总之,语音发展以"作巢"的方式或称"树枝分叉"的方式进行,也就是说,儿童并不是先学会差别较大的一对发音,然后向差别较小的语音发展,而是由中等程度差别的语音向两端发展。

儿童学习语音的过程,先后有两种不同的趋势,起初是扩展的趋势,婴儿从不会发出音节清晰的语音,到能够学会越来越多的语音。3—4岁内的儿童,相当容易就能学会世界各民族语言的发音,但是,在此以后,学习语音的趋势逐渐趋向收缩。儿童掌握母语的语音后,再学习新的语音时,会出现困难,年龄越大,学习第二语言的语音,会更多受到第一语言语音的干扰。另外,一般认为,儿童掌握语音的顺序是元音较辅音早出现。

2. 对语音的意识开始形成

2岁前的儿童尚未形成对语音的意识,孩子们往往不能辨别自己和别人发音上的错误,发音主要依靠成人的言语强化来坚持正确的发音或纠正错误的发音。

幼儿期的孩子逐渐出现对语音的意识,开始自觉地正确发音。这种语音意识的发生和发展,使儿童学习语言的活动成为自觉的、主动的活动。

#### (二) 词汇的发展

词汇是指词的总汇。各民族的语言都有其基本词汇。每个人又有个人的词汇。词汇是约定俗成的,儿童在语言发展过程中,要学习和掌握社会上通用的词汇,学前儿童只掌握基本的口语词汇。学前儿童对词汇的掌握主要表现在词汇数量的增加、词类范围的扩大以及词义理解的确切和加深等方面。

1. 词汇数量的增加

对儿童语言的研究,最初集中在儿童所掌握的词汇数量方面,20世纪40年代以前,人们着重在对词汇作数量分析。

幼儿期是人一生中词汇量增加最快的时期,在此期间,词汇量年年增加。1岁左右,孩子才开始说出词,最初说出的词数量较少。到入学时,孩子已经能掌握基本口语词汇。也就是说他的词汇已足以保证他用口语和别人交往。研究表明,4—5岁是儿童词汇增长的活跃期。

由于词汇的掌握很大程度上直接取决于儿童的生活条件和教育条件,因此,儿童之间掌握词汇量的个别差异极大。以彪勒(C. Buhler,1893—1974)的材料为例,同是三至四岁儿童,最高词汇数可达2 346个,最低的词汇数只有598个。

2. 词类范围的扩大

词从语法上可以分为实词和虚词两大类,实词是指意义比较具体的词,它包括名词、动词、形容词、数词、量词、代词等。虚词意义比较抽象,一般不能单独用来回答问题。虚词包括副词、介词、连词、助词、感叹词等。

关于学前儿童词类的研究表明,儿童先掌握的是实词,其中最先和大量掌握的是名词,其次是动词,再次是形容词。国内外的研究材料都说明,名词在学前儿童词汇中比例最大。

从年龄增长的情况看,各类词在不同年龄儿童词汇中所占比例不同,据史惠中等人的研究,实词在3—4岁时增长速度较4—5岁迅速,而虚词则在4—5岁增长较为迅速。该研究认为,4—5岁是词汇丰富的活跃期,而5—6岁是言语表达能力明显提高期。

学前儿童对自己所掌握的词,使用的次数并不相同。"词频率"就是指使用词的频繁程度。常用词的词频率较高,而最常用的词称为"高频词"。幼儿词汇中各类词使用频率有以下特点:

(1) 词频率最高的是代词。幼儿大量使用代词,原因之一是幼儿说话多是在具体环境下对着具体人进行的,有使用代词的良好条件。原因之二是幼儿常常不会说出事物的确切名称,故用代词而不用名词。原因之三是幼儿的思维常常是围绕自己展开的,据研究,约有1/3的句子用了"我"字。

(2) 使用动词的频率多于名词。幼儿使用动词的频率较高。这是因为第一,幼儿常常把动词作名词用,如把彩笔说成是"画画的那个"。第二,幼儿所用的句子较短,句中一般都有动词。第三,幼儿说话往往用不完整句,只说出动作或状态,只用动词而不用名词。

(3) 幼儿使用名词的频率较高。幼儿词汇中名词的数量最多,幼儿使用名词的频率也较高。

3. 词义的深化

同一个词,儿童对其含义的理解水平是不同的。儿童最初掌握词时,往往对它理解不确切,以后逐渐确切和加深。他们逐渐克服幼儿前期所出现的缺点,即对词义的理解失之过宽或失之过窄的现象。例如,幼儿对"猫"一词的理解,既不会把它扩大到泛指具有皮毛特征的一切事物,也不会缩小到仅指自家的那只小花猫,而是能够将"猫"一词作为不同大小、不同颜色、不同种类的猫的符号,使词有更为概括的特性。

此外,幼儿口头言语中积极词汇逐渐增多。积极词汇又称主动词汇,是指儿童既能理解又能正确使用的词汇。同时,在他们的口头言语中,还有许多消极词汇,而且也在增多。消极词汇又称被动词汇,是指儿童能够理解但不能正确使用的词汇,即便理解也不深刻。

幼儿的词汇无论从数量上和质量上较之幼儿前期都有了发展,但从整个儿童期的词汇发展来看,词汇还是贫乏的;词类的运用还偏重于动词、名词,词义的概括性还较低;词的理解和运用还常常发生错误。

总之,词汇的发展还不够完善。幼儿园教师要利用课内外一切机会,在引导幼儿认识事物的同时,发展他们的词汇,特别要重视幼儿积极词汇的发展,不要让幼儿从小养成信口开河、词不达意的习惯。

(三) 语法的发展

儿童在学习语言的过程中,不仅要掌握一定的词汇,还要掌握本民族语言的基本语法结构。

1. 语句的发展

(1) 从不完整句到完整句

不完整句,是指句子结构不完整,具体包括单词句和电报句。

① 单词句是指用一个词代表的句子,一般出现在一岁半之前。单词句语句表达的意思不够清楚,除了根据幼儿说话时的表情和动作外,还必须根据说话的情境来推断其意义。所以,只有与儿童比较亲近的人才能听得懂。

② 电报句又称双词句,是由两个单词组成的不完整句。有时也由三个词组成。一般出现在一岁半到两岁左右。这种句子简略,结构不完整,句子成分常常缺漏,但表达的意思比单词句明确。

完整句是指结构完整的句子。幼儿2岁以后,出现比较完整的句子,6岁左右,儿童98%以上使用完整句。

(2) 从简单句到复合句

简单句,指句法结构完整的单句。在幼儿期,简单句占多数,但随着年龄的增长,复合句所占比例逐渐增加。但总的来说,简单句的比例较大。

复合句指有两个或两个以上意思关联比较密切的单句组成的句子。它的比例随着年龄的增长而增加,但到学前晚期,仍然在50%以下,复合句发展需要两个重要的条件:第一,掌握足够的词汇,特别是掌握有关的连接词;第二,逻辑思维的发展。

(3) 从无修饰句到修饰句

儿童最初的句子是没有修饰语的。2—3岁儿童有时出现一些修饰语的形式,如"小白兔",但在他们心目中"小白兔"就是"兔子",不论是大兔子还是小兔子。

有研究发现,2.5岁儿童已经开始出现一定数量的简单修饰语,3岁开始出现复杂修饰语。

(4) 从陈述句到非陈述句

幼儿的言语中,陈述句仍占相当的比例,约三分之一,其他句型如疑问句、否定句等也都发展起来了。在幼儿的言语实践中,可以看到他们由于受简单陈述句句型模式的影响,往往对一些复杂的句子因不能理解而发生误解。

儿童最初掌握的是陈述句,在整个学前期,简单的陈述句仍然是基本的句型。幼儿常用的句型除陈述句外,还有疑问句、祈使句、感叹句等。

2. 语法结构的变化

随着幼儿年龄的增长,语句也有一定的发展变化。根据朱曼殊等人(1979)的研究,学前儿童语句结构的发展有如下趋势:

(1) 从混沌一体到逐步分化

学前儿童在掌握语言的过程中,语句逐渐分化,并且随着年龄的增长,儿童的语句逐渐分化。

(2) 句子结构从松散到逐步严谨

两岁多的儿童开始使用包括完整句法结构的句子,但仍时常漏掉主要词类,词序也是混乱的,如"宝宝帽子"(宝宝戴帽子)。3岁以后,儿童才会说"狗狗趴在地上睡觉"。

(3) 句子结构由压缩、呆板到逐步扩展和灵活

儿童最初的语句结构不能分出核心部分和附加部分,只能说出形式上千篇一律的、由几个词组成的压缩句,之后能加上修饰语。如宝宝从说"呜呜呜"发展到"呜呜呜去北京"再发展到"爸爸坐火车到北京",表明儿童运用语言去组织和表达他们的智慧与思维。

(4) 句子的长度由短到长

句子的平均长度也是儿童语言发展的一项指标。2—6岁儿童使用句子的长度也是随着年龄的增长而增长的。

一般来说,幼儿末期,儿童不仅具有完整的简单陈述句,而且出现了各种句型的复合句,句子的长度也增加了,语句的结构较严密。

3. 语法意识的出现

幼儿掌握语法结构,主要是通过日常生活中的言语交往,模仿成人说话而进行的,幼儿对语法结构的意识出现较晚。幼儿对语法的意识从4岁开始明显出现,表现为幼儿提出有关语法结构的问题,逐渐能够发现别人说话中的语法错误,当然,他们还不是根据语法规则的知识去发现错误的,只是由于这些错误说法在他们听来感到"刺耳",不符合其语言习惯。

4. 学前儿童口语表达能力的发展

语言中的语音、词汇和语法,是社会上既定的、共同的。儿童在掌握这些语言成分的基础上,还要学习如何在各种不同场合下加以运用。幼儿在入学前要学会独立地、连贯地表达自己的意思,并掌握说话时的一些表情技巧。

(1) 对话言语的发展和独白言语的发展

儿童的语言最初是对话式的,只有在和成人交往中才能进行,3岁前儿童与成人的言语交际,仅限于回答成人提出的问题,这时,往往是成人逐句引导,儿童逐句回答。在幼儿期对话语言有进一步发展。幼儿不但能够回答问题,还能提出问题或者要求,而且为了协调行动能够在对话中与人商议,讨论对事物的评价,或对别人提出指示。

独白言语是在幼儿期产生的。随着活动范围的扩大,交际圈子也不再仅限于家人,幼儿开始独立地向交往者表达自己的思想情感,这样就促使儿童独白言语的发展。3—4岁幼儿能主动讲述自己生活中的事情,但在集体面前说话往往不够大胆、不够自然。4—5岁能够独立讲故事或者讲述各种生活事件,5—6岁幼儿不但能系统地叙述,而且能够大胆、自然、生动和有感情地进行描述。

(2) 情境言语的发展和连贯言语的发生

对话语言常常带有一定的情境性,是因为对话语言是在谈话双方之间交互进行的,双方对所谈到的内容已有共同了解,不需要连贯和完整。

情境语言只有在结合具体情境时,才能使听者理解说话者的思想内容,而且还可以用手势或面部表情甚至肢体语言辅助和补充。

3岁前的幼儿只能进行对话,不能独白,他们的言语基本上都是情境言语。3—4岁幼儿的

语言仍然带有情境性,他们在说话中多运用不连贯的、不完整的句子,并且伴随各种手势,如果别人听不懂他的意思,或者要求他作出解释,他会表现出反感或困惑。

随着年龄的增长,情境语言的比重逐渐下降,连贯语言的比重逐渐上升。连贯语言的发展使幼儿能够独立地、完整地、详细地表述自己的思想,在这个基础上,儿童能进行独白言语。连贯语言和独白语言的发展,不但促进幼儿语言表达能力的提高,而且促进幼儿逻辑思维的形成和独立性的加强。同时,连贯语言和独白语言的发展,又依赖于幼儿逻辑思维的发展。

(3) 讲述的逻辑性不断发展

幼儿在独立讲述中,逻辑性水平逐渐提高,能讲述清楚的人数随着年龄增长而增长。3—4岁幼儿的讲述常常主题思想不够明确,层次不清楚,往往只是单纯对现象进行罗列,这种情况在这个年龄阶段最为突出,但是随着年龄的增长,情况会有所好转。4岁与5岁的幼儿差别不大。他们在讲述时,用的语句非常多,表面上看来讲话流利,好像很"能说"。但是,如果仔细分析,他们的讲述往往主题不突出,层次和顺序不清楚,事物之间关系混乱,使别人无法了解其谈话内容。5—6岁幼儿在看图讲述时过于具体和琐碎,不能够突出主要情节。

所以,对幼儿来说,讲述逻辑性的发展需要有意识地按照年龄阶段专门进行培养。

5. 逐渐掌握言语表情技巧

幼儿不但可以学会完整、连贯而有逻辑地表述自己的思想,而且能够根据具体需要恰当地运用声音的高低、强弱、快慢、停顿等语气和声调的变化,使语言能更好地表达自己的思想感情,成为有感染力的手段。

儿童在掌握语言表述的过程中可能会产生一种言语障碍——口吃。口吃是语言的节律障碍,表现为说话中不正确的停顿和重复。出现口吃的孩子,部分是由生理原因造成的,更多的是由于心理原因导致的,一般出现在2—4岁的孩子身上,2—3岁一般是口吃开始发生的年龄,3—4岁是口吃发生的常见期。

产生口吃的心理原因之一是幼儿说话时过于急躁、紧张。2—3岁幼儿的语言机制还不完善,当儿童急于表达自己的思想时,容易出现言语流节奏的障碍。也就是在发音系统还没有完成说话的准备时,幼儿已经有了发音的冲动,造成先发出的语音和后来应该发出的语音之间的脱节,也就是发音连续动作的不恰当的停顿和割裂。导致这种现象的情况可能有两种:一是幼儿头脑中储存了许多语言信息,但是说话时回忆语言模式的速度相对较快,但说出语言的速度相对较慢,导致言语流的脱节。二是幼儿开始说话后,找不到合适的词语进行表达。两种情况都会使幼儿出现过度激动和紧张,这种紧张状态抑制了发音系统,于是出现了发音的停滞和重复。多次的发音停滞和重复使幼儿形成了条件反射,所以,每次遇到类似的情况时,就会发生同样的抑制现象,最后导致口吃的发生。

幼儿的口吃还可能来自模仿。因为幼儿的好奇心和好模仿的心理特点,使他们觉得口吃非常"新鲜"、"好玩",便会加以模仿,不自觉地形成了不好的表达习惯。

解除紧张是矫正口吃的重要方法。特别是4岁以后,幼儿已经有了对自己语言的意识,但如果成人对他的口吃现象加以斥责或急于要求幼儿改正,都将会加剧其紧张情绪,不利于口吃的矫正,反倒可能导致口吃的恶性循环。这种情况发展下去,可能会影响儿童良好性格的形成。

> **知识拓展**
>
> **儿童的交流障碍**
>
> 　　这一时期,一部分儿童可能存在交流障碍。有研究表明,大约3—5%具有交流障碍。这类儿童通常智力正常,但是,他们难以学会生词,掌握的语法十分简单,能够说出的句子类型很少,句子的结构变化不大,言语表达有困难(如说话时经常遗漏必要的信息、口吃),而且在理解语言方面也有困难,如难以理解某些词或语法。他们经常遭到同伴的嘲弄或攻击,比较自卑,在社交活动中表现出消极、退缩。研究表明,这种障碍通常与儿童在学校的表现(如学习成绩有关)。
>
> ［资料来源］谷传华.儿童心理学［M］.北京:中国轻工业出版社,2010:198.

## 四、学前儿童言语能力的培养

学前儿童的言语主要是在社会环境与教育的共同影响下形成和发展起来的,人们早期语言的发展会直接影响到个体一生语言的发展。鉴于此,成人应该重视学前儿童言语的发展和培养。

### (一) 0—3岁婴儿言语能力的培养

对0—3岁的婴儿来说,主要是培养倾听能力和口语能力,在这个基础上,其他能力会随着年龄的增长而逐步学会。0—3岁是婴儿学习口头言语的最佳时期。

在这一时期,成人要创设适合儿童语言发展的自然真实的环境,使儿童在没有任何外界压力的情况下,完全依据自身的认知能力和特点去认识外界世界,接受外界信息,并积极主动地表达自己的想法。

1. 认真培养倾听的能力和习惯

听是说的基础,倾听别人说话的能力,包括听的兴趣和态度、听和看的结合以及听音辨音的能力。

(1) 与新生儿说话。婴儿一出生就有了听力,一周后就可以分辨出妈妈的声音。所以,婴儿一出生,成人要经常和他说话、交流感情,交流时要注意声音要柔和、亲切,语调要尽量夸张,但声音不要太大。既能让儿童感受到父母的爱,又可以引起儿童愉快的情绪,从而越来越喜欢与人交流。

(2) 模仿婴儿的发音。4—8个月的时候,成人可以跟婴儿对话,这是一种促进婴儿发音器官发展的重要的锻炼方法。婴儿发出什么语音,成人也学他的声音进行强化,促使婴儿更多的发音。

(3) 让婴儿模仿成人发音。模仿是学说话的基本方法。从9个月开始就可以有意识地让婴儿模仿成人的语音,成人可以经常面带微笑,夸张自己发音的口型,反复说一个音,让婴儿模仿。

(4) 把说话和情景紧密结合起来,是使婴儿理解语音的主要方法。让婴儿学会理解词义,就必须使实物(玩具、图片等)和语音同时出现在他们面前或者使动作和语音同时出现。

(5) 培养婴儿倾听的能力。在新生儿阶段,主要是用悦耳的声音吸引他,让其感到好奇,培养他听话和说话的兴趣,然后逐渐培养婴儿集中注意听的能力。

(6) 2—3 岁时还要培养婴儿逐步养成倾听时的文明习惯。例如,听别人说话时不要随意插嘴,眼睛要看着对方等等。

2. 表达能力的培养

表达能力就是说话能力。儿童的说话能力主要表现为对话和自言自语。零至一岁半的孩子一般只能用单词句、手势、表情等回应成人的话,一岁半至三岁是培养表达能力的重点。

(1) 教儿童学说短句子。对儿童说话时,要十分注意自己言语的规范性,要充分利用儿童同自然接触、与社会接触的机会,教会儿童理解更多的词义。

(2) 鼓励儿童说话。这是帮助培养儿童言语能力的一个基本方法。让儿童喜欢说话,就必须让他们感受到说话的乐趣,使他们产生说话的愿望。

(3) 在生活中引导儿童说话。比如吃饭、穿衣、逛公园等等时机都可以引导儿童进行表达。

(4) 游戏中要引导儿童说话。在游戏中,尽量多地引导儿童进行表达,丰富儿童的语言。

(5) 讲故事、讲图片、念儿歌都是培养儿童说话能力的好方法。可以尝试让儿童在成人讲的时候鼓励孩子进行补充,逐渐使儿童学会一些书面言语。

(二) 3—6 岁幼儿言语能力的培养

学前儿童的言语是在后天社会环境中,通过言语实践逐步发展起来的。言语交往实践对学前儿童言语的发展有很大作用,从小受到较多言语刺激的儿童,他的言语发展速度也较快。

根据幼儿言语发展的规律和特点,在培养幼儿口语发展中,应该注意以下几个方面:

1. 创造条件,激发幼儿言语交往的需要

幼儿本身言语交往的需要对其言语发展非常重要。所以,我们要创设尽量多的条件,激发幼儿进行交往的需要。

首先,亲子之间的交往可以满足幼儿一定的言语交往需要。父母和幼儿交谈时,要耐心把幼儿的话听完,这样会使幼儿感到放松和受到尊重,增加其言语表述的积极性。

其次,要创造条件,增加幼儿与同伴之间的交往机会。幼儿之间用言语沟通,互相学习语言,比幼儿与成人之间进行言语交往和向成人学习语言更为容易。

最后,重视幼儿的幼儿园生活。幼儿在园的时间比较长,教师要特别注意创造言语环境,有意识地在生活的各个环节创设机会,让幼儿进行交流。

2. 讲究方法,加强对学前儿童言语的训练

幼儿学习语言有两个基本途径:一是模仿,二是强化。

模仿是婴幼儿学习最主要的学习方式,儿童对成人言语都会不自觉地进行模仿,所以要求成人要提供正确的、规范的榜样。

强化是幼儿学习语言很重要的方法,如果幼儿在正确说出自己的需要时,得到满意的反馈,他就获得正强化,否则,就是负强化。良好的方法可以加强对幼儿言语的训练,取得良好的效果。

3. 鼓励言语创造性的发展

幼儿在学习和使用语言中的创造性是不可低估的,他们会根据自己的经验去创造,把学习到的词语迁移到新的语言环境下,这样所积累的经验越来越丰富,孩子的语言发展也会很快。

4. 培养"前读写"兴趣

幼儿期是学习口头语言的时期,也是培养读写兴趣的重要时期。既然以培养读写兴趣为重点,所以,要求成人要多鼓励幼儿的学习积极性,肯定幼儿的学习态度和成绩。

## 实践实训

1. 一个3岁的孩子向别人讲述昨晚自己做的事情时说:"看见解放军了,在电影上打仗,太勇敢了,妈妈带我去的,还有爸爸。"讲的时候好像别人已经了解了他要讲的内容似的,一边讲一边做出一些手势和表情。

该幼儿言语表达有什么特点?这是一种什么言语?

**分析:** 该幼儿为3岁的孩子,口语发展属于完整句阶段。这时期幼儿言语表达特点有四点为:能说出简单的完整句,并出现复合句;词汇量迅速增加;言语理解能力不断提高;言语表达仍不够流畅。

2. 妈妈把做好的红烧排骨放在餐桌上,一岁3个月的孩子看不到餐桌上的食物,但是闻到了食物的香味,于是踮起脚看着餐桌,说:"肉,肉肉。"开始吃饭时,妈妈把他放在餐椅上,他指着红烧肉急切地说:"妈妈肉,妈妈肉。"拿到一根排骨吃完以后,他面带笑容对旁边的奶奶说:"奶奶肉!"

请分析该幼儿三次说到的肉所表达的含义,并说明幼儿语法发展特点。

**分析:**

三次说"肉"的含义分别为:第一次"肉,肉肉"的含义是实指"肉"。第二次"妈妈肉,妈妈肉"的含义是"妈妈,我要吃肉"。第三次"奶奶肉"的含义是"奶奶吃肉"。

语法发展的特点:

(1) 从不完整句到完整句;

(2) 从简单句到复合句;

(3) 从无修饰句到修饰句;

(4) 句子从短到长。

## 思考与练习

1. 学前儿童的言语准备包括了哪些方面?
2. 简析学前儿童的言语功能。
3. 最近,一位母亲来信反映他3岁半的孩子患口吃至今已整整一年多,表现为一说话便高度紧张,言语断断续续,在人多的场合更是如此,虽然夫妇俩经常提醒,纠正孩子的说话,有时甚至吓唬孩子、惩罚孩子,但收效很小,孩子已经变得十分沉默、自卑。据这位母亲反映,他们夫妇俩及孩子的直系亲属的语言能力均属于正常,孩子的听觉、发音等器官及相关的言语系统经医院检查也无异常,这位母亲十分焦虑、苦恼,但也不知道怎样做才好,请你帮这位母亲就其孩子患口吃的原因进行分析,并提出有效的矫正方法。

扫一扫二维码
轻松获取单元
习题及答案

# 单元九　学前儿童情绪情感的发展

1. 了解情绪情感在学前儿童心理发展中的作用；
2. 了解情绪情感发展的基本理论；
3. 掌握学前儿童情感发展的趋势；
4. 初步学会运用学前儿童情感发展的基本理论知识，评价幼儿情感发展的能力及促进学前儿童情感发展的策略。

## 一、学前儿童情绪情感发展概述

### (一) 情绪情感的概念

生活中，当我们顺利完成了某项活动并取得了不错的成绩，我们会满心欢喜；听到了感人的故事，我们会感动地潸然泪下；遇到不公平的事情，我们会愤愤不平。这些伴随着认识过程产生的内心体验属于人的情绪情感过程。那什么是情绪情感呢？

1. 情绪情感的定义

情绪情感是客观事物是否能够满足人的需要所产生的主观体验。一般来说，情绪情感的产生以需要为中介，当我们的需要得到满足时，会产生积极的情感体验；当我们的需要得不到满足时，则产生消极的情感体验。同时，情绪情感是一种主观体验，在同样的情况下，由于个体需要的不同，产生的情绪情感体验也会不同。

2. 情绪情感的区别和联系

(1) 区别

首先，情绪出现较早，是人和动物共有的；情感出现较晚，是在个体的社会生活中逐渐发展起来，是人类特有的。

其次，情绪主要和人的生理需要相联系；情感多与人的社会需要相联系。

最后，情绪具有情境性和不稳定性，会随着情境的变化而变化；情感则具有深刻性和稳定性。

(2) 联系

一方面,情感是在多次情绪体验的基础上形成的,并通过情绪表现出来;另一方面,情绪受情感的制约和调节。情绪是情感的基础和外部表现,情感是情绪的本质内容和深化。两者关系密切,彼此依存,因此人们常把情绪、情感通用。

## (二) 情绪的状态

### 1. 心境

心境是一种持久的、弥散的、富有感染色彩的情绪状态。俗语"人逢喜事精神爽"指的就是一种心境,是指发生在我们身上的喜事能让我们长时间保持良好的精神状态。同样,"清明时节雨纷纷,路上行人欲断魂"指的就是另外一种心境了。

生活中的顺境、逆境、工作、学习上的成功或失败经验,人际关系的变化,健康状况及主体的主观认识等都是引起心境的原因。

### 2. 激情

激情是一种短暂的、强烈的情绪状态,比如狂喜、暴怒、绝望等。激情往往由重大的、突如其来的事件引起。在激情状态下,人能做出平常做不出来的事情,发挥出意想不到的潜能,也会使人的认识范围变得狭窄,分析能力和自我控制能力降低。

### 3. 应激

应激是指意外的、紧张和危急情况下产生的情绪状态,是个体对某种意外的刺激做出的适应性反应。日常生活中,人们面对某种意外的紧急情况下,往往当机立断,采取有效的措施应对紧急情况,此时的高度紧张状态即为应激状态。应激状态是一种行为的保护机制,长期处在应激状态下,会损害人的健康。

## (三) 高级情感的种类

### 1. 道德感

道德感是对自己和他人的言行是否符合一定的道德标准所产生的情感体验。不同的时代有不同的道德标准,不同的个体也有不同的道德标准。当别人或自己的言行符合一定的道德标准时,会产生宽慰、自豪和幸福感。反之,就会产生气愤、不安和愧疚等消极的情感体验。

### 2. 理智感

理智感是指人们在认识活动中产生的情感体验。它与个体的求知欲、好奇心、解决问题的需要是否满足密切相关,是推动个体认识世界的强大动力。当我们的好奇心、求知欲得到满足时会产生喜悦感和幸福感。反之,则会伴随着疑虑和不安。

### 3. 美感

美感是根据一定的审美标准来评价事物时所产生的情感体验。在日常生活中,凡是符合我们审美标准的事物都能引起我们美的体验。比如,美丽的风景、优美、绚丽、优雅的举止等都能让我们感受到美的体验。个体的审美标准和审美能力不同,对于美的认识和体验也各不相同。

## (四) 情绪情感在学前儿童心理发展中的作用

情绪情感在学前儿童的心理发展过程中起着非常重要的作用,具体表现在以下几个方面:

### 1. 情绪情感的动机作用

情绪情感是儿童心理活动和行为的激发者和组织者。儿童是情绪的俘虏,学前儿童的心理活动更是直接受情绪的推动。愉快、喜欢等积极的情绪体验推动儿童去接近、去发现、去探索他们感兴趣的事物;恐惧和愤怒的情绪则会引起幼儿的退缩行为和攻击行为。比如,幼儿喜欢幼儿园,就愿意每天去幼儿园跟老师在一起参加各种活动。反之,对于不喜欢幼儿园的幼儿来说,则很难做到。

2. 情绪情感对认知发展的作用

情绪情感和认知关系密切。一方面,认识是情绪情感产生的基础,所谓"知之深爱之切"。另一方面情绪情感也对认知过程产生重要的调节作用,积极的情绪情感能促进学前儿童的认知活动,消极的情绪情感则会妨碍学前儿童的认知活动。孟昭兰(1984,1985)的研究表明,愉快的情绪强度与幼儿的操作效果之间呈倒 U 型相关,即中等强度的愉快情绪能使智力操作达到最好;负面情绪如痛苦、惧怕的情绪强度与操作效果之间呈直线相关,即负面情绪的强度越大,操作效果越差。

3. 情绪情感对人际交往的作用

情绪情感具有丰富的表现力,人们可以通过表情相互表达思想和交流情感。表情是人际交往的重要手段,在没有掌握语言之前,儿童主要靠表情与成人进行交往。在婴幼儿掌握语言之后,表情仍然是儿童交往的重要手段,幼儿常常用表情辅助自己的语言表达。学前儿童可以通过成人的表情了解成人对自己的态度,幼儿园老师也可以通过幼儿的表情了解幼儿情绪发展是否正常,发现儿童发展中存在的问题,及时进行教育。

4. 情绪情感对个性发展的作用

个性是在后天的环境影响下逐步形成的,幼儿期是个性开始形成的重要时期。儿童在与不同的人、事物的接触中,逐渐形成了对不同人、不同事物的不同的情绪态度。成人如果能满足儿童的合理需求,给幼儿及时的关爱和鼓励,且带给幼儿积极的情感体验,逐渐使幼儿形成积极的情感态度和情感表达习惯,有助于活泼、开朗、自信的性格的形成。反之,如果幼儿长期处在合理需要得不到及时满足,处于冷漠、忽视的环境下,则会形成消极的情感态度和表达习惯,形成孤僻、抑郁、胆怯等消极的性格特征。

## 二、学前儿童情绪情感的发生和发展

### (一) 情绪情感的发生

儿童出生后,就可以产生情绪。初生的婴儿即有情绪反应,如新生儿或哭,或安静,或四肢舞动等,都可以称为原始的情绪反应。

原始的情绪反应与生理需要是否得到满足直接相关,是儿童与生俱来的本能。

### (二) 情绪情感发展的基本理论

1. 华生关于情绪的研究

华生根据对 500 多名初生婴儿的观察提出,婴儿天生的情绪反应有三种:

(1) 怕

华生认为引起婴儿怕的原因主要是大声和失持。大声会引起婴儿的惊跳,肌肉猛缩,继之以哭;当身体突然失去支持,婴儿则会发抖、大哭、呼吸急促、双手乱抓。

(2) 怒

华生认为婴儿的活动被限制就会引起怒。当婴儿的活动被成人限制时,婴儿会发怒,身体挺直或手脚乱蹬。

(3) 爱

爱由抚摸、轻拍或触及身体敏感区域产生。如抚摸或柔和地轻拍婴儿,特别是皮肤的敏感区域,如唇、耳、颈、背等,婴儿会产生一种广泛的松弛反应,或是展开手指、脚趾。

2. 布里奇斯的儿童情绪发展理论

布里奇斯于1932年提出一个新的观点:新生儿的情绪只是一种弥散性的兴奋或激动,是一种杂乱无章的未分化的反应,主要由一些强烈的刺激引起,包括内脏和肌肉的不协调的反应。在以后学习和成熟的作用下,各种不同的情绪才逐渐分化出来。

布里奇斯认为,初生婴儿只有未分化的一般性的激动,表现为皱眉和哭的反应;3个月时分化为快乐、痛苦两种情绪;6个月时,痛苦又进一步分化为愤怒、厌恶、害怕三种情绪;12个月时,快乐情绪又分化出高兴和喜爱;18个月时,分化出喜悦与妒忌。

3. 林传鼎的儿童情绪发展理论

我国的心理学家林传鼎亲身观察了500多个出生1—10天的新生儿的动作变化,根据其观察提出了自己的观点(1963)。他认为,新生儿已具有两种完全可以分清的情绪反应,即愉快和不愉快。愉快的反应是一种积极生动的反应,它表现为某些自然动作,尤其是四肢末端的自由动作的增加,且不僵硬;不愉快的情绪反应表现为自然动作的简单增加,如连续哭叫、脚蹬手刨等。

他认为儿童情绪分化的过程可以分为三个阶段:

(1) 泛化阶段(0—1岁)

这一阶段儿童的情绪反应比较笼统,而且往往是生理需要引起的情绪占优势。

半个月至3个月,会出现6种情绪:欲求、喜悦、厌恶、忿急、烦闷、惊骇。但这些情绪不是高度分化的,只是在愉快与不愉快的基础上增加了一些面部表情。4—6个月,开始出现由社会性需要引起的喜欢、忿急。

(2) 分化阶段(1—5岁)

这一阶段儿童情绪开始多样化,从3岁开始,陆续产生了同情、尊重、爱等20多种情感,同时一些高级情感开始萌芽,如道德感、美感。

(3) 系统化阶段(5岁以后)

这一阶段的基本特征是情绪生活的高度社会化。这个时期道德感、美感、理智感等多种高级情绪达到一定的水平,有关世界观形成的情绪初步建立。

4. 伊扎德的儿童情绪发展理论

伊扎德运用新的技术手段研究婴儿的情绪表达能力。他利用摄像机记录下婴儿与母亲在一起的情景(如玩具被抢走等)中出现的表情,然后让不知事件发生原因的被试根据录像中婴儿的表情来判断婴儿的情绪,结果判断相当一致。

根据研究的结果伊扎德认为婴儿出生时具有五大情绪:惊奇、痛苦、厌恶、最初步的微笑和兴趣;4—6周时,出现社会性微笑;3—4个月时,出现愤怒、悲伤;5—7个月时,出现惧怕;6—8个月时,出现害羞;半岁至1岁,出现依恋、分离伤心、陌生人恐惧;1岁半左右,出现羞愧、自豪、骄傲、操作焦虑、内疚和同情等。

**(三) 学前儿童情绪情感发展的一般趋势**

学前儿童情绪情感的发展主要体现在三个方面:社会化、丰富和深刻化、自我调节化。

1. 情绪情感的社会化

学前儿童最初的情绪与生理需要相联系,随着年龄的增长,情绪逐渐与社会性需要相联系。具体表现在以下三个方面:

(1) 情绪中社会交往的成分不断增加

儿童早期的情感反应大多和生理需要紧密相连,幼儿期随着儿童社会交往的增多,幼儿的情绪情感更多地在社会交往中表现出来。幼儿情绪中,涉及社会性交往的内容,随着年龄的增长而增加。美国心理学家爱姆斯利用两年的时间,对幼儿交往中的微笑进行了系统观察和研究,结果表明:从1岁半到3岁,非社会性微笑的比例下降,社交性微笑的比例则有所增长。法国心理学家列鲁阿·布斯旺类似的研究表明,在同一情况下,8岁儿童比4岁幼儿在看电影时的情感交往次数有所增加;4岁幼儿看电影时主要同教师交往,而8岁儿童则主要同邻近儿童交往。以上的研究都表明,幼儿情绪中社会交往的成分随年龄的增长而增长。

(2) 情绪反应的社会性动因不断增加

生理需要是否得到满足,是1岁前儿童情绪反应的主要动因。而1—3岁幼儿情绪反应的动因除了与满足生理需要有关的事物外,还有大量与社会需要有关的事物。在此阶段儿童有独立做事情的需要,父母不同的教育方式,会引起孩子不同的情绪体验。但总的来说,3岁前生理需要是儿童情绪的主要动因。3—4岁的儿童,情绪动因处于主要为满足生理需要,向主要为满足社会性需要的过渡阶段。幼儿园小班儿童的情感体验,往往多与生理需要相连,而且与日常生活习惯方面的问题紧密相关。中大班儿童的情感体验更多的和社会需要相联系,和集体生活以及教师、同伴之间的关系相关。幼儿希望被人注意、重视、关爱,要求与别人交往。与人交往的社会性需要是否得到满足及人际关系状况如何直接影响着幼儿情绪的产生和性质。如果成人对幼儿不理睬,或者其他幼儿不和他一起玩,这对他来说,就是一种惩罚手段,会使他感到烦恼不安,甚至痛苦。

(3) 表情的社会化

表情是情绪的外部表现,表情有面部表情、肢体表情和言语表情。表情所提供的信息对幼儿和成人交往的发展与社会性发展起着特别重要的作用。

儿童表情社会化的发展主要包括两个方面:一是理解(辨别)面部表情的能力,二是运用社会化表情手段的能力。

① 理解(辨别)面部表情的能力

理解(辨别)面部表情的能力又与社会性认知有着密切联系。近1岁的婴儿已经能够笼统地辨别成人的表情。例如,对他微笑,他会笑;如果接着立即对他装出严厉的表情,婴儿会马上哭起来。有研究表明,小班的幼儿已经能够辨认别人高兴的表情,对愤怒表情的识别则大约在幼儿上中班开始。

> **知识扩展**
>
> **情绪的社会性参照**
>
> 　　情绪的社会性参照（social referencing）是婴儿情绪社会化的一种重要现象和过程,充分显示了情绪的信号作用和人际通信交往功能,是情绪社会化的重要方面。
>
> 　　当婴儿处于陌生的、不确定的情境时,他们往往从成人的面孔上搜寻表情信息,然后决定自己的行动。比如,当婴儿遇到陌生人递过的一个玩具时,当爬到视崖中间平地和深崖的交界处时,婴儿会犹豫不决、迟疑不定。这时,他们会抬起头来看母亲,试图从母亲面孔上搜寻能够帮助确定当前情境的信息,然后再采取相应的行动或作出相应的反应。这一现象我们即称做情绪的社会性参照。
>
> 　　情绪的社会性参照是在婴儿发展的特定时期发生的人际情绪的交流和他人情绪信息的利用,是在一种特定情境中发生的特定情绪交流模式。它包含了婴儿对他人情绪的分辨和如何利用这些情绪信息来指导自己的行为。
>
> 　　情绪的社会性参照对婴儿的发展具有极其重要的意义,特别是对于0.5—1.5岁的婴儿,其语言能力尚未发展,情绪的社会性参照能帮助婴儿超越仅仅回应他人信息的阶段,能通过这些信息来确定他人的内在心理状态和偏好,并以此来决定自己的行为(Saarni, Miunne & Campos,1998)。情绪的社会性参照在很大程度上决定着婴儿的生活质量和发展机会。婴儿与成人的主动的情绪交流,参照成人的情绪信息,能使婴儿避免、摆脱许多险境和危险物体,并有利于婴儿行为的调整与改变。同时,婴儿经常与成人分享情绪体验,共享同样的情感,有助于丰富婴儿的情感世界,密切母子、父子亲情。积极的社会性参照更能成为婴儿认知发展的媒介,促进婴儿探索新异情境和事物,进一步扩大活动范围,发展智慧能力。值得注意的是,要注意避免消极的社会性参照,因为不适宜的参照信息与条件同样会对婴儿起作用,导致婴儿不良的情绪和行为体验,形成消极、懦弱的性格,限制婴儿的探索和操作,阻碍其智力发展。

　　② 运用社会化表情的能力

　　理解(辨别)面部表情的能力是运用社会化表情的能力的基础。儿童从2岁开始,已经能够运用表情手段去影响别人,并学会在不同的场合用不同方式表达同一种情绪。

　　研究表明,随着年龄的增长,儿童解释面部表情和运用表情手段的能力都有所增长。

　　2. 丰富深刻化

　　从情绪指向的事物来看,其发展趋势是越来越丰富和深刻。

　　情绪日益丰富有两个含义：一是情绪过程越来越分化。这一点在前面情绪的分化中已经涉及,刚出生的婴儿只有少数的几种情绪,随着年龄的增长不断分化、增加。二是情绪指向的事物不断增加。随着幼儿认识范围的扩大,先前不能引起幼儿体验的事物,后来也引起了幼儿的情感体验,如亲密的情感。首先是对父母或其他照顾婴儿的成人,然后是对兄弟姐妹和家中其他成员有了这种情感。进入幼儿园以后,先是对老师,然后对小朋友有了亲密的情感。

情绪的深化,是指它指向的事物性质的变化,从指向事物的表面到指向事物更内在的特点。这和儿童的认知发展水平密切相关。例如,被成人抱起来,较小的儿童会感到亲切,较大的儿童会感到难为情;年龄小的儿童对父母的依恋,主要由于父母满足其基本生活需要,年长的儿童则已经包括对父母的尊重和支持等内容。

3. 自我调节化

随着年龄的增长,婴幼儿对情绪过程的自我调节能力得到加强,主要表现在三方面:

(1) 情绪的冲动性逐渐减少

由于大脑皮质的兴奋容易扩散,皮质对皮下中枢的控制能力发展不足,幼儿常常处于激动的情绪状态。在日常生活中,婴幼儿往往由于某种刺激的出现而非常兴奋,情绪冲动强烈。这种情绪的冲动性还常常表现在幼儿用过激的动作和行为表现自己的情绪。比如,当幼儿看到故事书里的"大灰狼",常常把它抠掉或者涂黑。随着幼儿的发育以及语言的发展,情绪的冲动性逐渐减少。

幼儿对自己情绪的控制,起初是被动的,会服从于成人的要求而控制自己的情感。直到幼儿晚期(5—6,7岁),幼儿对情绪的自我调节能力才逐渐发展。成人经常不断的教育和要求,以及幼儿的集体活动和集体生活的要求,都有利于他们逐渐养成控制自己情绪的能力,减少冲动性。

(2) 情绪的稳定性逐渐提高

俗话说"孩子的脸,六月里的天,说变就变"。婴幼儿的情绪非常不稳定,具有情境性、易变性、易受感染的特点。婴幼儿的两种对立情绪,常常在很短的时间内相互转换,随着情境的变化而迅速变化。

幼儿晚期情绪较少受一般人的感染,但仍然易受家长和教师的感染。随着年龄的增长,幼儿对情绪情感的自我调节能力逐步加强,情绪逐渐趋于稳定。

(3) 情绪从外露到内隐

幼儿初期(3—4岁)的幼儿还不能意识到自己情绪的外部表现,情绪完全外露,丝毫不加掩饰。随着语言和幼儿心理活动随意性的发展,幼儿逐渐能够调节自己的情感及其外部表现,这一阶段的幼儿,从不会调节自己的情绪表现,到开始产生要控制自己情绪表现的意识,但还不能完全控制自己的情绪表现,因此,情绪仍然是明显的外露。幼儿早期情绪外露的特点,有助于我们及时了解孩子的情绪状态,并给予正确的引导和帮助。

幼儿晚期(5—6,7岁)幼儿调节自己情绪表现的能力已有一定的发展,能较多地调节自己情感的外部表现,情绪逐步内隐,需要成人仔细观察和了解幼儿的情绪体验。

### 三、学前期基本情绪和高级情感的发展

(一) 学前儿童基本情绪的发展

1. 哭

儿童出生后,最明显的情绪表现就是哭。哭代表不愉快的情绪。新生儿哭的原因主要是由于饿、冷、痛、睡眠被打扰和活动被限制引起的,主要是生理性的哭。随着年龄的增长,哭逐

渐带有社会性。

婴儿的啼哭有以下几种形式：

（1）饥饿的哭，有节奏，频率是250—450 Hz。啼哭时伴有闭眼，双脚乱蹬。

（2）发怒的哭，因为婴儿发怒时用力吸气，迫使大量空气从声带通过，这种哭声音往往失真。

（3）疼痛的哭，事先没有呜咽，也没有缓慢的哭泣，而是突然高声大哭。拉直了嗓门连哭数秒，接着平静地呼气，再吸气，然后又呼气，由此引起一连串的叫声。这种哭声突然而强烈，声音很响，极度不安，脸上带有痛苦的表情。

（4）恐惧或惊吓的哭，突然发作，强烈刺耳，伴有时间间隔较短的嚎叫。

（5）不称心的哭，这种啼哭是在无声中开始的，起初两三声是缓慢而拖长的，持续不断，悲悲切切。

（6）吸引别人注意的哭，婴儿从第三周开始出现这种啼哭。这种哭先是哼哼唧唧，低沉单调，断断续续。如果还没有人过来照料他，就会大哭起来。

成人应该善于辨别婴儿啼哭所发出的信号，根据不同的情况，给予相应的处理。同时婴儿的哭带有明显的个体差异和性别差异。

随着年龄的增长，儿童的啼哭会减少。一方面是由于婴儿对外界环境和成人的适应能力逐渐增强，周围成人对婴儿的适应性也逐渐改善，从而减少了婴儿的不愉快情绪。另一方面，儿童逐渐学会了用动作和语言来表示自己不愉快的情绪和需求，取代了哭的情绪。

2. 笑

笑是愉快情绪的表现，儿童的笑比哭发生的晚。笑主要有以下三种形式：

一是自发性的笑，也称为"内源性的微笑"，是指由生理的最佳状态而引发的一种弥漫性的舒适状况，表现为"嘴的微笑"。婴儿最初的笑是自发性的，是一种生理表现，不是社交的表情手段。这种自发性的笑会在3个月以后逐渐减少。

二是诱发性的笑，这种微笑是由外源性刺激引起的，如会动的、能发出声音的玩具或人的脸。此时，婴儿还不能区分那些对他有特殊意义的个体，比如母亲，所以这种微笑也是反射性的笑。

三是社会性的微笑，4个月左右，婴儿出现有差别的微笑。面对熟悉的照顾者，他们露出最开心的微笑，而对陌生人则表情严肃、警惕，即使微笑，也非常短暂，转瞬即逝。这种有选择的社会性微笑增加了婴儿与照顾者间的情感联系，是最初的社会性微笑。

3. 恐惧

恐惧的分化也经历了以下几个阶段：

（1）本能的恐惧

恐惧是婴儿出生就有的情绪反应，甚至可以说是本能的反应。最初的恐惧是由巨大的声响和失持引起的，和听觉、肤觉、肌体觉刺激有关，和视觉刺激没有关系。

（2）与知觉和经验相联系的恐惧

婴儿从4个月左右开始，开始出现与知觉发展相联系的恐惧。引起过不愉快经验的刺激会激起恐惧情绪,主要作用也是从这个时候开始。"高空恐惧"就是伴随着高度的体验而出现的。

(3) 怕生

所谓怕生,可以说是对陌生刺激物的恐惧反应。怕生与依恋情绪同时产生,一般在6个月左右出现。伴随婴儿对母亲依恋的形成,怕生情绪也逐渐明显、强烈。研究表明,怕生与父母是否在场、环境的熟悉程度、陌生人的特点、婴儿与母亲的亲密程度及抚养者的多少密切相关。

(4) 预测性的恐惧

2岁左右的婴儿,随着想象的发展,出现了怕黑、怕坏人等预测性的恐惧,这些都是和想象相联系的恐惧情绪。婴幼儿容易把想象和现实相混淆,当他们听故事或者是做游戏时,会随着情节的展开进行无意想象,从而引起恐惧。由于语言在儿童心理发展中作用的增加,成人可以通过讲解及其肯定、鼓励等来帮助儿童克服这一种恐惧。

> **知识拓展**
>
> **恐惧是如何形成的**
>
> 1920年,行为主义心理学的代表人物华生及其助手进行了心理学史上一次著名的实验。该实验揭示了在一个婴儿身上是如何形成对恐惧的条件反应的。
>
> 实验对象是一个叫阿尔伯特的小男孩,当他还只有9个月大的时候,研究者把一只白色的老鼠放在他身边,起初他一点都不害怕;可是,当用一把锤子在他脑后敲响一根钢轨,发出一声巨响时,他猛地一打颤,躲闪着要离开,表现出害怕的神态。在给他两个月的时间使这次经历淡忘后,研究者又开始试验。当一只白鼠放在阿尔伯特的面前,他好像看到了一个特别新奇有趣的玩具,伸出手去抓它;就在孩子的手在碰到白鼠时,他的脑后又响起了钢轨敲响的声音,他就猛地一跳,向前扑倒,把脸埋在床垫里面。第二次试的时候,阿尔伯特又想用手去抓,当他快要抓住的时候,钢轨又在身后响起。这时,阿尔伯特跳起来,向前扑倒,开始啜泣。
>
> 此后,又进行了几次这样的试验,把老鼠放在阿尔伯特身边,钢轨在他脑后震响,阿尔伯特对老鼠形成了完全的恐惧条件反应,华生后来在实验报告中写道:
>
> "老鼠一出现,婴儿就开始哭。他几乎立即向左侧猛地一转身,倒塌在左侧,用四肢撑起身体快速地爬动,在他到达试验台的边缘前,用了相当大的劲才抱住他。"
>
> 更进一步的实验显示,阿尔伯特对其他毛茸茸的东西也产生了恐惧:兔子、狗、皮大衣、绒毛玩具娃娃,还有华生装圣诞老人戴的面罩,小阿尔波特的害怕"泛化"了。停止一个多月以后,又对阿尔伯特进行试验,正如研究者所预测的,他哭了起来,对老鼠和一切展现在他面前的毛茸茸的刺激都感到害怕,这时候,并没有任何钢轨敲击的声音。

4. 焦虑

婴幼儿的焦虑往往与环境的无助状态有关,集中表现为陌生人焦虑和分离焦虑。

陌生人焦虑是指婴幼儿对陌生人的警觉反应。心理学实验发现,大多数婴儿在形成对亲人的依恋之后会一直对陌生人作出积极反应(通常在7个月以前),但从六、七个月以后,他们开始害怕陌生人;8—10个月时最为严重,一周岁以后强度逐渐减弱。这种陌生人焦虑到两岁、三岁、四岁时还没有完全消失,尤其是在陌生环境里接近陌生人时,他们还会表现出警觉。

分离焦虑是指婴幼儿因与亲人分离而引起的焦虑、不安或不愉快的情绪反应。分离焦虑一般出现在6—8个月,14—18个月达到顶峰。鲍尔比(Bowlby)通过观察把婴儿的分离焦虑分为三个阶段:

反抗阶段——嚎啕大哭,又踢又闹;

失望阶段——仍然哭泣,断断续续,吵闹的动作减少,不理睬他人,表情迟钝;

超脱阶段——接受外人的照料,开始正常的活动,如吃东西,玩玩具,但是看见母亲时又会出现悲伤。

5. 依恋

依恋是婴儿寻求并企图保持与另一个人亲密的身体联系的一种倾向。这个人主要是母亲,也可以是别的抚养者或与婴儿联系密切的人,如家庭其他成员。

(1) 依恋的特点

有研究认为,婴幼儿依恋突出表现为三个特点:婴幼儿最愿意同依恋对象在一起,与其在一起时,儿童能得到最大的舒适、安慰和满足;在儿童痛苦、不安时,依恋对象比任何他人都更能抚慰他;依恋对象使儿童具有安全感。当在依恋对象身边时,儿童较少害怕;当其害怕时,最容易出现依恋行为,寻找依恋对象。

(2) 婴幼儿依恋的发展

依恋不是突然产生的,而是在儿童同主要照看者在较长时期的相互作用中逐渐建立的。根据鲍尔比(J. Bowlby)、埃斯沃斯(M. Ainsworth)等的研究,依恋发展可分为四个阶段:

① 无差别的社会反应阶段(出生—3个月)

这个时期婴儿对人的反应最大特点就是不加区别、无差别。婴儿对所有的人反应几乎都一样,喜欢所有的人,喜欢听到所有人的声音,注视所有人的脸,只要看到人的面孔或听到人的声音都会微笑、手舞足蹈、咿呀作语。

② 有差别的社会反应阶段(3—6个月)

这时期婴儿对人的反应有了区别,对母亲和他所熟悉的人及陌生人的反应是不同的,婴儿对母亲更为偏爱。婴儿在母亲面前表现出更多的微笑、咿呀学语、偎依、接近,而在其他熟悉的人面前这些反应就要相对少一些,对陌生人这些反应更少,但依然有这些反应。

③ 特殊的情感联结阶段(6个月—2岁)

婴儿进一步对母亲的存在表现出特别关切,特别愿意和母亲在一起,当母亲离开时,婴儿会哭喊着不让离开,别人不能替代。同时,只要母亲在身边,婴儿就能安心玩耍,探索周围环境,好像母亲是其安全基地。婴儿出现了明显的对母亲的依恋,形成了专门的对母亲的情感联结。与此同时,婴儿对陌生人态度变化很大,产生怯生的反应,会感到紧张、恐惧甚至哭泣等。

7—8个月时,婴儿形成对父亲的依恋。再以后,与主要抚养者的依恋关系进一步加强,儿童依恋范围进一步扩大。以后随着儿童进入集体教养机构,儿童还对老师形成依恋情感。

④ 目标调整的伙伴关系阶段(2岁以后)

2岁以后,儿童能够认识并理解母亲的情感、需要、愿望,知道她爱自己,不会抛弃自己。这时,儿童把母亲作为一个交往的伙伴,并知道交往时要考虑到她的需要和兴趣,据此调整自己的情绪和行为反应。这时与母亲空间上的邻近性就变得不那么重要了。如母亲需要干别的事情,要离开一段距离,儿童会表现出能理解,而不会大声哭闹。

(3) 依恋的类型

埃斯沃斯运用陌生情境法研究儿童的依恋,认为儿童与母亲的依恋存在三种不同类型,即安全型、回避型和反抗型依恋。这也是为其他研究者所验证和普遍接受的。

A. 安全型

这类儿童与母亲在一起时,能安逸地玩弄玩具,并不总是依偎在母亲身旁,只是偶尔需要靠近或接触母亲,更多地是用眼睛看母亲、对母亲微笑或与母亲有距离交谈。母亲在场使儿童感到足够的安全,能在陌生的环境中进行积极的探索和操作,对陌生人的反应也比较积极。当母亲离开时,其操作、探索行为会受到影响,儿童明显地表现出苦恼、不安,想寻找母亲回来。当母亲回来时,儿童会立即寻求与母亲的接触,并很容易抚慰、平静下来,继续去做游戏。这类儿童约占65—70%。

B. 回避型

这类儿童对母亲在不在场都无所谓,母亲离开时,他们并不表示反抗,很少有紧张、不安的表现;当母亲回来时,也往往不予理会,表示忽略而不是高兴,自己玩自己的。有时也会欢迎母亲的回来,但只是非常短暂地接近一下就又走开了。实际上这类儿童对母亲并没有形成特别密切的感情联结,因此,有人也把这类儿童称做"无依恋儿童"。这类儿童约占20%。

C. 反抗型

这类儿童每当母亲将要离开时就显得很警惕,当母亲离开时表现得非常苦恼、极度反抗,任何一次短暂的分离都会引起大喊大叫。但是当母亲回来时,他对母亲的态度又是矛盾的,既寻求与母亲的接触,但同时又反抗与母亲的接触,当母亲亲近他如抱他时,会生气地拒绝、推开。但是要他重新回去做游戏似乎又不太容易,他会不时地朝母亲这里看。因此,这种类型又常被称为"矛盾型依恋"。这类儿童约占10—15%。

上述三类依恋中安全型依恋为良好、积极的依恋,回避型和反抗型依恋又称不安全型依恋,是消极、不良的依恋。

(二) 学前儿童高级情感的发展

1. 道德感

先学前期,儿童道德感开始萌芽。3岁后,特别是在幼儿园的集体生活中,随着儿童掌握了各种行为规范,道德感逐渐发展起来。小班幼儿的道德感主要是指向个别行为,往往是由成人评价引起。中班幼儿的道德感比较明显地掌握了一些概括化的道德标准,他可以因为自己在行动中遵守了教师的要求而产生自豪感。中班幼儿不但关心自己的行为是否符合道德标准,而且开始关心别人的行为是否符合道德标准,由此产生相应的情绪。如他们看见小朋友违反规则会产生不满,中班幼儿常常"告状",就是道德感所激发起来的一种行为。大班幼儿的道德感进一步发展和复杂化。他们对好与坏,好人与坏人,有鲜明的不同的情绪。同时开始形成了初步的爱小朋友、爱集体的情感。

**知识拓展**

### 皮亚杰关于儿童道德的研究

皮亚杰运用讲述故事向被试提出有关道德方面的难题,然后向儿童提问。利用这种难题测定儿童是依据对物品的损坏结果还是依据主人公的行为动机作出道德判断。由于皮亚杰每次都是以成对的故事测试儿童,因此,此方法被称为对偶故事法。

下面就是其中的一个对偶故事:

一个叫约翰的小男孩在他的房间时,家里人叫他去吃饭,他走进餐厅。但在门背后有一把椅子,椅子上有一个放着15个杯子的托盘。约翰并不知道门背后有这些东西。他推门进去,门撞倒了托盘,结果15个杯子都撞碎了。

有一个叫亨利的小男孩。一天,他母亲外出了,他想从碗橱里拿出一些果酱。他爬到一把椅子上,并伸手去拿。由于放果酱的地方太高,他的手臂够不着。在试图取果酱时,他碰倒了一个杯子,结果杯子倒下来打碎了。

皮亚杰对每个对偶故事都提两个问题:

1. 这两个小孩是否感到同样内疚?
2. 这两个孩子哪一个更不好?为什么?

在这个研究中,5岁以下的儿童没法作比较;6岁以上的儿童能作出回答通过被试的反应,测试结果多数孩子认为打碎15个杯子的孩子更不好;10岁以上的儿童则认为打破一个杯子的更不好,因为其动机是趁妈妈不在偷果酱吃。

皮亚杰采用对偶故事法,考察了儿童对游戏规则的认识和执行情况,对过失和说谎的道德判断以及儿童的公正观念等方面的问题,并据此概括出儿童道德认识发展的三个阶段:

第1阶段:前道德阶段。此阶段大约出现在4—5岁以前,处于前运算阶段的儿童的思维是自我中心的,其行为直接受行为结果所支配。因此,这个阶段的儿童还不能对行为作出一定的判断。

第2阶段:他律道德阶段。此阶段大约出现在4、5岁至8、9岁之间,以学前儿童居多。该阶段儿童表现出对外在权威绝对的尊重和顺从,把权威确定的规则看作是绝对的、不可更改的,在评价自己和他人的行为时完全以权威的态度为依据。对道德的看法是遵守规范,只重视行为后果(打破杯子就是坏事),而不考虑行为意向,故而称之为道德现实主义。

第3阶段:自律道德阶段。自律道德始自9—10岁以后,大约相当于小学中年级。此阶段的儿童,不再盲目服从权威。他们开始认识到道德规范的相对性,同样的行为,是对是错,除看行为结果之外,也要考虑当事人的动机,故而称之为道德相对主义。按皮亚杰的观察研究,个体的道德发展达到自律地步,是与其认知能力发展齐头并进的。因此,对一般儿童来说,自律阶段大约跟形式运算阶段(11岁以上)同时出现。

2. 理智感

幼儿的理智感主要表现为对周围环境和事物的好奇和兴趣而产生的情感体验。随着儿童年龄的增长,活动能力的提高,认识范围的扩大,儿童越来越多地感受到认识的喜悦。

幼儿的理智感有一种特殊的表现形式,即好奇好问。小班幼儿的理智感通常从直接的求知过程中体验。他们通常喜欢问"这是什么"、"那是什么"这一类的问题。5岁左右,这种情感明显地发展起来,突出表现在幼儿很喜欢提问题,并由于提问和得到满意的回答而感到愉快。

幼儿期理智感的另一种表现形式是与动作相联系的"破坏"行为。新买的玩具,一会功夫就被儿童拆得四分五裂,幼儿这么做是为了满足认识的需要,满足其好奇心和求知欲,这些都是幼儿理智感发展的表现。

同时,幼儿喜爱进行各种智力游戏,或者动脑筋、解决问题的活动,如下棋、猜谜语、拼搭大型建筑物等等,这些活动既能满足他们的求知欲和好奇心,又有助于促进理智感的发展。

3. 美感

美感是人对事物审美的体验,他是根据一定的美的评价而产生的。儿童对美的体验也有一个社会化过程。婴儿从小喜好鲜艳悦目的东西以及整齐清洁的环境。幼儿初期的个体仍然主要是对颜色鲜艳的东西、美好的事物等产生美感。他们自发地喜欢相貌漂亮的小朋友,而不喜欢形状丑恶的事物。

在环境和教育的影响下,幼儿逐渐形成了审美的标准。比如,幼儿不喜欢不讲卫生小朋友,对于衣物、玩具摆放整齐产生愉快感。同时,他们也能够从音乐、舞蹈等艺术作品中体验到美,而且对美的评价标准也日渐提高,从而促进了美感的发展。

同时,幼儿中期儿童逐渐发展起对艺术作品的初步欣赏能力,在欣赏中体验和表现出喜悦、羡慕等美感。幼儿的美感与良好的情绪体验紧密联系,依然肤浅、表面,直接以行动、表情、语言和活动等方面表达。

## 四、学前儿童情绪情感的培养

### (一)营造良好的情绪环境

教师要为幼儿营造一个温暖、轻松、支持的心理社会环境,使儿童感受到成人给予的尊重、理解、关爱、支持和接纳,愉快地生活和活动。

1. 科学合理安排丰富多彩的活动

幼儿有参加各种活动的需要,喜欢参加唱歌、绘画、玩泥、玩沙、玩水、跳舞等活动,在这些活动中允许孩子以自己的方式表达自己的感受,充分享受活动带来的乐趣,从而感到轻松愉快。另外,在角色扮演的活动中,儿童通过不同的角色体验可以培养其移情能力,使幼儿从不愉快的情绪中得到释放和解脱,有利于其积极情绪情感的发展。

2. 成人的榜样作用

模仿是幼儿学习的重要方式,家长和教师在幼儿情绪理解和表达中担当了重要的榜样作用。同时,幼儿的情绪容易受到成人的感染,特别是幼儿教师作为幼儿一日生活的组织者,其情绪的变化直接影响着幼儿。日常生活中,成人应该保持良好的情绪状态,用恰当的方式表达情绪,给幼儿做出榜样。

3. 积极的教育态度

成人对儿童的态度是影响幼儿情绪、情感健康发展的一个重要因素。教师和家长在幼儿心目中占有极其重要的地位,幼儿希望得到家长和老师的认可。父母、教师的表扬和鼓励,会使幼儿感到愉快,而一味地批评和斥责,则会使幼儿感到难过和压抑。研究表明,父母、教师态度温和、对幼儿多鼓励、热情帮助,幼儿往往积极热情、活泼愉快、具有较强的自信心;如果父母、教师对幼儿粗暴、冷淡、斥责,幼儿则对周围环境缺乏主动性、情绪萎缩、缺乏自信心、适应性差。所以教师在日常的生活活动中对幼儿要给予尊重和理解,多鼓励。

(二) 帮助学前儿童认识和了解自己的情绪

开心、生气、紧张、难过、好奇、害怕等各种情绪,在儿童的日常生活中都有可能出现。教师可以通过游戏活动帮助儿童认识和了解自己的情绪,学会合理地表达自己的情绪。日常生活中鼓励幼儿谈论自己高兴或生气的事情,鼓励幼儿与他人分享自己的情绪。

(三) 学前儿童控制和调节情绪的方法和策略

1. 控制情绪常用的方法

转移法:就是把注意从引起不良情绪反应的刺激情境转移到其他事物上去或从事其他活动的方法。幼儿的情绪不稳定,具有情境性,通过刺激情景的转移可以帮助幼儿摆脱不良情绪的影响。

冷却法:当幼儿非常激动时,可采取暂时置之不理的办法,通过冷却让幼儿慢慢平静下来。

消退法:对幼儿的消极情绪可采用条件反射消退法。不给予强化,幼儿情绪的不良表达方式就会消退。

2. 调节情绪常用的方法

反思法:让幼儿反思一下自己的情绪表现是否合适,有没有更好的表达情绪的方式。

自我说服法:内部语言对幼儿的心理活动具有调节作用。我们可以运用幼儿内部语言的调控作用调节幼儿的情绪表现。如"我是好孩子我不哭"来达到调节幼儿情绪的目的。

想象法:遇到困难或挫折情景时,可以让幼儿来想象自己是某个榜样或英雄人物来调节自己的情绪。

**知识拓展**

**《3—6岁儿童学习与发展指南》关于"情绪安定愉快"的发展目标及教育建议**

情绪安定愉快

| 3—4岁 | 4—5岁 | 5—6岁 |
|---|---|---|
| 1. 情绪比较稳定,很少因一点小事哭闹不止。<br>2. 有比较强烈的情绪反应时,能在成人的安抚下逐渐平静下来。 | 1. 经常保持愉快的情绪,不高兴时能较快缓解。<br>2. 有比较强烈情绪反应时,能在成人提醒下逐渐平静下来。<br>3. 愿意把自己的情绪告诉亲近的人,一起分享快乐或求得安慰。 | 1. 经常保持愉快的情绪。知道引起自己某种情绪的原因,并努力缓解。<br>2. 表达情绪的方式比较适度,不乱发脾气。<br>3. 能随着活动的需要转换情绪和注意。 |

**教育建议:**

1. 营造温暖、轻松的心理环境,让幼儿形成安全感和信赖感。如:

 ■ 保持良好的情绪状态,以积极、愉快的情绪影响幼儿。

 ■ 以欣赏的态度对待幼儿。注意发现幼儿的优点,接纳他们的个体差异,不能简单地与同伴作横向比较。

 ■ 幼儿做错事时要冷静处理,不厉声斥责,更不能打骂。

2. 帮助幼儿学会恰当表达和调控情绪。如:

 ■ 成人用恰当的方式表达情绪,为幼儿做出榜样。如生气时不乱发脾气,不迁怒于人。

 ■ 成人和幼儿一起谈论自己高兴或生气的事,鼓励幼儿与人分享自己的情绪。

 ■ 允许幼儿表达自己的情绪,并给予适当的引导。如幼儿发脾气时不硬性压制,等其平静后告诉他什么行为是可以接受的。

 ■ 发现幼儿不高兴时,主动询问情况,帮助他们化解消极情绪。

## 实践实训

1. 孩子爱告状怎么办?

"老师,他打我""老师,他没洗手""老师,他插队了……"中班开始,小张老师就经常面对孩子们的种种告状行为。每次有点小事,孩子们都要到张老师这里来告状,而且次数比较频繁,几乎每天都有。孩子们为什么会出现这么多的告状行为?作为幼儿园教师应该如何处理孩子们的告状呢?请分析告状行为的原因及教师应对的方法和策略。

**分析:** 孩子出现告状行为的原因有两个,一是教师在儿童心目中的权威地位;二是儿童道德感发展的表现。教师可以这样来处理:表现出仔细倾听的态度,可以"忽略"孩子告状的内容;了解幼儿告状的动机和目的,区别对待;鼓励儿童通过协商等方式自己来解决问题;在日常生活中组织各种形式的活动,培养幼儿独立处事的能力和良好的品质,减少幼儿的告状行为。

2. 我不要去幼儿园——入园焦虑怎么办?

早上,幼儿园门口传来一阵阵哭闹声:"我不去幼儿园,回家!回家!"伴随着哭闹声,唐唐被妈妈抱到了班级门口,只见他满脸泪水,使劲搂着妈妈的脖子,嘴里还不停地重复那两句话。"回家,不上幼儿园!"看到老师,他的哭声更大了,小脸紧紧贴在妈妈肩上,连头都不肯抬,任凭妈妈和老师怎样哄劝就是不松手。没办法,站在一旁的爸爸使劲掰开了他的手,老师趁机把他抱过来。在老师的怀里,他的小脚小手乱踢乱打,大声哭喊着:"找妈妈,回家!"为了分散糖糖的注意力,老师把他抱到座位上,为他拿来玩具和小食品,结果他把这些东西一下子推到了地上。接下来的时间里,教室里时时传出糖糖的哭闹声……

请分析糖糖会有如此强烈的反应原因及对策。

**分析:** 糖糖反应如此剧烈是由分离焦虑引起来的。作为幼儿教师,应该为幼儿营造一个温暖、轻松、支持的心理环境;用玩具或丰富多彩的活动转移幼儿的注意力;家园配合做好入园准备工作,注意消除家长的分离焦虑情绪等。

## 思考与练习

1. 简述情绪情感在学前儿童心理发展中的作用。
2. 情绪情感发展的趋势表现在哪些方面?
3. 小班幼儿莉莉的妈妈是个善于帮助孩子控制情绪的母亲。一天,莉莉跟着妈妈逛商店时看到一个玩具要妈妈买,妈妈认为这与家里已有的一个玩具很类似,便不想给她买,可莉莉又哭又闹,一定要买这个玩具。这时,莉莉妈妈略一沉思,便对莉莉说:"莉莉,走,咱们到另外一个地方去看看有没有比这更好的玩具。"说完便领着孩子迅速离开了原地,接着就给孩子讲故事、做游戏,一起唱歌……莉莉很快就沉浸在妈妈所引发的欢乐的情绪中。

请根据学前儿童情绪发展的有关理论回答下列问题:

(1) 莉莉妈妈所采用的是哪种帮助幼儿控制情绪的方法?
(2) 联系实际说明成人帮助幼儿控制情绪的另几种方法。

扫一扫二维码
轻松获取单元
习题及答案

# 单元十　学前儿童意志的发展

## 学习目标

1. 理解意志的概念及其特点；
2. 掌握意志的品质及幼儿期意志发展的特点；
3. 能根据幼儿意志发展特点，运用游戏活动培养幼儿的坚持性和自制力。

## 基础理论

### 一、意志概述

#### （一）意志概念

人不仅能够认识世界，对事物产生肯定或否定的情绪，而且能在自己的活动中自觉地确定目的，克服内部和外部困难，并力求实现预定目的，这种有意识地调节与支配行为的心理活动就是意志。

意志包含三个基本特征：

1. 明确的目的

意志是为实现目的进行的心理过程，那些有明确的行动目的，并且在该目的支配和调节下的活动才是意志行动。而一些不学而能的先天的无条件反射和一些无意识的动作没有明确的目的，就不属于意志行动。

2. 意识调节行动

意志表现为人的意识对行动的自觉调节与控制。意志对行动的支配和调节体现在两个方面：符合预定目的的行动得到推动和维持；不符合预定目的的行为得到阻止和克制。

3. 克服困难

意志在对行为的调节和支配过程中，总会遇到各种内部的或外部的困难。在为实现目的克服困难的过程中，意志能够更好地表现出来。

意志是意识的能动性、积极性的集中体现，是人类特有的心理现象。人们在改造主客观世界方面所取得的成就，常常和人的意志努力分不开。

**知识拓展**

### 意志的作用有多大?

美国心理学家推孟曾对千余名天才儿童进行过追踪研究。30 年后总结时发现,智力高的成就不一定高。他对 800 位男性受试者中成就最大的 20% 与没有什么成就的 20% 作了比较,发现他们中间最明显的差别不在于努力的程度,而在于个性意志品质的不同。成就最大者,都具有对自己所从事研究工作的充分的信心和不屈不饶的顽强精神,具有坚持到最后完成任务的毅力、韧性,而成就小者正是缺乏这些品质。我国心理学家也对 20 多名智力超常儿童进行过调查,结果表明,意志坚强、有明确的行动目的,干一件事总能克服各种困难,坚持到底是他们突出的共同特点。

#### (二) 意志行动及其过程

人的意志总是要通过行动表现出来,我们把意志过程中表现出的行动称为意志行动。意志行动包括采取决定阶段和执行决定阶段两个过程。

1. 确定目的

目的是人们期望得到的行动的结果,意志行动的进行必须先确定行动的目的。有了明确的目的,才能有意识地调节行为,克服困难,最后实现目的。

2. 做出计划

目的确定好后,要选择适宜的行动方式和方法,许多情况下,达到同一目的的方式和方法可能不止一个,需要根据现实条件进行选择。根据选择的方式和方法拟定切实可行的行动计划。

3. 采取行动

确定目的和制定计划以后,便要采取行动。采取行动有两种方式:一种是激起某种行动;一种是抑制某种活动。无论是激起还是抑制都需要下定决心,付诸行动。

4. 坚持行动

采取行动之后,还要按照行动计划坚持行动,直到实现预定的目的。坚持行动的过程是一个不断克服困难的过程,既要克服各种外部的困难,也要不断应对来自自身内部的动摇、沮丧等困难。

**知识拓展**

### 意志行动中常见的动机冲突

动机冲突(又称心理冲突),是指一个人在某种活动中,同时存在着一个或数个所欲求的目标,或存在两个或两个以上互相排斥的动机。当处于相互矛盾的状态时,个体难以决定取舍,表现为行动上的犹豫不决。这种相互冲击的心理状态,称为动机冲突。

勒温按趋避行为将动机冲突分为三大基本类型:

1. 双趋冲突

指两种对个体都具有吸引力的目标同时出现,形成强度相同的两个动机。由于条件限制,只能选择其中的一个目标,此时个体往往会表现出难于取舍的矛盾心理,这就是双趋冲突。"鱼与熊掌不可兼得"就是双趋冲突的真实写照。

2. 双避冲突

指两种对个体都具有威胁性的目标同时出现,使个体对这两个目标均产生逃避动机,但由于条件和环境的限制,也只能选择其中的一个目标,这种选择时的心理冲突称之为双避冲突。"前遇大河,后有追兵"正是这种处境的表现。

3. 趋避冲突

指某一事物对个体具有利与弊的双重意义时,会使人产生两种动机态度:一方面好而趋之,另一方面则恶而远之。所谓"想吃鱼又怕鱼刺"就是这种冲突的表现。

动机冲突可以造成个体不平衡、不协调的心理状态,严重的心理冲突或持续时间较长可以引起个体的心理障碍,需要特别注意这一点。

(三) 意志和认知、情感的关系

1. 意志和认知的关系

认知是意志产生的基础。意志过程中目的的确立、方案的确定、行动的采取以及对困难的分析应对都是在认知的基础上产生的,离开了认知过程,就不可能有意志过程。

意志对认知也有重要影响,意志能促使认识更加具有目的性和方向性,使认识更加广泛而深入。同时在认识的过程中会碰到很多困难,这都离不开意志的参与。意志能促进认知的发展。

2. 意志和情绪情感的关系

情绪情感是人活动的一种内部动力,积极的情绪情感对意志行动起推动作用,可以增强人的意志;而消极的情绪情感也可以成为人意志行动的阻力,它会削弱和瓦解人的意志,阻碍人去实现预定目的,使意志行动半途而废。

**知识拓展**

**习得性无助:当绝望碾碎了意志**

1953年,哈佛大学的所罗门、坎明和维恩把40只狗置于名为"穿梭箱"的东西里,用隔体将箱子分成两部分,一开始,隔体只有狗背高。从格栅箱底上对狗脚发出千百次电击。狗如果学习到跳过阻隔体到另一边,就可以逃脱电击。然后,进行"挫折"狗的跳脱实验,实验人员在狗跳入另一边时,也在格栅通电,并且狗须跳100次才终止电击。他们说:"当狗从一边跳入另一边之际,发出预料可免电击的松释声,但当它到另一边的格栅而重遭电击时,则发出惨叫。"接下来,用透明塑胶玻璃阻隔在两边之间。狗触电后向另一边跳跃,头撞玻璃。狗开始"大便、小便、惨叫、发抖、畏缩、咬撞器材"等等;但10天至12天之后这些无法逃避电击的狗,不再反抗。实验人员说他们为此"感动"。结论是,两边之间加以透明玻璃并加电击,"非常有效"地消除了狗的跳脱意图。

这一项研究显示,反复对动物施以无可逃避的强烈电击会造成无助和绝望情绪。

> 意志可以控制情绪情感,使情绪情感服从于理智。良好的意志品质可以控制不良情绪的影响,保持积极乐观的心境。而意志薄弱则往往被情绪控制,成为情感的俘虏,背离了努力的方向。

### (四) 意志的品质

1. 独立性

意志的独立性是指个体自觉地确定行动目的,并独立自主地采取决定和执行决定。独立性反映一个人在行动中的自主程度。独立性强的人对自己的行动有坚定的信念,不轻易受别人的暗示和情景的左右。独立性并不意味着独断和固执,它包含着善于吸收别人的正确意见以形成自己更合理的主张。

与独立性相反的表现是易受暗示和独断。易受暗示是指缺乏主见,人云亦云,没有自己独立的见解,为人处世易受他人影响。独断是指从主观出发,一意孤行,刚愎自用。

2. 果断性

意志的果断性是指面对复杂多变的情境,能够迅速而有效地采取决定,并实现作出的决定。果断性反映一个人在行动中决策的速度和深度,具有这种意志品质的人在考虑问题时全面周到,能及时作出决定,采取措施。

与果断性相反的品质是优柔寡断和武断。优柔寡断者在面临选择时左顾右盼,犹豫不决。果断性是在深思熟虑的基础上产生的,不同于武断的冲动莽撞,草率行事。

3. 坚持性

意志的坚持性是指在执行决定阶段能矢志不渝,坚持到底,遇到困难和挫折时能顽强乐观地面对和克服。顽强性以坚定的信念和合理的依据为前提,反映一个人在行动中的持久程度,会通过不屈不挠的行动,克服困难来实现目的的意志品质。

与坚持性相反的意志品质是动摇和执拗。前者做事情三分钟热情,见异思迁;后者不能审时度势,寻求变通。

4. 自制力

意志的自制力是指能够完全自觉、灵活地控制自己的情绪,约束自己言行的意志品质。自制力是个人对心理和生理困扰的忍受能力。具有自制力的人既能开始合乎目的性的行动,又能抑制与行动目标不一致或相违背的行动。

与自制力相反的表现是任性和怯懦。前者往往受感情左右,不能有效克制冲动,任意妄为;后者在迎接挑战时临阵退缩,不能开始合乎目的的行动。

## 二、学前儿童意志的发生和发展

### (一) 学前儿童意志的发生

意志总是体现在行动中,语言是意志的工具,因此意志的发生发展与学前儿童的动作和语言的发生发展密切相关。意志不是一出生就有的,它是随着言语和动作的掌握而形成的。

4个月左右,手眼协调的出现始于儿童用手去有目的认识世界和摆弄物体,出现了最初的有意性和目的性。

8个月左右,儿童开始能坚持一个目标,并且用一定努力去排除障碍,这是最初的意志行动的萌芽。

1岁左右,儿童通过尝试和探索各种新方法,通过尝试错误来克服困难,其意志行动的特征更加明显。

1岁半到2岁左右,在意志行动中,儿童有了明确的目的,克服困难不再是尝试错误,而是根据不同的目的采取不同的行为。

言语的发生对学前儿童意志发生具有重要意义。儿童掌握言语之后,成人的言语和儿童的言语在儿童最初的意志行动中起着调节作用。先学前期儿童能够用语词说出自己的愿望、要求或行动的目的,能够调节自己的行为,克服一些困难,完成成人最简单的委托。

（二）学前儿童意志发展的特点

整个学前期,儿童的意志行动处于比较低级的阶段,主要表现在以下三个方面:

1. 目的性的发展

幼儿初期的活动往往是与物本身的特点及个人的兴趣、需要相联系,儿童对自己行动的目的还没有清楚而明确的认识。这个阶段儿童不能独立明确活动的目的,他们常常不知道自己要做什么,想做什么,成人外加的目的在儿童的行动中起着重要作用。有些时候,儿童的行为虽有某些直接目的,但这一活动目的并不能完全指导他的行动,很容易受到外部事物的干扰而改变原来活动的方向,行动表现出很大的不稳定性。一般情况下,都是由成人用具体示范和语言指示提出行动要求,为幼儿确定行动目的,指导他们行动。

幼儿中期的活动的目的性有显著提高,儿童行动目的的自觉性逐渐形成,他们在活动中能独立地提出自己的目的。如在游戏中,自己确定主题开展活动。儿童开始尝试在某些活动中独立预想行动结果,确定行动任务,但有时对行为的约束性不强,发展过程中仍离不开成人的帮助。

幼儿晚期行动的目的性有了一定的发展,儿童能提出比较明确的行动目的与计划。他们不仅能够比较明确地给自己提出行动的目的,而且能提出共同目的。在熟悉的活动中,甚至可以确定行动的任务和行动的计划,并为了实现目的,自觉抵制周围环境的干扰,调节和控制自己的外部行为,行动具有较明确的目的性。

2. 坚持性的发展

坚持性是学前儿童意志发展的重要指标,它反映儿童为实现目的克服困难的努力程度。

随着年龄的增长,学前儿童的行动坚持性不断提高。

幼儿初期,儿童的行为常常不受目的的引导,常常受到外界具体刺激的影响,干一些与目的无关的事情。行动过程中一旦遇到困难,他们很难坚持下去。

坚持性发生明显质变的年龄是在4—5岁。幼儿中期,在成人的指导和要求下,儿童逐渐形成了按原有目的坚持行动的意志品质。他们开始能够努力坚持完成每一项任务,特别是他们在感兴趣的、喜欢的活动中,能坚持较长时间,并在遇到困难时,也能尝试克服困难而努力实现目的。但是在他们不感兴趣或遇到苦难挫折时,他们的坚持性则明显减弱。

这一时期，外界条件对学前儿童坚持性的影响最大，因此，教师应有意识地通过活动对这个年龄阶段的儿童的坚持性进行训练和培养。

随着言语和思维调节机能的不断发展及成人的教育和训练，幼儿晚期，儿童的行为受情境的干扰明显减少，对自己不感兴趣或者较困难的活动，也开始表现出坚持的能力，坚持性有明显的提高而且日趋稳定。在马努依连科著名的"哨兵持枪姿势"实验中，研究者要求不同年龄的幼儿保持右肩弯肘，左臂下垂的立正姿势。3—4岁幼儿只能维持18秒钟，4—5岁幼儿能坚持2分5秒，5—6岁幼儿能维持5分15秒，6—7岁幼儿能坚持12分钟。

幼儿活动的坚持性与活动的性质密切相关。同样的动作，如果以游戏的形式出现，幼儿的坚持性会有明显提高。

3. 自制的发展

幼儿初期，儿童还不善于控制自己的行动，行动往往由外界事物直接引起，受自身兴趣和愿望的支配。表现在活动中儿童想干什么就干什么，不能很好地控制和调节自己的行为，也不能有效地遵守规则，缺乏自制力。

在正确教育的影响下，幼儿中期，儿童的自制能力在活动中逐渐形成和发展。他们逐渐懂得为了实现目的，暂时克制自己的愿望和行动。

幼儿晚期，儿童的自制力有明显的提高。他们为了能使自己的行动服从于成人的要求，而自觉改变自己的愿望。他们逐渐学会了按规则行动，开始逐步调节和控制自己的外部行动及内部心理过程。

总之，幼儿意志发展水平还不高，目的性、坚持性和自制力的发展都还属于初级水平。幼儿意志水平的发展须要成人有意识地教育和培养。

### 三、学前儿童意志力的培养

1. 帮助幼儿明确活动的目的

意志行动的第一个特征就是具有明确的目的，幼儿期儿童自觉确定目的的水平较差，需要家长或教师身体示范和语言来帮助幼儿明确活动目的，鼓励幼儿为了实现目的，不断努力。

2. 鼓励幼儿克服困难

意志行动的特点不仅在于行动的目的和过程，而且还在于克服前进中的困难。幼儿在活动中遇到困难时，需要成人给予及时的支持和鼓励，帮助幼儿克服困难，使幼儿在完成目的的意志行动中体验成功带来的快乐。

3. 培养良好的生活习惯

在日常的生活中，要求和鼓励幼儿做事到底，有始有终。从幼儿的生活习惯入手，鼓励其做些力所能及的事情，并分配给幼儿简单的任务，鼓励他们努力完成，使其从小养成做事情有始有终的好习惯。

4. 父母和老师做好榜样

模仿是幼儿学习的重要途径。在日常生活和活动中，家长和老师要做好幼儿的榜样，以身作则，无论处理什么事情，都要认真、圆满地完成，做孩子的表率。遇到困难要努力想办法解决问题,而不是抱怨或者是退缩。

5. 通过游戏活动培养幼儿优秀的意志品质

幼儿教师可以在幼儿园的游戏活动中,通过创设"困难"情景,有目的地培养幼儿意志的目的性、坚持性和自制力。同时,对幼儿在游戏活动中表现出来的好的意志品质及时给予表扬和鼓励。

6. 针对不同的个体进行个别化教学

不同的个体意志品质表现各不相同,比如有的幼儿缺乏坚持性,有的缺乏自制力,有的任性、执拗。幼儿教师在日常的教育教学工作中要针对不同的儿童采取不同的教育策略和方法,帮助幼儿扬长避短。

### 知识拓展

### 幼儿意志培养的具体方法

1. 目标导向法

家长应该指导和帮助幼儿制定短暂和长远的目标,使幼儿有努力的方向。幼儿心中有了目标,有了"盼头",他就会为实现目标而去努力,表现出坚毅、顽强和勇气。但目标一定要恰当,应该使幼儿明白这目标不经过努力是达不到的,但稍经努力便能达到。太难或太易达到的目标都不能使幼儿的意志得到锻炼。另外,目标如果是合理的,那就应当要求幼儿坚决执行,直到实现为止,不可迁就,更不能半途而废。

2. 独立活动法

应尽可能让幼儿独立活动,如让幼儿自己穿衣,自己收拾玩具,自己完成作业等等。幼儿在进行这些活动时,要克服外部困难和内部障碍,正是在克服这些困难过程中,意志才能得到锻炼。倘若幼儿不能完成这些活动,也不必急于去帮助,而应该"先等一会儿",让他自己想办法克服困难。当他战胜了困难,达到了目的,会获得一种经过努力终于胜利的满足感。在这个过程中,幼儿克服困难的勇气和信心也就随之增强。

3. 克服障碍法

坚强的意志是磨练出来的,越是在困难的环境中越能锻炼人的意志力。家长应该有意识地给幼儿设置点障碍,为他们提供克服困难的机会,使他们在生活的道路上有点小小的难度。倘若把幼儿前进道路上的障碍全部清扫干净,他现在可能平平安安,日后他可能会逐步失去走坎坷道路的能力。

4. 自我控制法

幼儿的意志品质是在成人严格要求下养成的,也是他们在日常生活中经常自我控制的结果。家长应经常启发幼儿加强自我控制。自我鼓励、自我禁止、自我命令以及自我暗示等都是意志锻炼的好形式。比如,当幼儿感到很难开始行动时,可让他自己数"三",或自己给自己下命令:"大胆些!""不要怕!""再坚持一下!"等。

5. 表扬法

赞扬、鼓励可以鼓舞勇气、提高信心,有利于意志的锻炼。对幼儿在活动中表现出来的意志努力和取得的点滴进步,家长要适时、适度地给予肯定和赞许。在幼儿完不成计划时,家长要进行具体分析,切不可说"我就知道你完不成任务""我早就说你没长性"等丧气话。否则,只会使幼儿一次次增加挫折感,最终失去自信心。

### 实践实训

中班的幼儿正在自由作画,他们认真地画着自己喜欢的事物,有的幼儿慢慢画出一幢房子、小朋友、小草和树、白云和太阳,并慢慢涂色。可可小朋友画了一会儿,就独自玩了起来,教师走过去,亲切地问:"宝贝,你的画还没画完呢,怎么不画了啊?""我累了。"可可回答道。

户外活动,幼儿看着画好的跑道,非常喜欢,在教师的指挥下,他们也像运动员一样开始了比赛。幼儿欢呼雀跃,有的小朋友跑了一次又一次,可可跑了一次就不想跑了,教师问他原因,他同样回答:"我累了。"如果说你是带班教师,你该怎么办?

请运用所学知识分析如何帮助可可并给出教育建议和策略。

**分析:** 可可之所以会出现这种行为是因为其活动缺乏坚持性。教育建议:注重家园共育,给父母提供适合的教育建议,注意从日常生活中的小事入手培养其坚持性;在日常生活中做儿童的榜样,言传身教;为儿童选择难度适宜的任务,鼓励其完成任务的同时体验到活动带来的成就感;通过创设儿童感兴趣的游戏情景来培养其活动的坚持性。

### 思考与练习

1. 意志的品质有哪些?
2. 幼儿期意志发展的特点有哪些?
3. 扬扬5岁了,兴趣爱好特别广泛。看到别的小朋友电子琴弹得很好听,他就嚷嚷着要学电子琴;看到别人用五彩的颜料画画很好玩,他也嚷嚷着要学画画;看到别人会溜冰,他也要报溜冰培训班;看到别人会说英语,会唱英语歌,他也要去学。家长看他积极性这么高,于是就支持他学这学那的。可是孩子没有长性,每次都坚持不了多久就放弃了。最近他又迷上了轮滑,天天缠着家长要上幼儿园的轮滑班。

结合材料分析扬扬出现这种情况的原因并给家长提供教育建议。

扫一扫二维码
轻松获取单元
习题及答案

# 单元十一　学前儿童个性的发展

## 学习目标

1. 了解个性的内涵、结构及基本特征；
2. 了解学前儿童自我意识发展的主要特征及表现；
3. 了解学前儿童的气质、性格、能力及表现；
4. 能够根据每个儿童的不同特点进行个性评价；
5. 能够根据每个儿童的不同个性特点因材施教，促进儿童的发展。

## 基础理论

### 一、个性发展概述

世界上没有完全相同的两片树叶，世界上也没有完全相同的两个人。即使是同卵双生子，其在外貌上可能完全相同，但是个性差别可能非常大。每个人都有自己独特的个性，个性使人各具特色。

#### （一）个性的内涵

个性是指一个人比较稳定的、具有一定倾向性的各种心理特点或品质的独特组合。人与人之间个性的差异主要体现在每个人待人接物的态度和言行举止中。要了解一个人的个性，主要看他的言行表现，而在言语和行为两者中，行为表现更能反映出一个人真实的个性。

#### （二）个性的结构

个性是由哪些心理成分构成的，心理学家有不同的看法，主要有广义和狭义之分。

广义的个性心理结构，包含下列5种成分：

1. 个性倾向性

个性倾向性是以人的需要为基础的动机系统，主要包括需要、动机、兴趣、志向、世界观等，表明人对周围环境的态度，影响人对事物与活动的趋向和选择，是个性心理结构中最活跃的成分。它是推动个性发展的动力因素，决定着一个人的活动倾向性、积极性，集中地体现了个性的社会实质。个性倾向性是构成个性的核心。了解幼儿个性倾向性发展的特点，是进行有效教育的前提。

2. 个性心理特征

个性心理特征是指一个人身上经常地、稳定地表现出来的心理特点，是人的多种心理特点的一种独特结合。个性心理特征包括气质、性格、能力等,这些特征最突出地表现出人的心理的个别差异。对于幼儿来说,个性发展的主要内容就是个性特征开始形成。

3. 自我意识

包括自我认识、自我评价、自我调节。自我意识充分地反映着个性对社会生活的反作用,是人的心理能动性的体现。自我意识是个性形成和发展的前提,是个性系统中最重要的组成部分,制约着个性的发展,其成熟标志着儿童个性的成熟。

4. 心理过程

包括感知、记忆、思维、想象、情感等。这些过程是人的心理活动的基本成分或基础成分,是人对现实发生反映和联系的基本形式。

5. 心理状态

包括注意、激情、心境等,是心理活动的背景,表明心理活动进行的时候所处的相对稳定的水平,起提高或降低个性积极性的作用。

狭义的个性,只包括个性倾向性和个性心理特征。

(三) 个性的基本特征

个性是一个相对稳定的体系,每个人的个性都有自己独特的倾向性。

1. 个性的整体性

个性是一个统一的整体结构,是由各个密切联系的成分所构成的多层次、多水平的统一体。在这个整体中各个成分相互影响、相互依存,使每个人行为的各方面都体现出统一的特征。这就是个性整体性的含义。因此,从一个人行为的一个方面往往可以看到他的个性,这就是个性整体性的具体表现。

2. 个性的稳定性

个性具有稳定性的特点。个人偶然的行为不能代表他真正的个性,只有比较稳定的、在行为中经常表现出来的心理倾向和心理特征才能代表一个人的个性。

个性是相对稳定的,但并不是一成不变的,因为现实生活是非常复杂的,现实生活的多样性和多变性带来了个性的可变性。对于一个处于成长发育期的儿童来说,即使已经形成了一些比较稳定的个性特点,在一定的外界条件作用下,也会产生不同程度的改变。所以说,个性是稳定性和可变性的统一。

3. 个性的独特性

个性的独特性是指人与人不可能完全相同,人的个性千差万别。在现实生活中,即使是同卵双生的兄弟、姐妹之间也存在着明显的差异。另一方面,个性的独特性并不排除人与人之间的共性。虽然每个人的个性是不同于他人的,但对于同一个民族、同一性别、同一年龄的人来说,个性往往存在着一定的共性。一个国家、一个民族的人的心理都有一些比较普遍的特点,如中国人的性格都或多或少地带有儒家思想的烙印。而同一年龄的人身上更是存在一些典型特点,如幼儿期的儿童有一些明显的共同特征:好动、好奇心强等。从这个意义上说,个性是独特性与共同性的统一。

4. 个性的社会性

人的本质是一切社会关系的总和。在人的个性形成、发展中,人的个性的本质方面是由人的社会关系决定的,如个性中的最高层次人生观、价值观。这些个性特征的形成,是和一个人所处的社会生活环境及其所受的教育密切联系的。社会因素对个性的影响还表现在,即使一些比较基本的个性特征的形成,也与人所处的社会环境密不可分。比较典型的例子就是不同国家、不同民族的人的个性有比较明显的特点。因此,个性具有强烈的社会性,是社会生活的产物。影响个性形成的社会因素可以分为两个方面,即宏观环境和微观环境。宏观环境主要指一个人的民族、国家、所处的时代及其社会生活条件和社会风气。微观环境主要是指家庭、学校及生活、工作环境。对于学前儿童来说,影响其个性发展的主要是家庭和幼儿园。

个性具有社会性,但个性的形成也离不开生物因素。现代心理学已经证明,生物因素给个性发展提供了可能性,社会因素使这一可能变成现实。而影响个性的生物因素主要是一个人的神经系统的特点。因此,我们说个性是社会性和生物性的统一。

## 二、学前儿童个性的形成与发展

### (一) 学前儿童个性形成和发展的阶段和特点

1. 先天气质差异(出生至1岁前)

孩子从出生开始,就显示出个人特点的差异。这主要是与生理联系密切的气质类型的差异。这种先天气质类型的差异作为个别差异而存在,同时又影响着父母对儿童的抚养方式,并在与父母的日常交往中越来越明显地成为个人特点。

2. 个性特征的萌芽(1—3岁前)

此时儿童的各种心理过程包括想象、思维等逐渐齐全,发展迅速。3岁左右,在气质类型差异的基础上及与父母和周围人的相互作用中,儿童之间出现较明显的个性特征差异。

3. 个性初步形成(3—6岁)

幼儿期,儿童心理水平逐渐向高级发展,特别是随着儿童心理活动和行为的有意性的发展,其个性的完整性、稳定性、独特性及倾向性各方面都得到了迅速的发展,标志着儿童个性逐步形成。同时作为个性组成部分的三大方面,都已明显地表现出变化来。具体表现在:①幼儿期儿童的各种心理现象开始表现齐全,幼儿心理的各个方面已经形成比较完整的系统,开始形成了一个完整的主观世界;②心理活动独特性形成,儿童间的个别差异日益明显并渐趋稳定;③心理活动的积极性能动性开始形成。

### (二) 学前儿童个性形成和发展对其心理和行为发展的意义

学前期儿童的一些个性特点对他们后来的发展有很直接的影响,成为个性进一步发展的基础。学龄前期儿童个性发展的好坏直接影响着儿童日后的发展。也可以说,我们每个人身上的特点,都可以在我们小时候找到根源。这也提醒教育者,要注意幼儿良好个性的培养,为儿童的健康成长奠定一个良好的基础。

## 三、学前儿童自我意识的发展

### (一) 自我意识的概念

个体对自己所作所为的看法和态度,包括对自己存在以及自己对周围的人或物的关系的意识,就是自我意识。在自我认识的过程中,个体是把认识的目光对着自己,这时的个体既是认识者,又是被认识者。

自我意识是由知、情、意三部分组成的。"知"即自我认识;"情"即自我体验;"意"即自我调控。自我认识,即个体对主体以及主客体关系的认识,包括自我观察、自我觉知、自我概念、自我评价等,其中最重要的两个方面是自我概念和自我评价;自我体验,即个体对评价的结果是否符合自己的需要所产生的一种情感体验,包括自尊、自信、自卑、自豪感、内疚感、自我欣赏等,其中自尊是最主要的方面;自我调控,即个体对自我心理活动和行为的自觉而有目的地调整,自制、自立、自主、自我监督、自我控制等,其中自我控制是最主要的方面。

自我意识有两个基本特征,即分离感和稳定的同一感。

(1) 分离感,即一个人意识到自己作为一个独立的个体,在身体和心理的各方面都是和他人不同的;

(2) 稳定的同一感,即一个人知道自己是长期地持续存在的,不管外界环境如何变化,不管自己有了什么新的特点,都能认识到自己是同一个人。

自我意识是人和动物在心理上的分界线。动物不具有自我意识,如一只猫、狗、老虎,虎,甚至猴子在照镜子时,不是在镜子上挠,就是对着镜子发怒,好像要跟镜子里的动物打架。这说明他们不知道镜子里的是自己的形象。我们人类婴儿很小的时候也和动物类似,没有自我意识,他们照镜子的时候往往到镜子的背后去寻找另一个人。随着年龄的增长,儿童逐渐产生分离感,首先是和母亲的分离。儿童很小的时候觉得自己和妈妈是同一个人,认识人的时候首先认识爸爸,先会叫爸爸,以后逐渐知道妈妈和自己是两个人,自己是一个独立的个体,才开口叫妈妈。在此基础上,儿童慢慢对自己形成一种稳定的认识,知道自己是什么样的一个人。分离感是自我意识发展的初级阶段,形成稳定的同一感才是自我意识发展的最终目的。而这种稳定的同一感的形成要到青年期才能真正完成。

自我意识具有以下作用:

(1) 自我意识是认识外界客观事物的条件;

(2) 自我意识是人的自觉性、自控力的前提,对自我教育有推动作用;

(3) 自我意识使人能不断地自我监督、自我完善。

**知识拓展**

有位心理学家在做动物实验时曾遇到这样一件有趣的事情:给小猴子一些木块,让它用木块换糖吃,换到后来,木块用完了,它就用自己的尾巴来换糖,使这位心理学家捧腹大笑。为什么看起来挺聪明的小猴子会做出如此可笑的动作,而再笨的孩子也不会用自己的手或脚去换糖。这是为什么呢?原因在于猴子不能把自己同周围的事物区别开来。而人则不同,人能够认识自己以及自己同周围世界的关系,人有自我意识。有无自我意识是动物和人在心理上的分界线。

### (二) 儿童早期自我意识的发展阶段和特点

1. 自我感觉的发展(1 岁前)

最初幼儿还不能意识到自己,不能将自己和周围的客体区分开来。幼儿甚至不能意识到自己身体的存在,不知道自己身体的各个部分是属于自己的,甚至不知道手脚是自己的一部分,因而常常可以看到 7、8 个月的孩子咬自己的手指、脚趾,有时会把自己咬疼而哭叫起来。慢慢地,幼儿知道了手脚是自己身体的一部分。这一阶段是自我意识的最初级形式,即自我感觉阶段。

2. 自我认识的发展(1—2 岁)

这一阶段幼儿逐渐认识了自己身体的各部分,但不能明确区分自己身体各种器官和别人身体的各种器官。幼儿对自己整体形象的认识还需要一段时间,如幼儿会把镜子里的影像当成别的孩子。另外,幼儿对自己影子的认识需要更长的时间,如幼儿难以理解自己的影子。

自我意识的发展是以儿童动作的发展为前提的。通过动作,1 岁左右的孩子开始把自己的动作和动作的对象区分开来,开始知道自己和物体的关系,认识自己的存在和自己的力量,产生自信心。如常见到 1 岁左右的孩子不小心将手里的玩具弄掉,成人马上拣起递给他,之后,他会有意地把玩具反复扔到地上,看见成人去拣,他会高兴得笑出声来,似乎从中得到了极大的乐趣。

3. 自我意识的萌芽(2—3 岁)

2 岁前的儿童倾向于用自己的名字称呼自己,不会用代词"我"。

自我意识的真正出现是和儿童言语的发展相联系的,在掌握了有关的词后,儿童开始知道了自己身体的各部分,然后发展到会像其他人那样叫自己的名字。这时儿童只是把名字理解为自己的信号,遇到别人也叫相同的名字时就会感到困惑。

儿童在 2—3 岁的时候,掌握代名词"我",是儿童自我意识萌芽的最重要标志。这个年龄的孩子经常说"我的",开始不让别人动自己的东西。经过一段时间以后,孩子逐渐会较准确地使用"我"这个词来表达自己的愿望。这时可以说儿童的自我意识产生了。

4. 对自己心理活动的意识(3 岁以后)

儿童从 3 岁开始对自己内心活动的意识。比如意识到"愿意"和"应该"是有区别的,开始懂得"愿意"应该服从"应该"。在知道自己是独立个体的基础上,逐渐开始了简单的对自己的评价;进入幼儿期,孩子的自我评价逐渐发展起来,同时,自我体验、自我控制已开始发展。

### (三) 学前儿童自我评价的发展

自我评价(self-evaluation)是在对自己身心特征了解的基础上对自我作出的判断。

自我评价的能力在 3 岁儿童中还不明显,自我评价开始发生的转折年龄在 3.5—4 岁,5 岁儿童大多数已能进行自我评价。

学前儿童自我评价的特点:

(1) 从轻信成人的评价到自己独立评价

幼儿独立的自我评价能力还很低,他们的自我评价依赖于成人对自己的评价,特别是幼儿初期,儿童往往不加考虑地轻信成人对自己的评价,自我评价只是简单重复成人的评价。例如,问一个幼儿:"你是不是班上最乖的孩子?"答:"不是。因为老师经常批评我,说我不是乖孩子。"这种评价不是自发的,更多的是成人对其的评价。幼儿晚期,开始出现独立的评价,儿童对成人的评价逐渐持有批判的态度。如果成人对他的评价不符合他自己的评价,儿童会提出疑问,甚至表示反感。

(2) 从对外部行为的评价到对内心品质的评价

幼儿的自我评价都集中在自我的外部行为表现,还不会评价自己的内心活动和个性品质。与表面性相联系的是幼儿只会对某个具体行为作出评价。如问幼儿自己为什么是好孩子时,只会说"我不骂人"、"我自己穿衣服"、"我不撒谎,上课坐得好,我不想欺负小朋友"等。

(3) 从带有极大主观情绪性的自我评价到初步客观的评价

幼儿初期的孩子往往不从事实出发,而从情绪出发进行自我评价,带有明显的主观性。苏波特斯基的研究发现,幼儿对美工作品的评价带有相当大的偏向性。实验者让幼儿对自己的绘画和泥工作品同别人的作品作比较性评价。当幼儿知道比较的对方是老师的作品时,尽管那些作品比自己的质量差(这是实验者故意设计的),幼儿总是评价自己的作品不如对方,而当幼儿把自己的作品和小朋友的作品相比较时,则总是评价自己的作品比别人的好,这一实验结果充分说明了幼儿自我评价的主观性。随着年龄的增长,特别是在良好的教育下,幼儿的自我评价逐渐趋向于客观。

(4) 从片面、表面性的评价发展到全面、深刻性的评价

由于受到认识水平的限制,幼儿的自我评价常常是片面的和表面的。他们往往善于评价别人,不善于评价自己。在评价自己的行为时,他们更多地看到自己的优点,而不容易看到自己的缺点。

总的来说,幼儿自我评价能力还很差,成人对幼儿的评价在幼儿个性发展中起着重要作用。因此,成人必须对儿童作出适当的评价,对儿童行为作过高或过低的评价对儿童都是有害的。

**(四)学前儿童自我体验的发展**

自我体验是个体对自己怀有的一种情绪体验,即主我对客我所持有的一种态度。它反映了主我的需要与客我的现实之间的关系。自我情绪体验在3岁儿童中还不明显,自我情绪体验发生转折的年龄在4岁,5—6岁儿童大多数已表现有自我情绪体验。自尊是自我体验的核心。

学前儿童自我体验发展的特点:

(1) 自我体验由低级向高级发展,由生理性体验向社会性方向发展

如由对身体疼的体验到羞耻感等的体验。幼儿的疼是生理需要的表现,委屈、自尊和羞愧是社会性体验的表现。前者发展较早,后者发展较晚,约4岁以后明显发展。

(2) 自我体验发展水平不断深化

幼儿的各种自我体验都随年龄增长而发展,其发展水平不断深化。如对愤怒感的情绪体验,3—6岁儿童会有不同的体验程度,从"会哭"、"不高兴"、"会生气"到"很生气"、"很恨他"这个变化过程,可以看出,幼儿体验的深刻性在逐渐发展。

(3) 自我体验的受暗示性

在幼儿自我体验的产生中,成人暗示起着重要作用,年龄越小表现越明显。

如问小朋友,在玩捂眼睛贴鼻子游戏时,如果你私自拉下毛巾,被老师看见,你会觉得怎样? 3 岁组儿童只有 3.33% 的人有不好的自我体验。而在有暗示时(你做了错事觉得难为情吗?)有 26.67% 的人有不好的自我体验。此研究结果对幼儿教育有重要意义。教师和家长应该充分注意幼儿受暗示性强的特点,多采用积极的暗示促进幼儿良好道德情感的发展;同时,要注意避免消极暗示对幼儿行为的不良影响。

(五) 学前儿童自我控制的发展

自我控制是个体对自己行为、思想和言语等的控制,即主体我对客体我的制约作用。

幼儿的自我控制主要表现在自制力、自觉性、坚持性等方面。

自我控制能力在 3—4 岁儿童中还不明显。从缺乏自我控制到有自我控制的转折年龄是 4—5 岁。5—6 岁儿童绝大多数都有一定的控制能力。总的来说,幼儿的自控能力还是较弱的。

科普(Kopp)认为,在儿童早期,儿童自我控制和自我调节能力的发展要经历五个重要的发展阶段(见表 11-1)。

表 11-1　儿童自我调节的早期形式

| 发展形式 | 特征 | 出现的年龄 | 中介变量 |
| --- | --- | --- | --- |
| 控制与系统组织 | 唤醒状态、早期活动的激活调节 | 从母亲怀孕晚期到儿童3个月 | 神经生理的成熟、父母间的交往、儿童的生活常规 |
| 依从 | 对成人警告性信号的反应 | 9—12 个月出现 | 对社会行为的偏向、母子交往的质量 |
| 冲动控制 | 自我的发生、行为与言语间的平衡 | 2 岁出现 | 成熟因素(如言语的发生)、照看者对儿童需要与情感的敏感性、降低压力的措施的采用 |
| 自我控制 | 社会品质的内化、动作抑制 | 2 岁儿童对成人的要求进行反应,3—4 岁时利用外部言语进行自动调节,6 岁时转换为内部言语的调节 | 社会互动与交流、言语的发展及其指导作用 |
| 自我调节 | 采用偶然性规则来引导行为而不顾及环境的压力 | 3 岁时出现 | 认知过程、社会背景因素 |

麦科比(Maccoby,1980)区分了四种自我控制活动。(1)运动抑制。儿童在自我控制发展中面临的第一个问题就是学会停止、抑制某些行动。一些研究发现,要儿童对某种信号不作出反应比让儿童作出反应要困难得多(Luria,1961,1981)。(2)情绪抑制。幼儿开始能够控制自己的情绪。(3)认知活动抑制。卡根将人的认知方式区分为冲动型和熟虑型。研究发现,6 岁之前的儿童倾向于对难题很快作出反应,而不考虑问题的难度。他们反应快,错误率也高。随着年龄增长,儿童放慢了作出反应的速度,改进了操作。(4)延缓满足。为得到更大利益而学

习等待,放弃眼前报酬。幼儿往往选择即时报酬而不是等待(Mischel,1968)。

自我控制对于人成功地适应社会相当重要,它是人完成各种任务,协调与他人关系的必要条件。由于幼儿的皮质兴奋机制相对抑制机制仍占很大优势,所以幼儿更多地表现为冲动性,自我控制能力较低。

幼儿自制的两种表现即抗拒诱惑与延迟满足。

(1) 抗拒诱惑

抗拒诱惑指抑制自己,不去利用机会从事能够得到满足但是社会禁止的行动,它表现为在有人或没有人在场的情况下,都拒绝具有诱惑力但被禁止的愿望和行动。

4岁以前的儿童抗拒诱惑的能力与惩罚呈正相关,4岁以后则与说理关系密切。

(2) 延迟满足

延迟满足是为了长远利益而自愿延缓目前的享受。

观察表明,小班幼儿已经具有为等待长远目标而抑制即时满足的能力。

2岁的中国儿童在延迟满足情境中已具备一定的自我控制能力,其中包括延迟策略的使用,尽管策略的使用可能是无意识的(2002,陈会昌)。

> **知识拓展**
>
> 20世纪70年代,在Walter Mischel的策划组织下,美国斯坦福大学附属幼儿园基地内进行了著名的"延迟满足"实验。实验人员给每个4岁的孩子一颗好吃的软糖,并告诉孩子可以吃糖。但是如果马上吃掉的话,那么只能吃一颗软糖;如果等20分钟后再吃的话,就能吃到两颗。然后,实验人员离开,留下孩子和极具诱惑的软糖。实验人员通过单面镜对实验室中的幼儿进行观察,发现:有些孩子只等了一会儿就不耐烦了,迫不及待地吃掉了软糖,是"不等者";有些孩子却很有耐心,还想出各种办法拖延时间,比如闭上眼睛不看糖、或头枕双臂、或自言自语、或唱歌、讲故事……成功地转移了自己的注意力,顺利等待了20分钟后再吃软糖,是"延迟者"。
>
> 后来,研究人员在参加实验的孩子到了青少年时期,对他们的家长及教师进行了调查,发现:"不等者"在个性方面,更多地显示出孤僻、易固执、易受挫、优柔寡断的倾向;"延迟者"较多地成为适应性强、具有冒险精神、受人欢迎、自信、独立的少年。两者学业能力的测试结果也显示,"延迟者"比"不等者"在数学和语文成绩上平均高出20分。
>
> 延迟满足(Delay of Gratification)是个体有效地自我调节和成功适应社会行为发展的重要特征,是指一种为了更有价值的长远结果而主动放弃即时满足的抉择取向,属于人格中自我控制的一个部分,是心理成熟的表现。
>
> 实验说明,那些能够延迟满足的孩子自我控制能力更强,他们能够在没有外界监督的情况下适当地控制、调节自己的行为,抑制冲动,抵制诱惑,坚持不懈地保证目标的实现。因此,延迟满足是一个人走向成功的重要心理素质之一。

(3) 坚持性

幼儿的坚持性随着年龄的增长而提高。

4—5岁是幼儿坚持性发展最快的年龄,也是受外界影响波动最大的年龄,因而是教育的关键期。

(4) 幼儿自我控制的发展趋势

① 从主要受他人控制发展到自己控制;

② 从不会自我控制发展到使用控制策略;

③ 儿童自我控制的发展受父母控制特征的影响。

父母控制过低,幼儿出现攻击性行为较多;控制过高,幼儿也会过度控制自己,甚至压抑自己的情感。

### (六) 如何培养幼儿的自我意识

培养幼儿的自我意识应从以下几方面入手:

1. 对幼儿进行正确恰当的评价

幼儿自我意识的一个很重要的特点就是依赖、轻信他人尤其是成年人的评价,往往以别人的评价为依据来评价自己。年龄越小的幼儿受成人评价的影响越大。即使到了大班,幼儿自我评价的独立性也还是比较差的,成人的评价是他们认识自我的重要依据。因此,成人应注意自己的言行,尽量以积极的态度来评价幼儿。

2. 明确行为要求

获得成功感是幼儿形成自信心的基础。2—3岁幼儿就开始强烈地要求自己做事。明确要求可以使幼儿有明确的努力方向,用一个标准来衡量自己,也可以知道自己的不足,从而对自己有一个合适的判断,进而形成合理的自我意识。在向幼儿明确行为的具体要求时,要用幼儿可以接受的、可以具体操作的方式。过于抽象的要求对幼儿来说很难理解,在行动中执行更是不可能,这样的要求是没有意义的。

3. 增加交往机会

幼儿从个人经验中获得的知识与通过交往积累的关于自己的评价和认识的协调结合是形成确切的自我概念的前提。与成人交往的经验是幼儿自我评价的主要根源,通过与成人交往,幼儿可以意识到并且说出自己的经验,可以向成人学习社会知识和行为方式,将成人传递的社会文化、道德规范逐渐内化,进而进行自我评价。幼儿与同伴交往,特别是通过游戏等活动,可以学会用自己的眼光看待同伴,进而看待自己,通过同伴认识自己。增加幼儿交往活动,可以从以下两方面入手:首先,改善交往环境;其次,增加幼儿与成人交往的频率。

4. 在各种活动中正确引导幼儿的自我意识

幼儿天生好奇、好动,几乎对任何动态的环境都感兴趣,而且他们自己也正是构成动态环境的最活跃的因素。因此,可以根据幼儿年龄特点、教育内容、季节变化不断创设新奇的环境,充分利用场地及自然界所提供的沙石、泥、水等创设水池、沙坑、饲养角等,为幼儿提供充分活动的机会,引导幼儿独立去观察、操作、探索、发现,从而认识问题和解决问题。

人的才能是在活动中培养的,也是在活动中展示的,每个儿童都有自己的潜能和特长,儿童只有通过活动,才能客观地认识、评价自己的能力。幼儿在参与活动的过程中,他们必须放弃"自我中心",站在别人的角度思考问题,关心理解他人的心情;必须学会自我控制、克服任性暴躁等缺点,重新认识自己,调整自己的言行。

5. 家园配合,指导家长实施正确的教育

通过联系手册、面谈、请家长观摩幼儿的活动、召开家长会、介绍教育方法和教育经验、举办专题讲座等形式,帮助家长全面了解自己的孩子,指导家长实施正确的教育,不要将自己的孩子与别人孩子横向比较,不说"你看××小朋友的画画得多好呀","××小朋友会讲那么多的故事","你看你能干什么呀"……这类挫伤自尊心的话,以免幼儿产生消极的情绪,要考虑幼儿的实际情况,不急躁、不气馁,使幼儿在家中也能接受比较正确的教育,得到恰当的评价。

总之,作为幼儿教师,要时时刻刻从"以幼儿发展为本"的角度去考虑问题,使自己成为幼儿学习的参与者、讨论者,而不仅仅是教学活动的执教者,教师要为幼儿创设多样的学习环境,确保幼儿能够自由地活动和自由地游戏。

### 四、学前儿童个性倾向性的发展

(一) 个性倾向性及其基本特征

个性倾向性是决定人对事物的态度和行为的动力系统,对一个人的心理与行为起着促进和引导的作用。

学前期儿童个性倾向性的发展主要反映在需要、动机及兴趣的发展方面。

个性倾向性有两个基本特征,即积极性和选择性。

① 积极性,个性积极性使人以不同的态度和积极性去组织自己的行动。如当一个人的需要强烈时,他的行为反应就会相应比较强;而当需要较弱时,行为反应的程度就会相对减弱。

② 选择性,个性选择性使人有目的、有选择地对客观世界进行反应。如不同的需要会导致人选择不同的事物、不同的方向。

1. 需要和动机的概念

自有人类社会以来,人们每天吃饭、穿衣、睡觉、劳动、娱乐,年复一年、日复一日地进行各种活动,其原因就在于需要。需要是个体在一定的生活条件下,即在一定的社会和教育的要求或自身的要求下,产生对于一定客观现实的反映,是个体对其存在与发展条件的欲求的心理倾向,是个体活动的内在动力。

人的需要是一个多层次的结构。最低级需要是人的生理需要,在生理需要满足的条件下,产生高一级的需要即安全需要。在这两种需要满足的前提下,各种社会性需要就会逐渐出现,如被尊重的需要、友谊的需要及成就的需要等。

需要是个体行为积极性的源泉。人的活动的积极性根源在于他的需要。如一个未来的幼儿教师有着强烈的责任感,希望做一个优秀的幼儿教师,她就会产生好好学习学前儿童发展心理学的需要。因为做一个幼儿教师,如果不懂得幼儿特点,就无法和孩子沟通,也无法了解幼儿,无法有的放矢地进行教育。在这种需要的推动下,她就会认真学习,同时在日常生活中,注意观察幼儿的特点,将所学理论应用于实际。但每个人努力的程度会有差异,需要越强烈的人,学习就越刻苦,而她最终的成就也就越大。

动机是在需要的刺激下直接推动人进行活动以达到一定目的的内部动力。动机可能是意识到的,也可能是未被意识到的。

需要和动机既有联系又有差别。需要是一种刺激,人的活动动机是在这种刺激下产生的:如有了某种需要,人就会想办法满足它,从而产生活动动机;但需要产生之后,并不一定就成为推动人进行活动的动力,需要变成动机往往要有一个发展阶段。处于萌芽状态的需要,会使有机体产生不安之感;需要增强到一定程度,会使人产生一定的愿望;而愿望变成动机的过程还需要有一定的诱因条件,才能为满足愿望而采取行动去达到一定的目的。

2. 学前儿童需要的发展特点

幼儿除了生理性需要之外,开始出现明显的社会性需要。同时,需要的发展已经显现出明显的个性特点。

(1) 开始出现多层次、多维度的整体结构

学前儿童需要的发展遵循着一个规律,即年龄越小,生理需要越占主导地位(见表 11 - 2)。幼儿的需要中,既有生理与安全需要,也有了交往、游戏、尊重、学习等社会性需要形式,并且各种需要的水平也在提高。

表 11 - 2  幼儿需要结构模式

| 层次 \ 等级 | 生理与物质生活 | 安全与保障 | 交往与友爱 | 游玩活动 | 求知活动 | 尊重与自尊 | 利他行为 |
| --- | --- | --- | --- | --- | --- | --- | --- |
| 1 | 吃喝睡等 | 人身安全 | 母爱 | 游戏 | 听讲故事 | 信任、自尊 | 劳动 |
| 2 | 智力玩具 | 躲避羞辱 | 友情 | 文娱活动 | 学习文化知识 | 求成 | 助人 |

(2) 优势需要有所发展

幼儿期占主导地位的优势需要由几种强度较大的需要所组成,同时,每种需要在整体中所占的地位也在发生变化(见表 11 - 3)。在 3—6 岁这一阶段,不同年龄儿童需要的排序都在发生变化,说明幼儿期是需要发展的活跃时期。特别应该注意的是,从 5 岁开始,儿童的社会性需要迅速发展,求知的需要、劳动和求成的需要开始出现。而 6 岁时,儿童希望得到尊重的需要强烈,同时对友情的需要开始发生。这些都应该引起教师和家长的重视。

11 - 3  幼儿期各种需要地位和变化(排序)

| 年龄(岁) \ 需要类型 | 生理 | 母爱 | 人身安全 | 游戏 | 听讲故事 | 学习文化知识 | 劳动 | 求成 | 信任自尊 | 友情 |
| --- | --- | --- | --- | --- | --- | --- | --- | --- | --- | --- |
| 3 | 1 | 2 |  | 4 | 5 |  |  |  |  |  |
| 4 | 2 | 4 | 5 | 1 | 3 |  |  |  |  |  |
| 5 | 2 |  |  | 4 |  | 1 | 3 | 5 |  |  |
| 6 | 4 |  |  |  | 2 | 3 |  |  | 1 | 5 |

3. 学前儿童活动动机的发展

进入幼儿期以后,随着儿童社会性需要及其目的性的发展,儿童的活动动机有了较大发

展,表现在以下几个方面:

(1) 从动机互不相干到形成动机之间的主从关系

幼儿初期的儿童仍然保留着婴儿期的特点,其动机的关系是在具体情况下、在狭窄的范围内形成的。在遇到主从动机之间的斗争时,往往选择较近的、较容易达到的动机。动机系统还带有情境性,因而还是相当不稳定的。年龄较大的幼儿则能逐渐摆脱那些外表较诱人的情境,动机的主从关系逐渐趋于稳定。

(2) 从直接、近景动机占优势发展到间接、远景动机占优势

随着年龄的增长,幼儿逐渐形成更多间接的远景动机。对幼儿做值日生的动机的实验研究发现,小班幼儿做值日生往往是出于对活动本身的兴趣,如做值日生可以穿戴围裙,可以给小朋友分饭。因此,幼儿可重复洗已经洗干净的抹布,把桌子擦了又擦。中大班的幼儿做值日生时,社会意义的动机逐渐占主要地位,他们比较注意值日生工作的成果和质量,明确做值日生是要为别人服务。

(3) 从外部动机占优势到内部动机占优势

幼儿初期的行动动机主要由外部影响所引起,其产生是被动的。幼儿行为的动机往往是为了获得成人的奖励;而到了幼儿晚期,幼儿在探索周围世界时,对环境中的新奇事物特别敏感,幼儿的这种好奇心与探究环境的倾向性,即内部动机也逐渐发展起来。幼儿的行为动机中,兴趣的作用逐渐增强,成为左右幼儿行为的一个主要因素。

(二) 学前儿童兴趣的发展

1. 兴趣及其特点

兴趣是人力求探究某种事物或从事某种活动的心理倾向。兴趣是在需要的基础上产生和发展起来的,需要的对象也就是兴趣的对象。一个人只有对某种客观事物产生了需要,才有可能对这种事物产生兴趣。

兴趣有三个特点:指向性、情绪性和动力性。

2. 学前儿童兴趣发展的阶段和特点

(1) 兴趣发展的初级阶段(0—1岁)

① 先天反射性反应阶段(0—3个月)

婴儿对声、光、运动等刺激产生反应。

② 相似性物体再认知觉阶段(4—9个月)

适宜的声、光的重复出现能引起婴儿的兴趣,婴儿作出反应使有趣的景象得以保持,并由此产生快感。

③ 新异性探索阶段(9个月以后)

对新异事物感兴趣。当新异事物出现时,婴儿主动做出重复性动作去认识新异事物本身,如不断地抛玩具。

(2) 多种兴趣开始发展阶段(1—3岁)

这一阶段,儿童开始对下列事物有浓厚的兴趣:

① 活动的或微小的物体,如飞机、昆虫。

② 突然消失的物体,如拿个东西给儿童看,然后藏起来。

③ 成人的动作或活动,如妈妈包饺子,爸爸刮胡子。

④ 因果关系,如坐车时树木和火车的相对运动。

(3) 兴趣的广泛发展并逐渐稳定阶段(3—6岁)

这一时期,幼儿的兴趣体现出以下特点:

① 兴趣比较广泛

幼儿渴望认识世界,喜欢和人交往,对周围的事物和各种活动表现出了广泛的兴趣。例如:幼儿一般喜欢小动物和各种花草树木,对雨露雾雪等自然现象也很有兴趣;喜欢观看成人的劳动和交往等社会行为;也喜欢参加简单的劳动及音乐、美术、体育等活动;尤其爱好游戏和玩具,游戏以兴趣为主导,特别喜欢问为什么,喜欢拆卸物体,进行探究活动。

② 兴趣表现出个别差异和年龄差异

从表11-4可以看出来,不同的幼儿受环境、教育、生活经验、自身素质等多种因素的影响,对各种事物的爱好以及爱好程度常不相同,这时幼儿的兴趣就已经表现出个别差异。

表 11-4　各年龄班幼儿喜欢不同特性玩具的人数　　　　　　　　单位:人

| 年龄班 | 参加人数 | 鸡 | | 娃娃 | | 鹿 | | 猫 | | 娃娃 | | 积塑片 | |
|---|---|---|---|---|---|---|---|---|---|---|---|---|---|
| | | 自动的 | 不能动 | 鲜艳的 | 不鲜艳的 | 逼真的 | 夸张的 | 带响的 | 不带响 | 立体的 | 平面的 | 自己操作 | 插好的 |
| 小班 | 20 | 19 | 1 | 20 | 0 | 13 | 7 | 20 | 0 | 16 | 4 | 5 | 15 |
| 中班 | 20 | 20 | 0 | 20 | 0 | 16 | 4 | 20 | 0 | 18 | 2 | 11 | 9 |
| 大班 | 20 | 20 | 0 | 20 | 0 | 19 | 1 | 20 | 0 | 20 | 0 | 18 | 2 |

(资料来源:袁爱玲.《幼儿爱好何种特点的玩具》.《心理科学通讯》.1985年第2期)

③ 直接兴趣比重较大

直接兴趣即对当前的事物或活动过程感兴趣。年龄小的幼儿大多呈直接兴趣,只有年龄较大的一些幼儿才对比较遥远的事物或活动的结果发生间接兴趣。例如:大班幼儿为了在文艺表演中赢得荣誉,即使不喜欢枯燥乏味的反复练习,却乐于背诵一篇长达几十句的快板词。

④ 兴趣比较肤浅,容易变化

幼儿由于知识经验和心理能力的限制,因此,他们主要是被事物的外部特点所吸引,不会深入到事物的本质。他们的兴趣往往是由客体鲜艳悦目的颜色、新颖多变的外形等引起,因而比较肤浅。经过多次接触,这些客体的外部特点会慢慢失去吸引力,幼儿的兴趣也就逐渐减弱或完全消失了,如不久前还很感兴趣的东西,过一段时间很有可能就会"靠边站",让位给其他更感兴趣的事物了。总之,幼儿的兴趣不易稳定和保持。

⑤ 兴趣也可能表现出不良的指向性

幼儿的兴趣一般表现出良好的指向性,但也有些幼儿由于没有受到良好的教育,娇惯任性,分不清对与不对,从而表现出不良兴趣。

虽然幼儿的兴趣发展比较迅速,但总的来说,兴趣的范围、指向性、稳定性等还处于较低水平,兴趣的发展要到青少年期才能逐渐完善。

3. 学前儿童兴趣的培养

爱因斯坦说过"兴趣是最好的老师"。兴趣是孩子认识世界的动力,幼儿一切自主选择的活动无不始自兴趣,而一切的活动追根究底亦源于兴趣。心理学家认为:一个人如果对某一事物产生了浓厚的兴趣,便会自觉自愿地去探索、去学习,并能表现出惊人的毅力和勤奋,使其以专注的精力,忘我的精神从事这项活动。由此可见,兴趣的产生,对个人成长的影响起决定性作用。古往今来有成就的人,他们的成功往往来自于执著的追求,来源于他们在孩童时代的兴趣与爱好。

培养学前儿童的兴趣应从以下几方面入手:

(1) 促使幼儿对感兴趣的事物保持持久的兴趣

培养幼儿的兴趣,首先要培养幼儿的好奇心。好奇心是兴趣之根本,每个兴趣的产生都是由于幼儿对某一事物产生了好奇之心,才促使幼儿去实践、去探索。牛顿如果不是对苹果落地产生了好奇心,就不会发现伟大的万有引力。幼儿在生活中会有很多惊奇的发现,如发现蜗牛的触角能自由伸缩,有些树的树干上会长"瘤子"等。无论这些发现是否有价值,对幼儿来说都像哥伦布发现了新大陆一样,充满了好奇、快感。这时,教师应抓住时机对幼儿的好奇心予以保护,并鼓励、启发和引导。这样幼儿的好奇心得到了培养,兴趣也随之产生。如孩子学会了一首歌,回答了一个精彩的问题,这时,老师的一个微笑,一次抚摩,一个不经意的动作,都会使幼儿产生愉悦感,从而转移到学习活动上,增强对学习活动的兴趣。

(2) 用自己的情绪感染幼儿,激发幼儿的兴趣

这主要是针对幼儿教师而言,因为幼儿年龄小,他们的情绪不稳定且易受感染。教师在教育过程中的情绪如何,直接影响幼儿的兴趣。因此,教师在教学中注意用愉快、欢乐的情绪,生动形象的语言,和对所教内容的喜爱之情来感染、影响幼儿,激发他们的兴趣。例如:教幼儿学习活动《蔬菜一家子》时,教师要用充满感情的语气朗读,把幼儿引入到诗的意境中去。营造一个宽松的表达氛围,让幼儿描述蔬菜的各种形状特征,使幼儿形成对蔬菜的正确认识,加深对蔬菜的了解,激发幼儿爱蔬菜的兴趣,从而取得良好有效的教育效果。

(3) 培养幼儿兴趣,要从幼儿实际出发

由于幼儿年龄尚小,知识经验少,知识面窄,因此,在培养幼儿兴趣时,首先要考虑的就是幼儿的年龄特点。幼儿由于生理和心理的发育不够成熟,理解事物的能力较差,因此,在选择内容时,一定要选幼儿知识范围以内,能够理解和接受的东西。所以幼儿园教育活动内容应遵循"贴近幼儿的生活来选择幼儿感兴趣的事物和问题"。例如,给幼儿讲故事,讲"小猫的故事"、"小狗的故事"、"大灰狼的故事"。他们就非常感兴趣,非常爱听,并能从故事中学到知识,懂得一些浅显的道理,还会时不时地提出一些简单的问题要教师回答。如果你给他们讲成人的故事,他们就会因听不懂而不感兴趣。由于不同年龄段的幼儿思维方式不同,因此应采取不同的教育方式。2—3岁幼儿的思维比较简单,喜欢听重复的故事,有些故事成人一遍一遍地讲,幼儿也愿意一遍一遍地听,甚至还会提出让你重复讲以前的故事。而5—6岁幼儿的思维较2—3岁幼儿的思维要复杂得多,他们的思维方式由具体形象思维向抽象逻辑思维发展,不

太爱听重复的而喜欢听那些没有听过的,情节较为复杂的故事。如果你一味地讲重复而简单的故事,他们会非常不耐烦,并且不感兴趣。所以,在选择内容时,教师要考虑得更加周全,应从幼儿感兴趣的角度出发。

(4) 幼儿园应创设良好的环境,组织开展丰富多彩的活动,引发幼儿的兴趣

在环境的刺激下,幼儿会对事物产生兴趣,教师在创设环境时,要倾向于将所有与教育有关的事物结合起来,设置问题情境,形成幼儿认知冲突,激起幼儿探究的兴趣。教师作为环境的创设者,主要任务是通过观察和聆听,从幼儿的活动中获得"教"的信息,并结合环境的调整或改变,将幼儿的兴趣从好奇引向研究。如:在活动区创设时,教师应尽量发现幼儿感兴趣和能激发幼儿兴趣的活动,如小班的娃娃家、大班的科学探索区等,并帮助提供丰富的活动材料,激发幼儿参与的兴趣。

(5) 注重家庭教育中幼儿兴趣的培养

首先,在家庭教育过程中,要多表扬,少批评,要善于发现每个儿童的优点。有些家长开口闭口就是"这么简单都不会,光知道玩",本是恨铁不成钢,却不知好钢已在批评中钝化了,日久天长儿童总觉得自己很差,总有错,在学习中会产生压抑感,于是厌恶学习。如果儿童真的做错了,当然也要给予批评,但要让其大人为什么批评他,让他明白道理。

其次,使儿童一开始就有成功的体验。成人要尽可能使儿童掌握好知识,一开始就让儿童弄懂,这样既增强了儿童的自信心,又使他体验到了学习的快乐。

优秀家长的经验也证明:学习目的的教育应该联系儿童的思想和实际,坚持耐心细致的正面教育,通过生动形象、富有感染力的事例,采用多种多样的形式,把学习目的与生活目的联系起来,这样才可以收到良好的效果。例如,有的儿童在学跳舞,她不喜欢舞蹈基本功练习,吃不了这个苦,但是她对学习舞蹈可以参加各种演出表演活动的结果感兴趣,这种兴趣可以促使儿童去从事基本功练习的活动。所以家长们既要充分利用儿童的直接兴趣,激发其勤奋学习,更要通过学习目的教育来提高儿童的间接兴趣。

只有肥沃的土壤才能长出好庄稼,只有良好的家庭环境才可能培养出智力优秀、聪明活泼的儿童。家长和教师应该学会抓住儿童的兴趣特点,了解儿童的兴趣所在,并对儿童最初的兴趣点进行培养和开发,使兴趣在个人成长道路上发挥最大的动力作用。

## 五、学前儿童气质的发展

心理学所指的气质可以理解为人的脾气、秉性或性情。它是指一个人所特有的,主要是生物决定的,相对稳定的心理活动的动力特征。气质使人的整个心理活动带上个人独特的色彩,制约着心理活动的进行。

与其他个性心理特征相比,气质和人的生理特点具有最直接的联系,具有较突出的生物性。儿童生来就具有个人最初的气质特点,同时,气质与其他个性特征相比,具有更大的稳定性。

(一) 学前儿童的气质类型

1. 传统的气质类型

气质是组成个性心理特征的成分之一,它标志着一个人在进行心理活动时在行为方式上

表现的速度、强度、稳定性和灵活性等动态性质方面的心理特征。气质还表现在情绪产生的快慢,情绪体验的强弱,情绪状态的稳定性和持久性,情绪变化的幅度以及言语的速度特点上。

传统的气质类型是古希腊医生希波克利特提出的。他把气质分为四种类型:胆汁质、多血质、粘液质、抑郁质。这四种类型的人都有其各自的典型特征。

胆汁质:直率热情,精力旺盛,情绪易于冲动,心境变化剧烈;

多血质:活泼好动,敏感,反应迅速,喜欢与人交往,注意力易转移,情绪与情感易变化;

粘液质:安静,稳定,反应缓慢,沉默寡言,情绪不易外露,注意稳定难以转移;

抑郁质:孤僻,行动迟缓,体验深刻,善于细心观察别人,不易觉察到事物和人际关系。

巴甫洛夫根据高级神经活动的强度、平衡性、灵活性三种基本特性的结合,可以形成四种高级神经活动类型。其中三种是强型,一种是弱型。强型又可分平衡型与不平衡型。平衡型再可分为灵活型与不灵活型,详见表11-5。

表11-5 气质类型对照表

| 神经系统的特征和类型 | | | | 气质 | |
|---|---|---|---|---|---|
| 强度 | 平衡性 | 灵活性 | 组合类型 | 气质类型 | 主要心理特征 |
| 强 | 不平衡(兴奋占优势) | | 兴奋型 | 胆汁质 | 易兴奋、反应快、易冲动、难约束 |
| | 平衡 | 灵活 | 活泼型 | 多血质 | 活泼、灵活、好交际、情绪外显 |
| | 平衡 | 不灵活 | 安静型 | 粘液质 | 安静沉稳、迟缓、有耐性、情感含蓄 |
| 弱 | 不平衡(抑制占优势) | | 抑郁性 | 抑郁质 | 敏感、畏缩、孤僻、体验深刻 |

其实,在现实生活中,只有非常少数的人具有单一的、典型的气质类型,大多数人都是混和型的,只是某一种类型的表现更突出一些。

2. 托马斯、切斯的气质类型

传统的四种气质类型的划分对学前儿童同样适用。由于其外部表现典型,容易区分,因此,从教育角度更具有实际应用价值。同时近年来,比较有代表性的如托马斯、切斯的气质类型的划分,也被广泛运用。

托马斯、切斯根据9个维度对从出生到3岁前儿童的气质类型进行划分,划分为三种类型。

(1) 容易型

许多婴儿属于这一类,约占托马斯、切斯全体研究对象的40%。这类婴儿吃、喝、睡、大小便等生理机能活动有规律,节奏明显,容易适应新环境,也容易接受新事物和不熟悉的人。他们情绪一般积极、愉快,对成人的交流行为反应适度。由于他们生活规律、情绪愉快,且对成人的抚养活动能提供大量的积极反馈(强化),因而容易受到成人最大的关怀和喜爱。

(2) 困难型

这一类婴儿的人数较少,约占托马斯、切斯全体研究被试的10%。他们时常大声哭闹、烦躁易怒、爱发脾气、不易安抚。在饮食、睡眠等生理机能活动方面缺乏规律性,对新食物、新事物、新环境接受很慢,需要很长时间去适应新的安排和活动,对环境的改变难以适应。他们情绪总是不好,在游戏中也不愉快。成人需要费很大力气才能使他们接受抚爱,且很难得到他们的正面反馈。由于这种孩子对父母来说是一个较大的麻烦,因而在哺育过程中需要成人极大的耐心和宽容。否则易使亲子关系疏化,孩子缺乏抚爱、教养。

(3) 迟缓型

约有15%的被试属于这一类型。他们的活动水平很低,行为反应强度很弱,情绪总是消极而不甚愉快,但也不像困难型婴儿那样总是大声哭闹,而是常常安静地退缩、畏缩、情绪低落,逃避新刺激、新事物,对外界环境、新事物、生活变化适应缓慢。在没有压力的情况下,他们会对新刺激缓慢地发生兴趣,在新情境中能逐渐活跃起来。这一类儿童随着年龄的增长,随成人抚爱和教育情况不同而发生分化。

托马斯、切斯认为,以上三种类型只涵盖了65%的研究被试,另有35%的婴儿不能简单地划归到上述任何一种气质类型中去。他们往往具有上述两种或三种气质类型混合的特点,情绪、行为倾向性和个人特点不明显,属于上述类型中的中间型或过渡型。

(二) 学前儿童气质的稳定性与发展变化

1. 学前儿童气质具有稳定性

在人的各种个性心理特征中,气质是最早出现的,也是变化最缓慢的。因为气质和儿童的生理特点关系最直接。儿童出生时就已经具备一定的气质特点,在整个儿童期内常会保持相对稳定。

有人对138名儿童从出生直到小学的气质发展进行了长达10年的追踪研究。结果发现,在大多数儿童身上,早期的气质特征以后一直保持稳定不变。如一个活动水平高的孩子,在2个月时睡眠中和换尿布后爱动;到了5岁,在进食时常离开桌子,总爱跑。而一个活动水平低的孩子,小时候睡觉或穿好衣服后都不爱动,到他5岁时穿衣服也需要很长时间,在电动玩具上能安静地坐很久。

2. 学前儿童气质的变化

儿童的气质类型具有相对稳定的特点,但并不是一成不变的,其后天的生活环境与教育可以改变原来的气质类型。

幼儿气质发展中存在"掩蔽现象"。所谓"掩蔽现象"就是指一个人气质类型没有改变,但是形成了一种新的行为模式,表现出一种不同于原来类型的气质外貌。如一儿童的行为表现明显地属于抑郁质,但神经类型的检查结果都是"强、平衡、灵活型"。究其原因,发现这个儿童长期处于十分压抑的生活条件下,这种生活条件下形成的特定行为方式掩盖了原有的气质类型,而出现了萎顿、畏缩和缺乏生气等行为特点。由此可见,儿童的气质类型具有相对稳定的特点,但并不是一成不变的,其后天的生活环境与教育可以改变原来的气质类型。

3. 儿童气质影响父母的教养方式

研究发现,儿童的气质类型对父母的教养方式有较大影响。母亲对待不同类型的儿童的行为方式是不同的。如果儿童的适应性强、乐观开朗、注意持久,则母亲的民主性表现突出。而影响母亲教养方式的消极气质因素包括:较高的反应强度(如平时大哭大闹)、高活动水平(如爱动、淘气)、适应性差及注意力不集中等。可见,儿童自身的气质类型,通过父母亲教养方式而间接影响自身的发展。因此,父母和教师平时要注意儿童的气质特点,同时,还要避免儿童气质中的消极因素对自己教育方式的影响。

(三) 针对幼儿气质因材施教

气质本身没有好坏,也不决定个体的社会价值或智力水平,每种气质都存在着向积极或消极品质发展的可能。因此应发挥各种气质的积极特征,采用不用的教育方法,塑造优良的人格品质。

1. 对胆汁质幼儿的教育

教师在教育活动中既要让幼儿有所触动,又要避免激怒他们,在着重培养幼儿进取、豪放的品质时,又要防止他们任性、粗暴,要教会他们自制,养成安静、守纪律的好习惯。

2. 对多血质幼儿的教育

(1) 要对气质中好的一方面进行因利势导,发挥长处,培养幼儿活泼开朗、朝气蓬勃的良好性格;

(2) 针对情绪不稳定,兴趣经常转移,做事情粗心大意、虎头蛇尾的特点,要培养他们凡事细致,有条理,有始有终的习惯,培养秩序意识;

(3) 在提供参加各种活动机会的同时,培养他们稳定的兴趣,培养自我控制力和锲而不舍的精神,加强他们的责任感和纪律性。

3. 对粘液质幼儿教育

粘液质幼儿典型特征就是慢,应多给予他们活动的机会,及时表扬他们的进步,培养自信心,激发积极性。

4. 对抑郁质的幼儿教育

抑郁质幼儿的典型特征是性情脆弱、动作迟缓、胆小怕事、拘谨不安。教师应注意教育的方式,热情地鼓励他们积极参加各项活动,耐心地启发和诱导,让他们勇敢地面对一切事物。

## 六、学前儿童性格的形成与发展

(一) 性格的概念

性格是表现在人对现实的态度和惯常的行为方式中比较稳定的心理特征。它是指人对现实的态度和与之相应的习惯了的行为方式,是态度和相应行为方式的独特结合,构成了一个人区别于他人的独特性格。现实生活中,每个人对周围客观事物的种种影响都会通过认知、情感和意志等活动将反映保存和巩固下来,形成自己独特的、稳定的态度体系,并以一定的方式表现在行为活动中,构成个人特有的行为方式。

性格是后天形成的,但一经形成就比较稳定,并贯穿于人的全部行为活动之中。性格是稳定的,但不是一成不变的,在社会生活条件和实践活动发生变化时,人的性格也会发生变化。性格具有可塑性。

1. 性格的特点

(1) 对现实稳定的态度

在日常生活中,人们对待周围人与事的态度是各式各样的。如有的人待人热情,善于关心别人;有的人冷漠;有的人私心很重,只顾自己;有的人勤劳;有的人懒惰等等,这种一个人经常表现出来的对人、对己及对事的态度方面的差异是构成人性格的主要方面。

(2) 惯常的行为方式

所谓惯常的行为方式就是区别于一时的、偶然的行为方式。如某人个性勇敢、坚强,但在某个偶然的场合表现出胆怯的行为,不能据此就说他有怯懦的性格特征。

稳定的态度和惯常的行为方式是统一的。人对现实的态度决定其行为方式,而惯常的行为方式又体现着人对现实的态度。

2. 性格的结构

人的性格是非常复杂的,它是由各种各样的性格特征有机结合组成的统一体。具体包括性格的态度特征、性格的意志特征、性格的情绪特征和性格的理智特征。

(1) 性格的态度特征

表现在人对现实态度方面的特点。由以下三方面组成:

① 对社会、集体和他人的态度(集体主义、同情心、诚实、正直等);

② 对工作和学习的态度(勤劳、有责任心、认真、创新性等);

③ 对自己的态度(谦虚、自信等)。

(2) 性格的意志特征

表现在人自觉调节自己行为方面的特点。由以下三方面组成:

① 对行为目的的明确程度(冲动性、独立性、纪律性等);

② 对行为的自觉控制水平(主动性、自制力等);

③ 在长期工作中表现出来的特征(恒心、坚韧性、顽固性等)。

(3) 性格的情绪特征

表现在人受情绪影响的程度和情绪受意志控制的程度。由以下四方面组成:

① 情绪的强度(是否易受感染及反应强度);

② 情绪的稳定性(波动与否);

③ 情绪的持久性(持续时间长短);

④ 主动心境(愉快与否)。

(4) 性格的理智特征

也称人的认知风格,表现在人的认识活动方面的特点。分别表现在四个方面:

① 感知(观察的主动性、目的性、快速性及精确性);

② 想象(想象的主动性和大胆性);

③ 记忆(记忆的主动性和自信程度);

④ 思维。

(二) 性格与气质

性格与气质都是人脑的活动,都是在人的实践活动中形成发展起来的。人们往往把性格和气质视为同一概念加以混淆使用,从科学角度分析,性格和气质是个性结构中既有区别又有联系的两个重要因素。

性格与气质的区别表现在：(1)气质更多地同高级神经活动类型有关,受人的生物因素制约,是先天的,具有天赋性。而性格则主要更多地受社会生活条件的制约,由后天形成,具有社会制约性。(2)气质是从心理活动的速度、强度、稳定性和倾向性来表现个性特征,突出地反映着情绪方面的特征。性格则是从个体对待现实的态度和行为方式方面表现个性特征,涉及人的全部心理活动的一切稳定特点,表现的范围较广,既包括人对现实的态度特征,也有属于情绪、意志和认知方面的特征。(3)气质所表现的只是心理活动的动力特征,无所谓好坏;而性格是对现实社会关系的反映,具有社会内容和社会意义,有好坏之分。(4)气质体现着高级神经活动类型的自然表现,可塑性小,变化较慢,虽能改变,但不易改变;性格由现实生活经历与个人实践决定,可塑性较大,虽然相对稳定,但较易改变。

性格和气质又是相互渗透、彼此制约的。同时,性格与气质之间不存在简单的对应关系。同一气质类型的人可以形成不同的性格特征;不同气质类型的人也可以形成相同的性格特征。

### (三) 婴儿性格的萌芽

儿童的性格是在先天气质类型的基础上,在儿童与父母相互作用中逐渐形成的。儿童性格的最初表现是在婴儿期。3岁左右,儿童出现了最初的性格方面的差异,主要表现在以下几方面。

1. 合群性

在儿童与伙伴的关系方面,可以看出明显的区别,如有的孩子比较随和,富于同情心,看到小伙伴哭了会主动上前安慰,发生争执时,较容易让步。而另一些孩子存在明显的攻击行为,如在幼儿园,一般每个班里都有几个爱咬人、打人、掐人的孩子。

2. 独立性

独立性是婴儿期发展较快的一种性格特征,独立性的表现大约在2—3岁时变得明显。独立性强的孩子可以独立做很多事情,如有的孩子在2岁多时就可以用筷子吃饭、自己洗手等,而有些孩子吃饭还得大人追着喂;有些孩子可以独睡,而有些孩子离不开妈妈,表现出很强的依赖性。

3. 自制力

到了3岁左右,在正确的教育下,有些儿童已经掌握了初步的行为规范,并学会了自我控制,如不随便要东西,不抢别人的玩具。当要求得不到满足时也不会无休止地哭闹。而有些孩子则不能控制自己,当要求得不到满足时,就以哭闹为手段要挟父母。

4. 活动性

有的儿童活泼好动,对任何事物都表现出很强的兴趣,且精力充沛;而有的儿童则好静,喜欢做安静的游戏,一个人看书或看电视等。

婴儿期性格的差异还表现在坚持性、好奇心及情绪等方面。

进入幼儿期后,在正常的教育条件下(没有大的环境变化),这些性格萌芽将逐渐成为孩子们稳定的个人特点。

### (四) 幼儿性格的年龄特点

在原有性格差异的基础上,幼儿性格差异更加明显,并越来越趋向于稳定。但总的来说,幼儿的性格发展相对于小学生和中学生更具有明显的受情境制约的特点。家庭教育、幼儿园教育对孩子的性格发展有着至关重要的影响,同时,幼儿的性格具有很大的可塑性,行为容易得到改造。

在儿童性格差异日益明显的同时,幼儿性格的年龄特征也越来越明显,具体表现在以下几方面:

1. 活泼好动

活泼好动是幼儿的天性,也是幼儿期儿童性格最明显特征之一,不论是何种类型的幼儿都有此共性。即使那些非常内向、羞怯的幼儿,在家里或者与非常熟悉的小伙伴玩耍时,也会自然而然地表现出活泼好动的天性。

幼儿的活泼好动可以达到让成人无法理解的程度,似乎玩对他们来说永远不会厌倦。幼儿并不会因为自己不断活动而感到疲劳,而往往由于活动过于单调和枯燥感到厌倦。活动对形成幼儿良好、愉快的情绪状态具有积极的意义。

2. 喜欢交往

儿童进入幼儿期后,在行为方面最明显的特征之一是喜欢和同龄或年龄相近的小伙伴交往。在任何地方,对于大多数幼儿来说,可以不经他人特别介绍,彼此之间会很快、自然地熟悉起来,并一起做游戏。

对那些被拒绝和被忽略的幼儿的研究发现,虽然这些幼儿表面上很少和小伙伴交往,但他们会因此而感到更加孤独。换言之,对于所有幼儿来说,他们都希望有小伙伴共同游戏,并被别人接纳。

3. 好奇、好问

幼儿有着强烈的好奇心和求知欲,主要表现在探索行为和好奇好问上。

幼儿对客观事物,特别是未见过的、新鲜的事物非常感兴趣,什么都想看看、摸摸。如常见的幼儿的"破坏"行为。

好问,是幼儿好奇心的一种突出表现。幼儿天真幼稚,对于提问毫无顾虑。他们经常要问许多个"是什么"和"为什么",甚至连续追问,真可谓"打破沙锅问到底"。

4. 模仿性强,易受暗示

模仿性强是幼儿期的典型特点,小班幼儿表现尤为突出。幼儿模仿的对象可以是成人也可以是儿童。对成人模仿更多的是对教师或父母行为的模仿,这是由于这些人是幼儿心目中的"偶像",他们希望通过对成人行为的模仿而尽快长大,进入成人的世界。儿童之间的相互模仿变多,幼儿模仿的内容多是社会性行为,还有一部分是学习知识方面的模仿,如一个幼儿看到或听到另一个幼儿在做一件事或背一首儿歌,他会有意无意地模仿。幼儿的模仿方式可以是即时模仿(马上照着做),也可以是延迟模仿(过一段时间后的模仿)。

5. 自制力差,易冲动

幼儿性格在情绪方面的表现就是情绪不稳定,好冲动。

(五)影响幼儿性格发展的社会因素

性格反映着一个人的生活历程。环境因素对性格形成与发展有着重要的影响。按其性质的不同,可将环境分为自然环境和社会环境,其中社会环境的含义非常广泛,包括家庭、幼儿园、同伴及社会文化等,这些因素对性格的形成与发展都起着特别明显和突出的作用。

1. 家庭

家庭是个体最早接触的社会环境,社会对个体性格形成、发展的影响首先是通过家庭实现的。个体是在家庭和后天环境相互作用,并保存固定下来,形成最初的性格特征。

人们把家庭称作是"制造人类性格的加工厂"。从出生到5、6岁是人的性格形成最主要的阶段。家庭对个体性格形成与发展起着奠基作用。因此,亲子关系、家庭结构、家庭氛围和父母的行为都会对幼儿的性格产生显著的影响。

(1) 亲子关系

亲子关系是儿童最早建立的人际关系,直接影响儿童的身心发展。

在诸多家庭因素中,父母的教养方式和态度对个体性格形成和发展有着深刻影响。研究表明,父母若对儿童采取关心、信任、合理、民主的养育态度和方式,儿童容易表现出积极、独立性强、态度友好、情绪稳定等性格特征;若对儿童强行干涉、溺爱或者拒绝、专制、支配,儿童容易表现出消极、缺乏主动性、适应性差、情绪不稳定等特征。儿童的性格受父母教养行为的影响,因此父母管教子女的较为理想的方式是控制、期望、沟通、关爱。

(2) 家庭结构

核心家庭、主干家庭和破碎家庭是三种主要的家庭结构。

核心家庭:一对夫妇和孩子组成的家庭。在这种家庭中没有传统的隔代溺爱,年轻的父母工作忙碌,可能缺乏教育儿童的经验和方法,也缺乏爱抚儿童的时间,可能导致他们对待儿童有时娇宠,有时管教过严。

主干家庭:几代同堂的家庭。在主干家庭中长大的儿童受家风、家规等的熏陶,可能会形成良好的性格特征,家长教育和爱抚儿童的时间也多,但可能存在隔代溺爱和教育问题上看法的不一致,导致儿童无所适从,形成焦虑不安、恐惧等不良的性格特征。

破裂家庭:是指夫妻双方因不和离婚或其中一方病逝的家庭。破裂家庭中儿童的行为具有两极性,一种是自暴自弃,这与他们在生活中很少体验到父母双亲的爱,并时时感到缺乏安全感、自尊感有关。另一种是自勉自励,从维护自尊出发,走向高度的责任感、成熟感,这与他们想回报孤父或孤母的殷切期望,以弥补家庭缺陷而努力进取有关。

(3) 家庭氛围

家庭中的情感气氛是由所有的家庭成员营造的。

一般把家庭情绪气氛划为融洽与对抗两种。宁静而愉快的家庭中的儿童与气氛紧张、冲突的家庭中的儿童性格有很大差别。家庭气氛融洽,会使儿童信心十足、有安全感,他们经常置身于亲朋好友的往来之中,极易形成热情、诚实、友爱、善于交往等人格特征。不融洽的家庭气氛,父母关系紧张导致经常吵架,会使儿童缺乏安全感,对人不信任,忧心忡忡,担心家庭悲剧发生,形成巨大的心理压力,时间久了势必伤害他们的心理健康,使儿童变得冷漠、孤独、执拗、粗野,妨碍他们的成长。

(4) 父母的榜样

父母的性格会在他们子女身上重新显露。父母是儿童的第一任教师,父母的一言一行都会成为子女模仿的对象。父母如果不能很好地管束自己心思意念、言谈举止,而让自己随便发脾气、随便讲些不文明的话,随便做些不道德、不文明的事。那么,就会在潜移默化中对儿童形成不良的影响。

因此,父母要注意自身的榜样作用,为儿童树立良好的形象,以身作则,才能培养出具有良好道德品质、良好行为习惯和良好个性的儿童。

2. 幼儿园

作为幼儿园,应该做到以下几点:

(1) 创设良好的教育及生活情境,提高幼儿自我调节的能力;

(2) 换位思考,让幼儿自己教育自己;

(3) 及时与家长沟通,形成合力,促进幼儿良好品德的形成;

(4) 帮助幼儿塑造良好的性格特征,有目的地实施全面发展;

(5) 教师应当严格地要求自己成为儿童良好的行为榜样,积极情绪情感的楷模,还有灵活对待儿童的行为表现;

(6) 有爱心,平等对待幼儿。

(六) 针对不同性格的儿童进行教育

幼儿期是儿童性格形成的奠基时期,性格的发展还远未定型,因而要特别重视幼儿的性格教育,有的放矢地培养良好的性格,要重视教师的作用、集体活动的作用、幼儿教育机构的作用。随着幼儿的成长,幼儿从家庭进入幼儿园、小学、中学,学校教育给儿童带来特殊的影响,他们区别于家庭教育的特点在于:这种教育是教师根据教育目的,对受教育者施加的有目的、有系统、有计划的社会影响,而且是在儿童生活学习的集体中通过各种活动进行的,这样教师的性格行为、儿童所在集体以及各种活动,对儿童性格的形成都有重要的作用。

1. 教师对儿童性格的影响

教师对儿童性格的影响体现在:

(1) 以自身为榜样的教育,教师的品德和言行,都是儿童模仿学习的对象,时刻在潜移默化地影响着儿童性格的形成。

(2) 教师通过各种教学活动、教学方法以适合不同年龄儿童的心理发展水平,在贯彻社会的教育要求的同时,塑造着儿童的性格。在这个过程中,教师对每个儿童亲切深厚的情感和因材施教的态度,是培养儿童良好性格的一种有效方法。

2. 教师在培养性格中需要注意的问题

(1) 教师要注意对儿童和儿童行为做出正确的评价,使他们明确是非,逐步发展幼儿自我评价和自我教育的能力。

(2) 要培养儿童的上进心和自信心,恰当、有意识地磨练他们的意志。

(3) 要训练和教会幼儿正确的行为方式,逐步提高他们自觉地对行为进行自我调节的能力。

(4) 要注意儿童良好行为习惯的培养,因为良好的行为习惯形成的过程就是他们良好性格特征形成的过程。

## 七、学前儿童能力的发展

能力是指人们成功地完成某种活动所必须具备的个性心理特征。它是通过人的活动体现出来的,又是人成功地完成某种活动的必备条件。如我们评价一个人,会说某人具有较强的言语表达能力、敏锐的观察力或交往能力等,而这些能力都是通过人的活动体现出来的。反过来,这些能力又是人成功地完成某种活动的必备条件。

### (一) 能力的特征

1. 能力和活动密切联系

一方面,能力在人的活动中形成和发展,并在活动中表现出来。另一方面,能力是活动的前提,缺乏能力不仅影响活动效率,而且使人不能顺利完成任务,因此二者有着相辅相成的关系。

2. 能力直接影响活动效率

作为个性特征,气质和性格虽然也表现在活动中,并对活动有直接影响,但不直接影响活动效率,不直接决定活动的完成。而能力直接影响活动的效率。

3. 完成一种活动需要多种能力的结合

为了顺利完成某种活动,多种能力的独特结合,称之为才能。如美术才能、音乐才能、教学才能等。教学才能主要包括了言语表达能力、逻辑分析能力、对教材的把握和组织能力、对教学过程的组织能力及教育机智等。

### (二) 能力的分类

心理学家从不同的角度将能力划分成三大类:

1. 一般能力、特殊能力

一般能力指大多数活动所共同需要的能力,包括智力、观察力、记忆力、注意力、抽象概括能力。抽象概括能力是一般能力的核心。

特殊能力指为某项专门活动所必需的能力,又称专门能力。它只在特殊领域内发挥作用,如:音乐、美术、数理化等领域,是完成有关活动不可缺少的能力。

一般能力和特殊能力共同起作用,完成一种活动通常需要二者的共同参与。

2. 模仿能力和创造能力

模仿能力是指仿效他人的举止行为而引起的与之相类似活动的能力。

创造能力是指产生新思想,发现和创造新事物的能力,如科学发现、文学创作等,这些都需要创造能力的参与。

模仿能力和创造能力是互相联系的。创造能力是在模仿能力的基础上发展起来的,但就其独特性而言,模仿是学习的基础,创造则是人成功地完成任务及适应不断变化的新环境的必备条件。

3. 认知能力、操作能力和社交能力

认知能力是指学习、研究、理解、概括和分析的能力。

操作能力是指操纵、制作和运动的能力,如平常所说的动手能力、体育运动能力等。

社交能力是指人们在社会交往活动中所表现出来的能力,如组织管理能力、言语感染能力等。

### (二) 学前儿童能力发展的特点

1. 多种能力的显现与发展

(1) 操作能力最早表现,并逐步发展

从1岁开始,儿童操作物体的能力逐步发展起来,开始进行各种游戏活动。同时,儿童走、跑、跳等能力逐渐完善。到了幼儿期后,儿童的各种游戏在幼儿一日生活中逐渐占据主要地位,儿童的操作能力在活动中逐渐发展、表现。

(2) 身体运作能力不断发展

进入幼儿期,儿童已掌握基本的走、跑、攀、钻、爬、踢、跨等能力,并能灵活地组合运用,动作也越来越复杂化。

(3) 语言能力在婴儿期发展迅速,幼儿期是口语发展的关键期

儿童的言语能力是在婴儿时期开始发展起来的。幼儿期孩子的言语表达能力,特别是言语的连贯性、完整性和逻辑性迅速发展,是学习语言的最佳时期。从1岁左右开始,短短的两三年时间里,儿童的语言经历了非常迅速的发展变化,儿童的言语开始具有了称谓、概括及调节的功能。进入幼儿期后,孩子的言语表达能力逐渐增强,特别是言语的连贯性、完整性和逻辑性迅速发展,为幼儿的学习和交往创造了良好的条件。

(4) 模仿能力发展迅速,是幼儿学习的基础

模仿能力不仅为幼儿的学习打下基础,而且对幼儿的发展身心具有重要意义。

儿童模仿能力的发展是随着延迟模仿发展起来的,延迟模仿大约发生在婴儿18—24个月左右。儿童的延迟模仿既可以发生在言语方面,也可以发生在动作方面。模仿能力的发展对学前儿童心理的发展具有重要的意义。

(5) 认识能力迅速发展,是幼儿学习的前提

从婴儿出生到幼儿末期,我们可以看到个体的认识能力发生、发展的过程。儿童出生时只具备基本的感知能力,随着年龄的增长,各种认知能力逐渐发生、发展。到了幼儿期,儿童的各种认识能力都迅速发展起来,逐渐向比较高级的心理水平发展,认识活动的有意性也开始发展起来,为儿童的学习、个性发展提供了必要的前提。

(6) 特殊才能有所表现

在幼儿期,有些特殊才能已经开始有所表现,如音乐、绘画、体育、数学、语言等。据统计,儿童音乐的才能通常在学前期出现,较以后年龄表现得更多。

(7) 创造能力萌芽

儿童的创造能力发展较晚,但到了幼儿晚期,会出现创造力的萌芽。这种创造能力明显地表现在儿童的绘画作品中。

2. 智力结构随着年龄增长而变化

儿童智力结构是随着年龄的增长而变化发展的,其发展趋势是越来越复杂化、复合化和

抽象化,不同的智力因素有各自迅速发展的年龄。这提醒我们,要根据不同年龄儿童心理的特点,在不同的阶段,对儿童智力培养的内容有所侧重。总的来说,幼儿期应该特别重视儿童观察力、注意力及创造力的培养。

3. 出现了主导能力的萌芽和比较明显的类型差异

学前期儿童已经出现了主导能力的差异,主导能力也称优势能力。在幼儿园的教育工作中应该特别注意分析不同幼儿的能力特点,发挥其主导能力,加强对较弱的能力方面的培养。

4. 智力发展迅速

本杰明·布鲁姆搜集了20世纪前半期多种对儿童智力发展的纵向追踪材料和系统测验的数据,进行了分析和总结,发现儿童智力发展有一定的规律。

布鲁姆以17岁为发展的最高点,假定其智力为100%,得出了各年龄儿童智力发展的百分比。

| 1岁 | 20% |
| 4岁 | 50% |
| 8岁 | 80% |
| 13岁 | 92% |
| 17岁 | 100% |

上列数字说明,出生后头4年儿童的智力发展最快,已经发展了50%,达到了智力成熟的一半水平;4—8岁,即出生后的第二个4年继续发展了30%,其速度比头四年显然缓慢,之后智力发展的速度更慢。

布鲁姆提出的只是一个理论假设,但关于学前期是儿童智力发展关键时期的观点已经被许多心理学家所认可。7岁前儿童脑发育的研究也证明了学前期是儿童智力发展的关键时期。

> **知识拓展**
>
> **多元智能理论**
>
> 多元智能理论自1983年由哈佛大学发展心理学家霍华德·加德纳(Howard Gardner)教授提出以来,逐渐引起世界广泛关注,并成为90年代以来许多西方国家教育改革的指导思想之一。
>
> 多元智能理论认为:智能是在某种社会或文化环境的价值标准下,个体用以解决自己遇到的真正难题或生产及创造出有效产品所需要的能力。作为个体,我们每个人都同时拥有相对独立的八种智能。个体智能的发展受到环境包括社会环境、自然环境和教育条件的极大影响与制约,其发展方向和程度因环境和教育条件不同而表现出差异。尽管各种环境和教育条件下的人们身上都存在着八种智能,但不同环境和教育条件下人们智能的发展方向和程度有着明显的区别。
>
> 在加德纳看来,承认智能是由同样重要的多种能力而不是由一两种核心能力构成,承认各种智能是多维度地、相对独立地表现出来而不是以整合的方式表现出来,应该是多元

智能理论的本质之所在。

1. 语言智能(Linguistic intelligence)是指有效地运用口头语言或及文字表达自己的思想并理解他人,灵活掌握语音、语义、语法,具备用言语思维、用言语表达和欣赏语言深层内涵的能力结合在一起并运用自如的能力。他们适合的职业是:政治活动家、主持人、律师、演说家、编辑作家、记者、教师等。

2. 数学逻辑智能(Logical-Mathematical intelligence)是指有效地计算、测量、推理、归纳、分类,并进行复杂数学运算的能力。这项智能包括对逻辑的方式和关系,陈述和主张,功能及其他相关的抽象概念的敏感性。他们适合的职业是:科学家、会计师、统计学家、工程师、电脑软体研发人员等。

3. 空间智能(Spatial intelligence)是指准确感知视觉空间及周围一切事物,并且能把所感觉到的形象以图画的形式表现出来的能力。这项智能包括对色彩、线条、形状、形式、空间关系的敏感性。他们适合的职业是:室内设计师、建筑师、摄影师、画家、飞行员等。

4. 身体运动智能(Bodily-Kinesthetic intelligence)是指善于运用整个身体来表达思想和情感,灵巧地运用双手制作或操作物体的能力。这项智能包括特殊的身体技巧,如平衡、协调、敏捷、力量、弹性和速度以及由触觉所引起的能力。他们适合的职业是:运动员、演员、舞蹈家、外科医生、宝石匠、机械师等。

5. 音乐智能(Musical intelligence)是指人能够敏锐地感知音调、旋律、节奏、音色等能力。这项智能对节奏、音调、旋律或音色的敏感性强,与生俱来就拥有音乐的天赋,具有较高的表演、创作及思考音乐的能力。他们适合的职业是:歌唱家、作曲家、指挥家、音乐评论家、调琴师等。

6. 人际智能(Interpersonal intelligence)是指能很好地理解别人和与人交往的能力。这项智能善于察觉他人的情绪、情感,体会他人的感觉感受,辨别不同人际关系的暗示以及对这些暗示做出适当反应的能力。他们适合的职业是:政治家、外交家、领导者、心理咨询师、公关人员、推销等。

7. 自我认知智能(Intrapersonal intelligence)是指自我认识和善于自知之明并据此做出适当行为的能力。这项智能能够认识自己的长处和短处,意识到自己的内在爱好、情绪、意向、脾气和自尊,喜欢独立思考的能力。他们适合的职业是:哲学家、政治家、思想家、心理学家等。

8. 自然认知智能(Naturalist intelligence)是指善于观察自然界中的各种事物,对物体进行辨论和分类的能力。这项智能有着强烈的好奇心和求知欲,有着敏锐的观察能力,能了解各种事物的细微差别。他们适合的职业是:天文学家、生物学家、地质学家、考古学家、环境设计师等。

## 八、学前儿童个性的评价

### (一) 什么是幼儿个性评价

幼儿个性评价就是对幼儿个性的某一方面或个性的整体作出的评价,这种评价不是教师主观的评价,而是依据孩子的实际表现而作出的客观的、真实的评价。

### (二) 教师对幼儿进行个性评价的意义

幼儿个性评价是教师深入了解幼儿,对幼儿进行个别教育的前提。

每位教师都希望进一步了解自己班里的幼儿,很多老师也曾试着记录孩子们的行为,以便透彻地了解他们行为的表现原因及模式,但尽管他们非常尽责地去做,却总脱离不了以主观的眼光或直觉作为判断依据的弊病。如不同的老师对同一个幼儿可能有不同的评价,这其中就是个人的主观因素在起作用。因此,我们在对幼儿进行评价时应从客观出发,基于对幼儿客观的观察而对其进行科学的评价。这种公正、客观的评价是教师对幼儿进行正确教育的前提。

教师对幼儿进行个性评价,可以针对幼儿个性特点,有的放矢地进行教育。如对于那些性格内向的幼儿要经常鼓励,让其大胆表现,培养其自信心,发展他们的主动性;而对于那些任性的幼儿则要注意加强是非观念的教育,让他们了解对与错,懂得行为的限度,培养其自制力。每个幼儿都是独特的,而我们的教育也不能千篇一律,要根据每个幼儿的特点进行相应的教育,才能使每个幼儿都能在原有水平上得到较大发展。而做到这一点,就要求教师对每个幼儿有比较深入的了解。

教师对幼儿的个性评价,不但可以了解幼儿个性的全貌,有针对性地进行教育,而且可以对幼儿日常发生的各种行为进行诊断,从而找到解决问题的方法。幼儿的行为是其心理的表现,任何行为都可以找到其心理的根源。通俗地讲,儿童的行为都是有理由的,教师可以根据对幼儿行为的观察,去发现幼儿行为的真正原因,从而找到教育的对策。以客观的态度去观察,特别是要以幼儿的眼光去看他们,这对教师真正了解幼儿是非常有必要的。如一个小女孩,经常独自一个人玩,表现得很孤僻。经过多次观察发现,她之所以自己玩是为了引起教师的注意。因为,当她单独玩时,教师就会注意她,并让她和其他小朋友一起玩。所以,她就采取这种行动来吸引教师的注意。而教师知道了这个原因之后,就采取了相应的教育措施,即只有当这个女孩与其他小朋友一起玩时,教师才注意她,而她自己玩时故意不去看她。经过一段时间以后,这个小女孩与小伙伴的交往增加了。再比如,有些幼儿故意不守纪律,教师通过观察发现其原因也是为了吸引教师的注意,教师就采取不理睬的方式,当这些孩子调皮时,装作看不见或不在意。过了一段时间,这些孩子就逐渐变得守纪律了。

总之,作为教师,要懂得幼儿的行为是由他们的年龄特点及个性特点决定的,每个行为的背后都有其原因,了解这些原因可以帮助我们进一步了解幼儿,并有的放矢地进行教育。而要真正做到这一点,就要学会评价幼儿个性的方法。

### (三) 如何进行幼儿个性评价

幼儿教师对幼儿进行个性评价的最好方式就是日常观察记录。对幼儿的行为产生的前因后果作出较详细的记录。即使不是十分完整和详细,只是偶尔匆匆记下的一些资料,几个月后也是相当可观的。最重要的是如何在笼统的或一般性的行为中分辨出幼儿行为上的差异。

总的来说,记录并不一定按照固定的规则。每个人可以有自己的创新。但有一些可供参考的建议:由于实际带班的老师记录的时间有限,因此随身带小卡片或笔记本是必要的,笔要放在随手可及之处;尽量靠近去观察但不要打扰他们的活动;笔记可以粗略记,有空时再补充;记下小朋友的名字及行为发生的地点、时间;如果有幼儿问你在做什么,不可以对他说出记录的事情;对所记录的内容也应该保密,不要指明是某一个幼儿或某一个家庭。

1. 观察记录的项目

对幼儿观察记录的项目包括幼儿一日生活中的各个主要环节,主要包括游戏、午睡、进餐、起床等。这些例行的活动可以反应幼儿的个性特点,因为他们是按照自己的愿望及行为方式去行动的;同时,对偶然事件的记录也是很重要的,因为这个时候行为没有任何外在因素的影响,可以反映儿童最本质的一些特点,如打针、争吵时孩子的一些行为更直接地反映他们的个性特点。

2. 观察记录的内容

观察记录应该尽可能详细些,要记录下当时的环境及幼儿行为的整个过程。包括:

(1) 当时的环境,包括场所及人员;
(2) 教师与孩子的关系及教师对孩子的注意程度;
(3) 教师的要求是个别要求,还是统一要求;
(4) 幼儿对教师要求的反应;
(5) 幼儿的整个行为过程;
(6) 幼儿的活动结果或效果如何。

观察记录的前三项可以帮助我们了解影响幼儿行为的外在因素、幼儿行为的起因、兴趣状态,后三项可以帮助我们了解幼儿的行为表现。

但要注意,这六项并不是像填答卷似的逐个回答,在实际观察中,可以将上述项目用简单叙述的方式记录下来。

3. 评价

在完成了所有的观察记录项目以后,最重要的一步就是对幼儿的个性特点作出恰当的评价,这也是观察记录的目的所在。评价要完全依据实际观察,将幼儿的多次行为综合起来,而不是孤立地从一次活动出发。评价要客观、全面,不能主观、片面。

评价可以有不同形式,但一般来说有如下几项:个性特点、存在的问题及教育建议等。

(四) 幼儿观察记录与个性评价举例

例一:李强同学观察的是一个4岁的男孩,通过观察这个幼儿在幼儿园的表现,她认为这是一个性格内向的孩子,应该给他更多的关心,使其更活泼、大胆地表现及与小朋友交往。

幼儿表现:

他和小朋友的接触少。

每次看到他笑的时候,都很拘谨,不会放声大笑;哭的时候也不敢大哭,眼泪刚要流下来就止住了。

在美术活动时,有的小朋友把手放到他的肩上,他也不说什么,就把别人的手拿下去。别的小朋友兴奋得往自己脸上涂水彩,他不这样,依旧很卖力地画画。

不太熟的人跟他说话他不理睬。

他总是心事重重,爱愣神,看到别人看他也只是用眼睛一瞟,不像别的小朋友会笑一笑。

例二:曹逸云同学观察的是一个3岁半的男孩。这是一个活泼调皮、自理能力稍差的孩子,针对这个孩子的特点,她建议加强孩子注意力及自我控制能力的培养。

下面是他在起床时的表现:

别的小朋友都还在梦乡,他就已经醒了,眼睛睁得很大,两手捧住旁边小男孩的头往自己脑袋上顶,一边笑,一边说着什么。

双手支起身子,被老师点了名字后,立即躺下,但一刻也不肯安静下来,不时地和旁边的男孩嬉闹着。

老师发现他和旁边的男孩都光着屁股,随即轻轻地打了他们一人一下,他就调皮地笑了。

老师让小朋友们起床,吩咐两个小朋友互相帮助叠被子,他两手扯住被角和小伙伴一同对折,双手抖动着被子,被子始终没有叠成功,较其他小朋友动手能力水平较低。

下床动作很快,穿上拖鞋后,飞快地跑进厕所,从厕所出来后找到自己的位置,开始穿衣服。先是将衣服穿好,后穿裤子(穿反了),可袜子怎么也穿不进去,自己尝试了几次后求助于老师。

## 实践实训

1. 幼儿园小班在进行数学活动,内容是手口一致地点数"2"。老师讲完之后,带领小朋友一起练习。她问一个小朋友:"你数一数,你长了几只眼睛?"小朋友回答说:"长了3只。"年轻的老师一时感到生气,就说:"长了4只呢。"那个小朋友赶快说:"长了4只。"老师气得一跺脚,大声说:"长了8只。"小朋友也猛劲跺了一下脚,说:"长了8只。"老师忍不住笑了起来,那个小朋友还以为答对了,也咧开嘴天真地笑了。

**分析**:这一事例既充分说明了幼儿的受暗示性和模仿性,同时也说明成人绝不能在幼儿面前提供错误榜样,不能说反话,否则,将会引起不良的后果。

(摘自陈帼眉.1995.学前儿童发展心理学.P333.北京:北京师范大学出版社)

2. 幼儿典型气质类型分析

例1.她易于察觉别人不易察觉的事情。在实验中,两根铁丝本应是等长的,但实际上有极细微的差异。先后参加实验的10个同龄小朋友,只有她一人注意到这个差异。

她不喜欢说话,喜欢一个人玩。有时其他小朋友凑过来玩,她也不说话,只是厌烦地把他们推开,更不易与陌生人接触。

她情绪不易外露,受到表扬时,也没有什么表示,在幼儿园里遇到什么不高兴的事,可以毫无表情,但回家后会对着妈妈哭诉。

她上课时很安静,总以一个姿势坐着。吃饭时,不管饭菜多么好吃,也不见她大口地吃。

午睡时,她总是把衣服一件件叠好放在椅子上。如果椅子稍歪一点,她也要把它放正,还要看上几眼,然后才躺下。起床时,穿衣动作也慢。

她是偏于抑郁质的孩子。

例2. 他性子很急,每次拿小人书,都是拿一大叠,翻得很快,即使新书也很快看完,喜欢活动量大的活动,每次玩创造性游戏,总是玩打仗游戏。他是全班扔沙包扔得最远的一个。

他爱逞能,有一次全班小朋友正在排队,他突然跑出队伍,用力拉住正在转动的转椅。

他上课时坐不住,随便站起来,或在椅子上乱动,常常发出叫声。即使老师对他有所示意,他仍然克制不住。对老师的提问常常没有听清楚就急着回答,因此常常答非所问。

他偏于胆汁质。

例3. 他很自制。从小班开始,作业后全班只剩下他一个还在画画,其他小朋友都出去玩了,他不受影响,一直画到自己满意后才出去玩。看木偶戏时,有的小朋友哈哈大笑,他只是安静地笑。本班老师因事外出一个星期回班时大多数孩子拉着老师又说又笑,他只是在一旁看着老师。他如果受了委屈,整个半天情绪都不好。

他上什么课注意力都很集中,坐着他旁边的小朋友常常碰他,他不予理会。有一段时间里,他一直练打靶枪。又一段时间里,他一直练打羽毛球。他是全班最早学会这两项活动的。在坚持性的测查中,他坚持的时间比同班幼儿长。

这个孩子偏于粘液质。

例4. 她在班里跳绳比赛得第一名。每次学新舞蹈,总是班里学得最快的。她理解事物快,上课积极举手发言,并基本上能作出较好的回答。她对感兴趣的课能长时间集中注意,对不感兴趣的课不能集中注意,爱做小动作。但看见老师稍一示意,即能克制自己。她能较快地适应不熟悉的环境,第一次上台报幕和第一次为外宾演出,都能很好地完成任务。她喜欢和小朋友一起玩,从来不一个人单独玩,并很善于和小朋友交往,在游戏中常常当小领袖。

她偏于多血质。

(摘自倪玉菁资料,详见:陈帼眉. 2003. 学前心理学. P362—364. 北京:人民教育出版社)

3. 四岁的飞飞,相对于同龄儿童来说有不少特别之处,如无缘无故打人,抢玩具,欺负同伴,常搞破坏等。在集体活动中,飞飞常会在座位上吵闹,打断老师的话,对正常的教学活动造成不良影响。班里另外一些家长为了不使孩子吃亏,就让自己的孩子不要和飞飞玩。为此,小朋友们都不喜欢和他一起游戏,飞飞很孤单。

经过老师的调查,发现飞飞的妈妈非常溺爱孩子,平时总担心飞飞被人欺负,时常向他灌输自己的"防卫"理论:谁要打你,你就打他,这叫"人不犯我,我不犯人,人若犯我,我必犯人",属于"正当防卫"。由于妈妈的这种观念和思想渗透,养成了飞飞"唯我独尊"的性格。

根据所给材料,如果你是飞飞的老师,你该怎么处理?

**分析:**

作为幼儿教师,可以采取以下措施:

(1)做思想工作,取得家园教育观念的一致。造成飞飞经常打人的主要原因是受家长所谓的"正当防卫"论的影响,因此,老师必须先和家长取得认识上的一致。首先和家长进行交流,指出他们的"正当防卫"论在幼儿园是不适宜的。幼儿由于他们的生理、心理特点,不可能和成人一样能用比较适宜的方法解决日常生活中遇到的问题,有些幼儿只是想和别人表示友好,可是,他的动作给人的感觉就像是想侵犯别人;有些幼儿不太会用语言表达自己的愿望,更多的只能依赖于动作,造成许多理解上的偏差。教师可以列举在平时工作中遇到的事例,让家长接受老师的观点。让家长了解到教师与家长矛盾的教育观念在比较敏感的飞飞身上表现得尤为明显,教师和家长应尽可能在教育观念上达到共识,使飞飞接受一致的要求,避免形成双重人格。另外,同班的老师也注意及时交流有关的飞飞的日常情况,共同分析飞飞的行为动机及其需要,制定适合他个体发展的目标、要求,保持教育的一致性,尽可能减少矛盾的教育方式所带来的负作用。

(2) 转移关注点,放大和鼓励进步。飞飞的攻击性行为主要是自我控制能力不强而表现出来的无意识的失控行为。针对他的这一特点,如果过分关注他,只会扩大他的问题和缺点。如果就此采取一些特别的措施,反而会使他感到自己与其他小朋友不一样,是个不好的典型,从而更加导致他不能与同伴友好相处。因此,在他出现无意识失控行为时,教师要设法加以阻止,但不要斥责他,也不实施压服教育,以免因教师的主观臆断而伤害他。然后,再找适当的机会,了解他的行为动机,耐心地告诉他同伴间的相处之道,暗示他努力改正缺点。当他稍有进步时,马上予以表扬、鼓励,让他逐步感受到老师对他的爱和信任。

(3) 改善同伴关系,逐渐改掉不良习惯。改善同伴关系,能减少飞飞的焦虑情绪,也有利于他的进步。为此,教师不要在同伴面前损害他的自尊心,注意挖掘他的"闪光点",有意识地树立他在集体中的威信,让其他小朋友真正亲近他、接纳他。如当他带来一件新奇的玩具时,就专门请他介绍、演示玩法并指导其他小朋友玩;当他从家中带来图书时,教师可以把它放在书架上,请其他幼儿去读。通过种种办法,使他在和谐友好的气氛中释放焦虑的情绪,感受到集体生活的快乐。

4. 君君小朋友在爸爸的牵领下,来到了教室,他一脸的迷茫,爸爸看到老师,放下手转身就走了。他没有一点哭闹的表现,当他爸爸离开后,他就原地蹲下来,低着头双手捂着脸,把小脸深深埋藏在手里。

一位幼儿教师的做法:这是一个特别胆小而内向的男孩,他不喜欢大声地宣泄,而是选择抗拒和沉默。当我走过去想把他抱起来时,他劲很大,硬是不肯抬头看我。我再想用力把他硬抱起时,他发出很小的哽咽声。我想,此时我想做的安慰对他来说是没用的,反而增强了他的抗拒心理。我想还是让他冷静些吧。于是,我尊重了他的意愿,就让他蹲在那里。他一直保持着这样的一个姿势,过了一段时间后,我再过去,我说:"君君,这样小脚会很酸的,来坐这里吧。"我边说边轻轻地拉起他的手,他见我也没有多大敌意,而且估计小脚也酸了,他就那样很温顺地跟随我,坐到了座位上。

[思考与练习]

1. 儿童在2、3岁的时候经常说"我的",开始不让人家动他的东西。经过一段时间以后,孩子逐渐会用"我"这个词来表达自己的愿望。请你分析产生这种现象的原因。

2. 小亮3岁半，在幼儿园里，他很喜欢搭积木，每当有人问谁搭积木搭得漂亮时，他总是说自己，而事实并非如此。请结合幼儿自我评价的有关原理加以分析。

3. 简述幼儿性格发展的特点。

4. 简述幼儿能力的发展趋势。

5. 判断下列说法是否正确，并说明理由。

(1) 日常生活中人与人的差别就是个性的表现。

(2) 幼儿期是个性初步形成的时期。

(3) "树大自然直"，孩子的缺点随着年龄增长会自然改正。

(4) 孩子会用"我"这个词就标志自我意识的发生。

(5) 幼儿能独立、全面、客观地评价自己。

(6) 幼儿容易接受暗示。

(7) 家长和教师不需要尊重幼儿。

(8) 人的气质在一生中变化相当大。

(9) 性格是个性的核心。

(10) 幼儿期是智力发展非常迅速的时期。

6. 观察一个幼儿并对其作出个性评价。

扫一扫二维码
轻松获取单元
习题及答案

# 单元十二　学前儿童社会性的发展

## 学习目标

1. 了解学前儿童亲社会行为、攻击性行为的特点及影响因素；
2. 掌握依恋的类型及家长教养方式的四种类型；
3. 理解学前儿童亲子交往、同伴交往的重要意义；
4. 能够根据实际情况分析学前儿童的社会性发展的情况，并采取应对措施。

## 基础理论

学前儿童从出生之日起，就被包围在各种物体和社会关系中，与外界发生着频繁密切的联系。在与他人的相互交往过程中，他们逐渐社会性形成其个性，心理发展也更加全面和完善。学前儿童社会性发展的内容主要包括亲子关系、同伴关系、性别角色、亲社会行为、攻击性行为等。其中，亲子交往和同伴交往是学前儿童社会性发展的两条基本主线。

### 一、学前儿童社会性发展概述

社会性发展是儿童健康发展的重要组成部分，促进儿童社会性发展已经成为现代教育最重要的目标之一。学前阶段是儿童社会性发展的重要阶段，社会性能否得到顺利发展直接影响到孩子的一生。作为幼儿教师，有义务也有责任促进幼儿社会性的发展，而要培养儿童的社会性，首先需要了解有关儿童社会性发展的基本状况。

（一）社会性发展的概念

社会性是指作为社会成员的个体，为适应社会生活所表现出的心理和行为特征。换言之，社会性就是人们为了适应社会生活所形成的符合社会传统习俗的行为方式，如对传统价值观念的接受，对社会伦理道德的遵从，对不同文化习俗的尊重，以及对各种社会关系的处理等。

（二）研究学前儿童社会性发展的意义

社会性发展是儿童健全发展的重要组成部分，促进儿童社会性发展已经成为现代教育的重要目标。

学前期是个体社会化的起始阶段和关键时期，在后天环境与教育的影响下，在与周围人相互作用的过程中，儿童逐渐形成和发展着最初、也是最基本的对人、事、物的情感、态度，并为行为、性格、人格的形成发展奠定基础。

幼儿期是儿童社会性发展的重要时期,幼儿社会性发展是儿童未来发展的重要基础。

研究和事实均表明,6岁前是人的行为习惯、情感、态度、性格等基本形成的时期,是儿童养成礼貌、友爱、帮助、分享、谦让、合作、责任感、慷慨大方、活泼开朗等良好社会性行为和人格品质的重要时期;并且,这一时期儿童的发展状况具有持续性影响,并决定着儿童日后社会性、人格的发展方向、性质和水平;同时,儿童在学前期形成的良好的社会性和人格品质有助于儿童积极地适应环境,顺利地适应社会生活,从而有助于他们的健康成长、成才。

## 二、学前儿童的亲子交往

亲子交往是指儿童与其主要抚养人(主要是父母)之间的交往。它是儿童早期生活中最主要的社会关系,对儿童的心理发展有重要影响。

### (一) 亲子交往的重要性

儿童从出生的那一刻起,就进入了一个复杂多变的社会网络中,对于学前儿童来说(尤其是3岁以前),出生后最经常、最主要的接触者就是父母,因此,亲子交往是帮助他们从自然人走向社会人,完成社会化进程的重要途径之一。

1. 依恋的产生与发展

依恋是指婴儿寻求并企图保持与其主要抚养者亲密的身体和情感联系的一种倾向。它是儿童与父母相互交往的过程中,在情感上逐渐形成的一种联结、纽带或持久的关系。有研究表明,婴幼儿与母亲之间的依恋关系是儿童以后形成诸多社会关系的基础,依恋关系在很大程度上影响了儿童以后人际关系的形成以及最初的信任与不信任等个性特点的形成。

(1) 婴儿依恋发展的阶段

儿童在两岁以前,依恋对象主要是母亲,依恋的方式主要表现为依附、跟随等外显行为。两岁以后,儿童进入托幼机构,儿童依恋的对象和方式逐渐发生质的变化,对父母的依恋开始向同伴身上转移,依恋也进入新的发展阶段。

第一阶段(0—3个月),无差别社会性反应阶段。

这一阶段的婴儿最大的特点就是对所有人的反应几乎都一样,不加区分,没有差别。喜欢注视所有人的脸,喜欢听所有人的声音,喜欢冲所有人微笑、手舞足蹈、咿呀作语。这时婴儿的笑并非表示个人的偏爱,甚至对一个面具也会微笑,因此,不能把婴儿这个时候的微笑当作真正意义上的依恋行为,顶多是一种依恋的萌芽状态。

第二阶段(3—6个月),有差别社会性反应阶段。

这一阶段的婴儿对人的反应开始有了细微的差别。对父母和熟悉的人以及陌生人的反应是不同的。这一时期的婴儿对母亲更为偏爱,在母亲面前表现出更多的微笑、咿呀学语、依偎和接近。而在其他熟悉的人面前如家庭成员面前这些反应就相对少些,对陌生人这些反应则更少,只是注视着。

第三阶段(6个月—2岁),特殊情感联接阶段。

6个月以后,婴儿对母亲的存在表现出特别的关切,到了7、8个月时,这种关切更为强烈。当面对陌生人向他靠近时,会哇哇大哭、苦恼不安,并转而寻找母亲的怀抱。这阶段的婴儿特别愿意与母亲呆在一起,当母亲离开时会哭闹着不让离开,当母亲回来时则显得十分高兴。只要母亲在身边,婴儿就能安心地玩耍。这说明这一阶段的婴儿已经能敏锐地辨别熟人和陌生人了,真正的依恋行为就产生了,婴儿产生了明显的对母亲的依恋,形成了专门对母亲的情感联结。7—8个月时,婴儿也会表现出为对父亲的依恋,再以后,依恋范围进一步扩大,除父母外,婴儿还对家庭其他成员如祖父母等产生依恋的情感。

第四阶段(两岁以后),目标调整的伙伴关系阶段。

两岁以后,婴儿能够认识并理解母亲的情感、需要、愿望,把母亲作为一个交往的伙伴来看待,认识到双方都应该考虑对方的需求,并据此适当调整自己的目标。这样与母亲在空间上的接近就变得不再那么重要,例如,母亲去上班,或是离开一段时间,儿童也能理解,不再像以前那样大声哭闹,可以自己开心地玩一会,因为他相信母亲肯定会回来的。

(2) 婴儿依恋的类别

在20世纪70年代末,美国心理学家安斯沃斯和他的同事长期观察了乌干达和美国家庭母子间的相互作用,利用婴儿在陌生环境中的表现作为依恋性质评定的方法,将婴儿的依恋划分为3种类型:

① 安全型依恋

安全型依恋的婴儿与母亲在一起时,能安全愉悦地玩玩具,探索周围的环境,但并不总是依偎在母亲身边,母亲在场就会使婴儿感到足够安全,能在陌生的环境中进行积极地探索和操作,对陌生人的反应也比较积极。当母亲离开时,婴儿的操作、探索行为会受到影响,婴儿明显地表现出焦虑、不安、烦躁,想寻找母亲回来。当母亲回来时,婴儿会立即寻求与母亲的接触,并很容易抚慰、平静下来,继续去探索、操作。这一类婴儿约占总数的65—70%。

② 反抗型依恋

这一类婴儿在母亲离开时,会表现得非常痛苦,极度反抗。任何一次短暂的分离都会引起大喊大叫。但是和母亲在一起时又无法把母亲作为安全探究的基地。当母亲离开后回来时,这类婴儿对母亲的态度是矛盾的,既寻求与母亲的接触,但同时又反抗与母亲的接触。例如:婴儿见到母亲会立即要求母亲抱他,可刚被抱起又挣扎着要下来,想要让他重新回去做游戏似乎又不太容易,不时地朝母亲那里看。因此,这种类型也被称作"矛盾型依恋"。这类婴儿约占总数的10—15%。

③ 回避型依恋

这类婴儿对母亲在不在场都表现得无所谓,当母亲离开时,他们并不表示反抗,很少有紧张、不安的表现;当母亲回来时,也不予理会,表示忽略而不是高兴,自己玩自己的。有时也会欢迎母亲回来,但时间非常短暂,只是接近一下就又走开了。因此可以说,这类婴儿对母亲并未形成特别亲密的情感联结,也有人把这一类婴儿称作"无依恋"婴儿。这类婴儿约占20%。

在上述3种依恋类型中,安全型依恋是较为积极的、良好的依恋,反抗型和回避型依恋又被统称为不安全的依恋,是消极的、不良的依恋。研究表明,婴儿属于哪种依恋类型,与母亲的教养方式及婴儿本身的气质特点等因素有关。

#### (二) 亲子交往的意义

1. 亲子交往为幼儿提供了丰富的刺激,为幼儿认识周围世界、发展认知能力创造了有利条件

婴幼儿因其整体发育、发展水平的局限,对成人表现出极大的依赖性,他们只有在父母的帮助下才能满足基本的生理需要,同时实现与外界环境的相互作用。在与父母频繁而大量的接触中,婴幼儿学习了大量的日常生活知识,认识各种日常用品,学会玩各种玩具的方法和技能;在父母的引导和帮助下,他们学会注意、观察身边的人、事、物,以此锻炼了感知力和注意力,并奠定了好奇心和求知欲的基础;另外,父母在与幼儿交往中的游戏性或指导性的话语,也成为幼儿学习语言的自然榜样与模仿对象,有利于儿童顺利、正确地掌握本民族的语言。有关研究表明,缺乏早期亲子交往经验的儿童,在智力、语言能力以及探索欲等方面均比富有亲子交往经验的同龄儿童差。

2. 亲子交往对儿童情绪情感的稳定和健康发展起着极为重要的作用

关于依恋的许多研究都表明,当父母在场时,幼儿往往表现得更加安静、坦然、踏实,更能坚持完成任务,就连父母的声音或者录像,也对幼儿具有"安慰剂"的功效,能帮助他们更加轻松地应对陌生环境,从紧张、焦虑或恐惧的状态中解脱出来,恢复平静。除此之外,父母在日常生活中对幼儿表现出的关怀、温暖、支持和鼓励,有助于儿童积极、愉快的情绪情感的获得和发展,并且有助于儿童形成对他人的关爱、善良、同情、体贴等品质,而且对儿童自信心和自尊感的形成都具有积极的影响。许多成人在追忆童年生活时都能深刻体会到这一点。

3. 亲子交往对幼儿社会性行为的发展和道德品质的形成具有直接的影响

在亲子交往过程中,父母代表一定的社会阶层或观念、文化等,必然会自觉不自觉地向幼儿传递着多方面的社会性知识、道德准则、行为习惯和交往技能等;同时,父母也为幼儿提供了大量练习有关社交行为和技能的机会,并在练习中给以大量的帮助、指导、纠正或强化。幼儿的许多社会性行为,例如分享、合作、谦让、排队、帮助、关爱他人等,都是在与父母的交往中,在父母的要求和指导下逐渐练习并发展的。另外,早期亲子交往的经验对幼儿与他人的交往也有非常明显的影响,甚至会影响到幼儿成年以后的人际交往态度、行为和关系状况等。

#### (三) 亲子交往的作用机制

亲子交往对幼儿的社会性发展具有重要的影响是毋庸置疑的,那么父母是通过怎样的方式作用于儿童的发展的呢?换句话说,亲子交往影响幼儿社会化的机制是什么?到目前为止,已有的研究表明,这些机制主要包括态度转变、观察模仿和幼儿的归因方式。

1. **态度转变**

态度转变是指父母通过种种方法改变儿童的态度,使儿童接受、内化行为规范的过程。父母用来改变儿童态度的方法有:使用权力、爱的收回和信息内化。

使用权力是一种运用强制性的压力手段迫使幼儿接受行为规则的方法,但是实验表明,使用权力并不一定能够引起幼儿对行为规则的内化,从而使幼儿发生长期、可靠的态度转变,而且如果使用权力不当的话很容易产生反面的效果。

爱的收回是一种心理上的惩罚方式,主要指父母对幼儿表示失望、不理睬或孤立幼儿等。

这种心理上的惩罚会使幼儿感受到一种对自身安全的威胁和焦虑感,迫使幼儿就范,从而达到约束幼儿的目的。但是运用这种方法往往只能引起幼儿外在行为的变化,却不能引起幼儿对社会规范的内化,甚至有可能导致父母与幼儿感情关系的破裂。同时,使用爱的收回的效果与幼儿所处的家庭环境相关,如果父母采用的教养方式不同,爱的收回的效果也不同。例如,在权威型家庭中,使用爱的收回有积极作用,但在专制型家庭中则可能会引起相反的效果。

信息内化又称引导,是指父母通过信息的传递使幼儿长期、有效地接受或内化社会规范或行为规则的一种方法。运用这种方法最重要的是引导幼儿注意乃至理解父母传递的行为标准。父母对幼儿信息内化的具体方式可随幼儿的年龄或具体情境的变化而变化。对于年龄较小的幼儿,父母要直接指出行为的外部后果;对于年龄较大的儿童,父母不但要给儿童分析行为的动机还要指出其行为可能给他人造成的伤害,这些做法有利于儿童理解行为间的因果关系。这种方法如果与适当的表扬、惩罚结合使用,会使幼儿在做出一定行为时,自觉注意到有关准则,最有效地吸收父母引导中所包含的要求和信息。

### 知识拓展

#### 霍夫曼的信息加工模型

霍夫曼(Hoffman)是信息内化与儿童社会性发展领域研究的代表人物,他提出了一个信息内化的模型即"信息加工模型",该模型指出,信息内化的效果主要受两个因素的影响:一是儿童已有的认知能力,他保证父母传授的信息能够为儿童所理解;二是儿童的情绪状态,父母在传递信息时,既要富有情感,又要严格,只有当儿童体验到适度的压力,才能产生积极的影响。压力过大或过小,都不利于儿童对信息的内化。

2. 模仿

学前阶段的幼儿模仿能力很强,而模仿父母的行为是儿童社会性发展的重要途径之一。社会学习理论认为,在社会交往过程中,儿童一方面通过直接观察他人的行为学会新的行为方式,另一方面,通过观察他人行为产生的后果得到"替代性强化"。通过模仿,儿童从婴儿时期便从父母那里获得了大量的认识、表情、动作、语言等,随着年龄的增长,儿童更是通过大量的观察和模仿练习,从父母的言行中学到了越来越多的知识、技能、态度和行为方式。需要注意的是,儿童的大多数模仿都是在无意识中进行的,也就是说,并不是父母所希望的语言和行为才会成为幼儿模仿的榜样,而是父母在儿童面前表现出来的一切行为、态度和语言都有可能成为幼儿模仿的对象。因此,作为父母,要时刻注意自己在孩子面前的一言一行,树立好的榜样,从而对幼儿的心理、行为产生好的影响。

3. 归因方式

归因,即归结行为的原因,指个体根据有关信息、线索对行为原因进行推测与判断的过程。不同的归因方式反映了幼儿不同的特点及不同的行为方式,这种不同的特点和不同的行为方式又影响到他们对未来的选择及努力程度。一般来说,儿童的归因方式可以分为功能良好的归因和功能不良的归因两种方式。具有良好的归因方式的幼儿具有较强的自信心,对学业有积极的情感和适度的期望水平,自控力、责任心较强;相反,具有功能不良的归因方式的儿童缺乏自信心、责任心和自我效能感,往往把成功归因于外在因素,把失败归因于自己的能力较低。父母的教养方式直接影响到幼儿归因方式的发展。

### (四)父母的教养方式对儿童发展的影响

父母教养方式是指父母的教养观念、教养行为及其对儿童的情感表现的一种组合方式。这种组合方式是相对稳定的,不随情境的改变而改变,体现了亲子交往的实质。最早研究父母教养方式的是鲍姆林特,他根据父母行为的控制和温情两个维度把父母教养方式分为三类:权威型、专断型和放任型。在鲍姆林特研究结果的基础上,美国著名儿童心理学家麦考比和马丁概括提出了家长教养方式的四种主要类型:

1. 权威型

权威型的教养方式被认为是最成功的儿童养育方式,表现为父母对子女的高度接纳和参与,父母有恰当的控制技巧并给予一定的自主性。权威型的父母对子女的态度是积极肯定的,能够热情地对儿童的要求、愿望和行为进行反应,尊重孩子的意见和观点,鼓励他们表达自己的想法并参与讨论。父母与子女间建立起一种令人愉快、充满感情的亲子关系,亲子间联系紧密;权威型的父母对孩子的控制富于理性而坚定,他们对子女提出明确要求并坚定地实施规则,对孩子的不良行为表示不快,而对其良好的行为表示支持和肯定。这种高控制、情感上偏于接纳和温暖的教养方式,对幼儿的心里发展带来许多积极的影响。这些父母教养下的孩子多数独立性较强,善于自我控制和解决问题,自尊感和自信心较强,喜欢与人交往,对人友好、热情。

2. 专断型

专断型的教养方式表现为父母对子女低接纳和低介入,高强迫控制,孩子的自主性低。在情感态度方面,专断型的父母看上去冷漠而拒绝,对儿童表现出缺乏热情的、否定的情感反应,很少考虑儿童自身的愿望和要求。专断型的父母总是替孩子作决定,希望孩子唯命是从,要求孩子无条件遵循有关规则,对儿童违反规则的行为表示愤怒,甚至采用严厉的惩罚措施。这种方式教育下的儿童大多缺乏主动性,他们焦虑、不快乐、胆小、怯懦、畏缩,自尊感、自信心较低,不善与人交往,遇到挫折容易产生敌对反应。男孩子尤其容易表现出高度的愤怒和反抗,虽然女孩也会冲动行事,但她们更多的是依赖,缺乏探索精神,易被困难任务击败。

3. 放任型

放任型的父母表现为对孩子疼爱、接纳,但是不介入。他们对孩子过分放纵、放任自流。放任型的父母很少控制孩子的行为,甚至不对孩子提任何要求,而是让他们随意控制、协调自己的一切行为。放任型父母对于孩子违反要求的做法采取忽视或接受的态度,很少发怒或训斥、纠正孩子。这种教养方式下的孩子往往容易冲动、不顺从并且反叛,具有高攻击性,缺乏责任感,行为缺乏自制,自信心较低。比起那些父母控制更多的儿童,放任型教养方式下的孩子对成人表现过度的要求和依赖,完成任务的坚持性较低。

4. 忽视型

忽视型(也被称为不过问型)教养方式表现为对子女的低接纳、低介入、低控制,并且漠视孩子自主性的要求。这样的父母对孩子既缺乏爱的情感和积极反应,又缺少行为的控制和要求。亲子之间交往很少,对儿童缺乏基本的关注,对儿童的任何行为反应都缺乏反馈,而且容易流露出厌烦、不想搭理的态度。这种教养方式下的儿童也容易有较强的冲动性和攻击性,不顺从,且很少替别人考虑,对人缺乏热情与关心,这类孩子在青少年期更有可能出现不良行为问题。

四种不同教养方式的特征见表12-1。

表12-1 教养方式的特征

| 教养特征 | 接纳和参与 | 控制 | 给予自主性 |
| --- | --- | --- | --- |
| 权威型 | 疼爱孩子,关注孩子的需要并作出及时反应 | 为了让孩子表现出成熟行为,提出合理要求,始终坚持这些要求并作出解释 | 允许孩子根据自己的意愿作决定,鼓励孩子表达思想、情感和愿望,父母与子女意见不同,可以一起作决定 |
| 专制型 | 对孩子冷漠、拒绝,经常羞辱孩子 | 强制要求、使用武力和惩罚;经常使用心理控制、爱的回收并干涉孩子的个人隐私 | 替孩子作决定,很少倾听孩子的想法 |
| 放任型 | 疼爱但过于放纵,或不关心 | 很少或几乎不提出要求 | 在儿童具备足够能力前就让孩子自己作决定 |
| 忽视型 | 不爱孩子,自我退缩 | 很少或几乎不提出要求 | 对孩子的想法和决定不管不问 |

(五) 亲子交往的影响因素

亲子间的相互作用并不是孤立存在的,它会受到亲子双方及周围环境中诸多因素的影响,概括起来主要有以下几点:

1. 父母的性格、兴趣爱好、教育观念及对孩子的期望的影响

父母的性格、兴趣爱好、教育观念以及对子女发展的期望都对亲子关系有直接的影响。一般情况下,脾气温和、性格平稳的父母比较容易接受孩子的行为和态度;相反,脾气暴躁的人则易成为专断型的父母。如果父母对孩子的发展抱有较高的期望,则容易成为权威型父母;如果对孩子发展不抱很大的期望,则可能放任孩子,成为放任型父母。而父母的教育观念会影响到父母的教育态度、教育期望和教育方式,进而影响到其教育行为,最终对儿童的发展产生长期的影响。

2. 父母的社会经济地位和受教育水平的影响

父母的社会经济地位主要由其职业、受教育水平和经济收入来决定。有研究表明,父母的经济地位不同,其教养行为与教养观念也存在差异,进而影响到亲子交往。具体表现在:(1)经济地位较低的父母更多地强调儿童要顺从、尊重他人、少惹麻烦等;而经济地位较高的父母则更重视培养儿童的积极情感、创造性、好奇心和探索精神等。(2)社会经济地位较低的父母较多地控制儿童,对儿童使用权威,对待儿童武断专横并常使用体罚;社会经济地位较高的父母则对儿童较为民主,能够通过角色转换理解儿童,就算惩罚也多是心理惩罚。(3)社会经济地位较高的父母与儿童之间有更多情感、语言上的交流,喜欢给孩子讲道理,对孩子的情感投入也较多。另外,受教育程度的高低也会影响到亲子交往。许多研究表明,受教育程度较低的父母在教养方式中的溺爱、忽视、专制、惩罚以及教育的不一致等趋向性显著高于受教育程

度高的父母,而受教育程度高的父母则更具有民主性。

3. 父母婚姻质量的影响

父母婚姻质量的好坏直接关系到亲子之间的交往。父母婚姻关系不好,经常争吵、挑剔、冲突较多,亲子交往质量自然就较差。一般来讲,儿童与父母的交往模式受家庭中交往模式的潜移默化影响,而且无声的交往行动远远比有声的语言交往更有效。可以说,夫妻间的沟通模式和沟通状况为儿童提供了处理人际交往和人际关系的典范。一般情况下,婚姻关系好的父母对儿童采用较为一致的交往方式,父子交往和母子交往不存在显著差异。婚姻关系不好的父亲对儿童的表扬、赞赏等积极反馈较少,而干扰儿童活动较多,如打断孩子的活动,代替孩子完成某件事情等。婚姻关系不好的母亲不仅给儿童消极反馈较多,而且更多地运用提问题、命令及强制性的建议来控制儿童的活动。

4. 儿童自身发展特点和发展水平的影响

每个儿童自出生起就表现出独特的个性,有的好静,有的好动,有的壮实,有的弱小,这些体质、气质上的差异往往引起父母不同的抚养行为。例如,喜欢让人抱的婴儿往往会强化父母与婴儿交往的积极情绪,而一个不喜欢身体接触的婴儿则容易形成与父母的消极情绪。容易抚育型的婴儿常常对父母笑脸相迎,能对父母的关爱作出积极的响应。

(四)父亲对儿童发展的影响

父亲在家庭教育中的作用不容小觑,是影响儿童成长和发展的关键人物。在家庭中,母亲更多地在生活上给予儿童无微不至的关怀,是儿童安全感的来源,而父亲却在儿童的成长方向上给予指引。著名哲学家E·弗罗姆认为:"父亲虽不代表自然界,却代表人类存在的另一极,那就是思想的世界、科学技术的世界、法律和秩序的世界、阅历和冒险的世界。父亲是孩子的导师之一,他指给孩子通向世界之路。"可见,父亲在家庭教育中起的作用是母亲和家庭的其他人都无法替代的。

1. 父亲是儿童个性、社会性健康发展的重要源泉

父亲对儿童个性、社会性的健康发展具有重要的影响,由于父亲与儿童一起玩的游戏往往是运动性、技术性和智能性的,父亲更多地以他们固有的男性特征,诸如独立性、进取性、冒险性、果断性、坚强性、自信心等影响儿童,使儿童在不知不觉中模仿和学习。父亲缺失的家庭里长大的儿童,在成年后较难保持与人的良好关系,自我概念也不如正常家庭的儿童。从小与父亲的交往会使儿童对自己和周围的环境持满意的态度,并使儿童对自己将来的学业和事业上的成功充满信心。这些与从母亲那里得来的关心别人、同情心、温和、善良等品质结合起来,对儿童完满人格和个性的形成打下基础。

2. 父子交往有助于儿童社交需要的满足和社会交往技能的提高

研究表明,父亲与儿童之间的游戏活动有助于促进儿童的社会交往,提高儿童的同伴接受性和社交地位。这是因为一方面父亲影响了儿童的交往态度,使儿童在交往中更加积极、主动、自信、活跃;另一方面,父亲在与儿童的游戏中,更多以平行、平等的形式交往,采用积极、鼓励的态度,让儿童更多地把握交往过程中的机会,这都有助于儿童学会更多的社交技能,正确理解他人的情感、社会信号,学会运用、调整自己的行为反应,并以此影响他人的行为。这些对

儿童学会在交往的过程中注意交往双方的情绪、行为反应,并相互影响,具有特别重要的价值。

3. 父子交往有助于儿童形成正确的性别角色意识

在父亲对儿童发展的影响中,性别角色是最突出、最深刻的一个方面。对于男孩来说,父亲为他提供了一个男性的榜样,提供了供其模仿、学习男性角色的范例;对于女孩子来说,父女之间的交往给女孩提供了最初的异性交往体验,这种体验甚至会影响到女孩长大后的择偶观和婚恋观。西方心理学的研究表明:5 岁前与父母分离或失去父亲的男孩,其行为缺乏男子气概,如在游戏中会出现较多的女子动作模式,吵架时更多的用言语攻击而不是身体攻击。这些男孩在少年后期,又会表现出过度男性的倾向,如争强好胜、攻击性强等。而在 5 岁前失去父亲的女孩,到了青春期更容易遇到与异性交往的困难,在与男性交往时常常表现出焦虑、羞怯和无所适从。

4. 父子交往是儿童认知发展的重要源泉

由于父亲的性格、能力等独特特点,特别是父亲与儿童在交往上的独特性,儿童从父亲和母亲那里得到的认知上的收获是不完全相同的。儿童从父亲那里,可以学到更丰富、更广阔的知识,可以更广泛地认识自然、社会,并通过亲身体验、探索不同的活动,培养起儿童的动手操作能力,丰富其想象力,培养动脑、创造的意识,并发展其旺盛的求知欲和好奇心。这些对儿童认知的发展具有十分重要的意义。有研究发现,父子交往的数量与儿童的智商呈正相关,还有研究表明,早期失去父爱的男孩,在认知模式上趋于女性化。

## 三、学前儿童的同伴交往

同伴关系是儿童在成长的过程中,除亲子关系之外的又一重要社会关系。同伴间的交往为儿童提供了与众多同龄伙伴平等和自由交流的机会,是儿童发展社会能力、提高适应性、形成友爱态度的基础。因此,同伴交往对儿童认知、情感和自我意识的发展具有独特的作用。

### (一) 同伴交往的意义

对于儿童来说,与成人之间的交往,如亲子交往和师幼交往是一种不平等的交往,并且具有一种不可选择的强制性。而同伴间的交往是一种平等的交往,同伴交往比起亲子交往和师幼交往更直接、更真实、更丰富、更平等也更加复杂,它对于幼儿社会价值的获得、社会能力的培养以及认知和健康人格的发展都起着重要作用。

1. 同伴交往有助于儿童学习社交技能和社交策略

幼儿在与同伴交往的过程中,一方面幼儿发展社交行为,如微笑、请求等,从而尝试、练习自己还未习得的社交技能和策略,并根据对方的反应作出相应的调整;另一方面,幼儿在交往中通过观察对方的社会行为来学习和丰富自身的社会行为。与亲子交往相比较,同伴交往中同伴的反馈更真实、自然和及时。儿童积极、友好的行为,如分享、微笑等能马上引发另一儿童的积极反应,得到肯定性的反馈;而消极、不友好的行为则正好相反,如抢夺、攻击别人等会马上引起其他儿童的反感。儿童正是在与同伴的交往中通过不断地调整、修正自己的行为方式,掌握、巩固较为适合的交往方式。

2. 同伴交往有助于儿童积极情感的发展

儿童之间良好的同伴关系,和良好的亲子关系一样,能使儿童产生安全感和归属感,满足其归属、爱和尊重的需要,从而使儿童的情绪经常处于愉悦、稳定的状态。积极的同伴交往不仅可以愉悦儿童的身心,也可以为儿童提供调控情绪的机会。如果儿童长时间独处,会产生莫名其妙的孤独感,渴望交流又得不到交流的状况可能导致儿童慢性情绪压抑。虽然儿童在同伴交往中不可避免会发生一些冲突,但是正是这些冲突帮助幼儿学会如何与别人协调、如何抑制自己不合理的行为、如何处理同伴关系等。

3. 同伴交往有助于儿童认知能力的发展

在同伴交往的过程中,不同的儿童带着各自不同的生活经验和认知基础,他们在共同活动中也会做出各不相同的表现。即使面对同样的玩具,他们也可能玩出不一样的花样。所以同伴交往可以为幼儿提供分享知识经验、互相模仿、学习的重要机会。他们在活动中不断地重新操作、组合玩具,从不同的角度去使用活动材料,建构物体。同时,同伴交往也为幼儿提供了大量同伴交流、直接教导和协商、讨论的机会。这些都对幼儿扩展知识、丰富认知、发展自己的思考,培养解决问题的能力有很大的帮助。

4. 同伴交往有助于儿童自我概念和人格的发展

同伴交往为儿童提供了进行自我评价的有效参照标准,4岁左右的幼儿已经能够将自己和同伴作简单的对比。同伴的行为和活动就像一面"镜子",为儿童提供自我评价的参照,使儿童能通过对照更好地认识自己,对自身的能力作出判断。这是儿童最初的社会比较,它为儿童形成自我概念打下最初的基础。同时,儿童与同伴之间的交往为儿童对自我调控行为提供了丰富的信息和参照标准。儿童可以从同伴的不同反应中,了解自己行为的结果与性质,并认识到必须调整自己的哪些言行。因此,同伴交往,特别是同伴间的反馈,对儿童的自我意识尤其是自我调控系统的发展具有非常积极的意义。

5. 同伴交往有助于儿童社会适应以及心理健康的发展

早期同伴交往不良易导致儿童以后社会适应的困难,而良好的同伴交往有助于儿童的社会适应和心理健康的发展。例如,在二战期间,6个儿童的父母都被纳粹分子杀害,他们被关在集中营内长到3岁,这期间他们很少得到成人的照顾,他们几乎是彼此互相照顾着长大的。在获得解救前的两年左右,这6个儿童紧密地团结在一起,相互之间形成了强烈的忠诚和依恋,正是这种依恋感情,促使他们相互依赖,相互支持,最终都发展成为身心健康的人。好的同伴关系对儿童良好的社会适应能力的养成和心理健康的发展有重要作用。

(二)同伴交往的发生和发展

1. 同伴交往的发生

儿童的同伴交往在其出生后第一年就开始出现,在第二年以后迅速发展。

婴儿很早就对同伴的出现和行为作出反应。两个月的婴儿就能注视同伴;3—6个月的婴儿之间能够互相触摸和观望;6个月的婴儿能够对身边的同伴微笑并发出"咿呀"的声音。但是6个月以前的婴儿的这些反应并不具有真正的社会性质。因为这时的婴儿可能只是把同伴当作物体或活的玩具,如出现抓住对方的头发、鼻子等行为,并不能主动追寻或期待从另一个婴儿那里得到相应的社会反应。这时婴儿的行为往往是单向的,缺乏互动性。直到出生后的下半年,真正具有社会性的同伴交往才开始出现。

2. 同伴交往的发展

学前儿童的同伴交往最初只是集中在玩具和物体上,而不是儿童本身。例如幼儿 A 拿了一个玩具给幼儿 B,幼儿 B 只是用手触摸或抓住这个玩具而不是用眼睛看着对方,这个过程就结束了。随着儿童年龄的增长,慢慢出现了向同伴微笑并使用手势、对同伴的行为作出反应等重要的社会性行为和技能。

1 岁左右的婴儿之间交往最突出的特点就是出现应答性的社交行为,即一个孩子对另一个孩子发出微笑、语言或非语言的声音,出现抚摸、轻拍或递玩具的动作,期望能引起对方的反应。另外的孩子也可能会报以微笑、发出声音、注视他的行动等等。1 岁半以后的婴儿随着语言的发展并学会走路,婴儿之间会越来越多地出现模仿性和互补性交往行为。这个年龄段的婴儿同伴交往的特点是:虽然在一起玩,但互不打扰,各玩各的,熟悉的婴儿之间会相互观察、模仿。例如,一个孩子拍手,另一个孩子也拍拍手,一个孩子站到墙角,另一个孩子也挤过去。追追跑跑是这个阶段幼儿最喜欢的游戏。两岁以后,儿童与同伴之间最主要的交往形式是游戏,最初他们交往的目的主要是为了获取玩具或寻求帮助,随着年龄的增长,幼儿交往的目的也越来越倾向于同伴本身,即他们是为了引起同伴的注意,或者为使同伴与自己合作、交流而发出交往的信号。

(三) 同伴交往的主要类型

我国学者庞丽娟(1993)用"同伴现场提名法"研究了学前儿童的同伴交往类型。通过同伴对儿童的提名情况,了解某一儿童在同伴社交中的地位。就是在儿童集体活动的现场,挑选一处既能使幼儿看到班上其他所有同伴,又不至于使儿童为别人所干扰、分心的地方,逐个向每个幼儿提问:"你最喜欢班上哪三个小朋友?"(正提名)和"你最不喜欢班上哪三个小朋友?"(负提名),详细记录每个幼儿的提名情况。如果某一幼儿被提名为"最喜欢的小朋友",他就被在正提名上记 1 分;相反,如果被提名为"最不喜欢的小朋友",则就在负提名上记 1 分。综合全班幼儿的回答,便可以得出每个幼儿的正、负提名总分。据此就可以判断某个幼儿被同伴接纳的程度,从而判断其同伴社交地位的类型。

采用上述方法对幼儿的同伴交往类型进行研究,结果表明,幼儿的社交地位已经分化,主要有受欢迎型、被拒绝型、被忽视型和一般型。基本特征如下:

1. 受欢迎型

受欢迎型幼儿的共同特点是喜欢与人交往,在交往中积极主动,且常常表现出友好、积极的交往行为,因而受到大多数同伴的接纳、喜爱,在同伴中享有较高的地位,具有较强的影响力。从同伴提名的分数来看,他们的正提名分数很高而负提名分数很低。

2. 被拒绝型

被拒绝型幼儿和受欢迎型幼儿一样,喜欢交往,在交往中活跃、主动,但却常常采取不友好的交往方式,如强行加入其他小朋友的活动,抢夺玩具,大声叫喊、推打小朋友等等,攻击性行为较多,友好行为较少,因而常常被多数幼儿所排斥、拒绝,在同伴中地位低、关系紧张。从同伴的提名分数来看,他们一般正提名分数很低而负提名分数很高。

3. 被忽视型

与前面两类幼儿不同的是,这类幼儿不喜欢交往,他们常常独处或一人活动,在交往中表现出退缩或畏惧,他们很少对同伴做出友好、合作的行为,也很少表现出不友好、侵犯性行为,因此,既没有多少同伴主动喜欢他们,也没有多少同伴主动排斥他们,他们在同伴心目中似乎是不存在的,被大多数同伴所忽视和冷落,这类幼儿的正、负提名分数都很低。

4. 一般型

这类幼儿在同伴交往中行为表现一般,既不是特别主动、友好,也不是特别不主动或不友好;同伴有的喜欢他们,有的不喜欢他们,他们既非为同伴所特别地喜爱、接纳,也非特别地忽视、拒绝,因而在同伴心目中的地位一般。从提名分数上看,这类幼儿的正、负提名分都有一定的得分,两者都处于居中的水平。

在上述4种同伴交往类型中,受欢迎型幼儿约占13.33%,被拒绝型约占14.31%,被忽视型幼儿约占19.41%,一般型幼儿约占52.94%。从发展的角度看,在4—6岁范围内,随着幼儿年龄的增长,受欢迎幼儿人数呈增多趋势,而被拒绝幼儿、被忽视幼儿呈减少趋势;从性别维度上看,在受欢迎幼儿中,女孩明显多于男孩;在被拒绝幼儿中,男孩显著多于女孩;在被忽视幼儿中,女孩多于男孩,但男孩也占一定比例。

(四)同伴交往的影响因素

同伴关系是学前儿童人际关系的重要组成部分,在儿童社会化和身心全面健康发展的过程中起着极其重要的作用。积极良好的同伴关系是幼儿心理健康发展的重要保证,好的同伴关系有利于幼儿形成自尊、自信和活泼开朗的性格,有利于儿童的社会化,而同伴交往困难则会影响以后的社会适应。

1. 早期亲子交往的经验

早期亲子之间的依恋关系对儿童今后的同伴关系有预告和定型的作用。西方大量的研究表明,通过儿童与母亲依恋关系的特质和由此形成的"内部工作模式"可以预测儿童与同伴的社会交往方式。与母亲依恋安全性高的儿童,较容易与同伴建立起相同特质的依恋关系。而与母亲依恋关系安全性较低的幼儿则会在与同伴交往过程中存在困难。

2. 儿童自身行为特征和性格特点

儿童自身的行为特征一方面制约着同伴对他们的态度和接纳程度,另一方面也决定着他们自身在交往中的行为方式。通过研究幼儿不同行为特点对同伴交往的影响,发现受欢迎的儿童是凭借观察或接近其他儿童来开始社交的,当其他儿童发出社交信号时,他会作出积极的反应。不受欢迎的儿童在行为上表现出专断,他通过抓住别人或别人的玩具来表明交往的倾向,当其他儿童发出社交信号时,他对这些信号不加理睬或以不恰当的方式作出反应。

另外,性格特征也会影响到儿童的同伴交往。受欢迎的儿童一般较外向,不易冲动和发脾气、活泼、爱说话、胆子较大;被拒绝的幼儿往往性格较外向、性子急、脾气大、易冲动、非常活泼好动、爱说话、胆子大;被忽视幼儿的性格往往较为内向、好静、慢性、脾气小、不易冲动与兴奋、不爱说话、胆子较小;一般幼儿在各方面基本处于中等偏下的状态。

3. 活动材料和活动性质

活动材料,特别是玩具,是学前儿童同伴交往的一个不可忽视的影响因素,尤其是婴儿期到幼儿初期,儿童之间的交往大多围绕玩具而发生。玩具对儿童同伴交往的影响还体现在玩具的不同数量和特征能引起儿童之间不同的交往行为上。玩具数量过少的情况下,儿童会经常发生争抢、攻击等消极的交往行为;而在有大型玩具,如滑梯、攀登架、中型积木等的条件下,儿童之间倾向于发生轮流、分享、合作等积极、友好的交往行为。

4. 教师和托幼机构的影响

托儿所和幼儿园是幼儿最早加入的集体生活环境,对培养幼儿的社会适应能力起着重要作用。幼儿从家庭进入集体环境,对教师有着很强的依赖性,因此,建立良好的师幼关系是非常重要的。如果教师不能与幼儿建立起亲密、融洽、协调的关系,就会导致幼儿心理上的不平衡,从而造成幼儿与同伴交往的不协调。

## 四、学前儿童的社会性行为

### (一) 社会性行为概述

1. 社会性行为

社会性行为是指人们在交往活动中对他人或某一事件表现出的态度、言语和行为反应。它在交往中产生,并指向交往中的另一方。根据其动机和目的不同,可以分为亲社会行为和反社会行为两大类。

2. 亲社会行为

亲社会行为又称积极的社会行为,它是指一个人帮助或打算帮助他人,做有益于他人的事和行为。儿童的亲社会行为主要有同情、关心、分享、合作、谦让、帮助、抚慰、援助、捐献等等。亲社会行为是形成和维持良好关系的重要基础,会受到人类社会的肯定和鼓励。

3. 反社会行为

反社会行为也称消极的社会行为,是指可能对他人或群体造成损害的行为。其中最具代表性,在幼儿中最突出的是攻击性行为,也称侵犯性行为,如推人、打人、抓人、骂人、破坏他人物品等等。这些行为不利于形成人际间的良好关系,往往造成人与人之间的矛盾、冲突,其极端后果是犯罪、战争,甚至死亡,因此,被人类社会所反对和抵制。

### (二) 学前儿童的亲社会行为

1. 亲社会行为的发生和发展

研究发现,儿童在很小的时候就通过多种方式表现出亲社会行为,尤其是同情、帮助、分享、谦让等利他行为。

1岁之前,儿童已经能够对别人微笑或发声,这种积极性反应表达了最初的友好倾向。当儿童看到他人处于困境,如摔倒、哭泣时,他们会加以关注,并出现皱眉、伤心的表情。1岁左右的儿童还会做出积极的抚慰动作,如轻拍或抚摸等。1岁以后,儿童越来越明显地表现出同情、分享和助人等利他行为。尽管这个年龄的孩子很难弄清别人遭受困难的原因,但是他们却明显地表现出对处于困境的人的关注。

两岁以后,随着儿童生活范围和交往经验的不断增多,儿童的亲社会行为进一步发展,他们逐渐能够根据一些不太明显的细微变化来识别他人的情绪体验,推断他人的处境,并做出相应的抚慰或帮助行为。

2. 亲社会行为的训练策略

(1) 角色扮演法

角色扮演法就是引导幼儿体验在某些情境下他人的行为和心理感受,进而在现实生活中遇到类似情况时能作出恰当的反应。例如,在"我是文明小司机"中,引导幼儿遵守交通规则。幼儿教师还可以利用角色扮演法来教育幼儿,使其具有内在的自我调节能力,这比一味限制、要求等外部约束要有效得多。

(2) 榜样示范

研究表明,模仿有利于亲社会行为的增加。家长是儿童最好的榜样,父母的教养方式影响着儿童亲社会行为的发展。采用民主型教养方式的父母多采用较为温和、非强制的说理方式来教育儿童,儿童也从父母的教育、教养行为中习得了以同样的方式对待他人的好习惯。进入幼儿园后,幼儿教师的一言一行都是幼儿模仿的榜样。因此,家长和教师都应注意在日常生活中规范自己的行为,做儿童的好榜样。

(3) 表扬和奖励

儿童的亲社会行为,无论是主动自觉的还是被动不自觉的,都需要得到群体的认可。因此,精神奖励对巩固儿童亲社会行为具有不可估量的作用。幼儿一旦出现了亲社会行为,成人就要及时强化,例如给予幼儿表扬、奖励等,使幼儿获得积极的反馈,达到逐渐巩固的目的。否则,已经习得的亲社会行为就可能消退。因此,恰当地运用表扬和奖励,能有效地促进儿童亲社会行为的发展,并在一定程度上抑制儿童的攻击性行为。

(三) 学前儿童的攻击性行为

攻击性行为又称侵犯性行为,是针对他人的敌视、伤害或破坏性行为。侵犯可以是身体的侵犯,言语的攻击,也可以是对别人权利的侵犯。心理学家哈吐普(Hartup,1974)将侵犯行为区分为工具性侵犯和敌意性侵犯。工具性侵犯是指为了得到某个渴望得到的物品(财物或权利)而做出的抢夺、推搡等动作;敌意性侵犯则是以人为指向为目的,旨在伤害他人(身体、感情和自尊等),如嘲笑、讥讽、殴打等。

1. 攻击性行为的发展

儿童在1岁左右开始出现工具性攻击行为,到两岁左右儿童之间会表现出一些明显的冲突,如打、推、踢、咬、扔东西等,其中绝大多数冲突是为了争夺物品。到幼儿期,儿童的攻击行为会发生很大的变化。从频率上看,4岁以前,攻击性行为的数量逐渐增多,到4岁达到最多,之后数量逐渐减少。从具体表现上看,多数幼儿采用身体动作的方式,如推、拉、踢等,尤其是年龄小的幼儿。随着语言的发展,从中班开始逐渐增加了言语的攻击,而身体动作的攻击逐渐减少。从攻击性质上看,以工具性攻击行为为主,但慢慢出现了敌意性的攻击行为。

2. 学前儿童攻击行为的特点

到了学前阶段,儿童的攻击性行为在频率、表现形式和性质上发生了很大的变化,表现出以下特点:

(1) 幼儿攻击性行为频繁。主要表现在:为了玩具或其他物品而争吵、打架。攻击性行为更多的是直接争夺、破坏玩具或物品。

（2）幼儿更多依靠身体上的攻击，而不是言语的攻击。

（3）从工具性攻击向敌意性攻击转化。小班儿童的工具性攻击行为多于敌意性攻击行为，而大班儿童的敌意性攻击显著多于工具性攻击。

（4）幼儿的攻击性行为有着明显的性别差异。在幼儿园中男孩比女孩更多地被怨恨和更多地卷入攻击性事件，男孩比女孩更容易在受到攻击以后发动报复行为，发生碰撞时对方是男孩比对方是女孩更容易发生攻击性行为。

（四）影响学前儿童社会性行为的因素

学前儿童的社会性行为受到诸多因素的影响，它是在生物因素和社会因素的共同作用下产生和发展的，儿童自身的认知水平也具有很大的影响。

1. 生物因素

有研究表明，雄性激素水平与攻击性行为倾向间存在着内在联系。不仅人类如此，在关于动物的研究中也发现，雄性动物在受到威胁或被激怒时，比雌性更容易产生攻击性反应，这在一定程度上可以解释男孩和女孩在攻击性行为上的性别差异。

神经类型的差异导致儿童先天带有不同特点的气质类型，环境的各种影响必须通过个人已有的心理发展水平和心理活动才能发生作用。德国的神经学家布特曼（Bultmann）说："每一个人都是他自己个性的工程师。"儿童自身的气质特征在社会化的过程中起着不可忽视的作用。婴儿刚出生时就表现出了气质上的个别差异，有容易抚育型的儿童，也有抚育困难型的儿童，还有的则属于发育缓慢型的儿童。容易抚育型的儿童喜欢探究新事物，容易适应环境的变化，对成人的反应性较强；抚育困难型的儿童对新生活很难适应，在新事物、新环境面前容易退缩；发育缓慢型的儿童比较温和，但适应新环境比较慢。

生物因素对儿童的社会性行为存在影响，但这并不意味着它能独立于社会环境之外单独起作用。基因不是儿童社会性行为产生的决定因素。比较合理的说法是，儿童遗传了某种先天性的基因倾向，这种倾向在后天的环境中得到表现或强化。

2. 社会因素

（1）环境的影响

儿童社会化的发展离不开其生活的环境，环境不仅影响着儿童社会性发展的各个方面，也影响着儿童社会性发展的整个过程。

① 家庭环境

家庭是儿童社会化发展的最初场所。家庭对儿童社会化的影响是潜移默化的，就像一个无声的老师，时时刻刻都在发挥着特殊的影响作用。可以说，时代和社会的要求，都会通过家庭在儿童的心灵上打下烙印。家庭的物质条件、家庭结构、父母的教育观念和教养方式以及亲子关系等都会直接影响到儿童社会能力的形成和发展。其中，父母和儿童之间的亲子关系是儿童最早建立的人际关系，亲子关系的好坏直接影响到儿童对社会的认知，影响到儿童将来的各种人际关系，进而影响到儿童的社会行为。

② 幼儿园环境

幼儿园环境也是影响儿童社会化发展的重要因素。整洁、优雅的环境，恰当的空间组织方式会使儿童情绪安定、亲社会行为增多,并有助于儿童积极的认知和探索。而脏乱、无序的环境布置则会使儿童浮躁、攻击性行为增多。另外,活动空间的大小、玩具数量的多少都会影响到儿童的社会性行为。活动空间越小、玩具数量越少,儿童发生争执、打闹的机会越多;活动空间越大、玩具数量越多,儿童的交往机会则会减少,不利于合作行为的产生。

③ 社区环境

有研究发现,社区对儿童社会化的发展也有不可忽视的影响。生活在楼房区的儿童与生活在平房区的儿童在社会性发展上存在差异。生活在楼房区的儿童,由于楼房相对封闭,这就减少了儿童与同伴和他人交往的机会,会对儿童的社会交往造成不利的影响;生活在平房区的儿童则有机会与同伴朝夕相处,有利于儿童间的相互交流和合作行为的产生。此外,社区人员的素质、社区的配套设施、教育机能、教育资源等,都会对儿童的社会性发展产生影响。居住在学校附近的儿童与居住在商业区附近的儿童对读书、经商的理解就有很大不同;居住在医院附近的儿童对于生老病死的认识就比其他儿童更深刻一些。

(2) 同伴的影响

儿童通过观察、模仿、认同、强化等方式,向同伴进行学习。同伴作为一种社会模式或榜样影响儿童的行为发展。如果让幼儿和比他更为成熟的儿童一起玩,他们就会变得更加合作,更多地采用建议或请求的方式,而不是用武力来对待别人;如果经常跟那些慷慨的儿童在一起玩,儿童也会变得很大方。学前儿童还没有足够评定自己行为的能力,于是他们就常把同伴的行为作为衡量自己的标准。这种社会比较过程就是儿童建立自我形象与自我尊重的基础。

(3) 大众传媒的影响

大众传媒是传递社会文化和道德价值观念的主要途径。儿童一出生就处在大众传媒的包围之中,电影、电视、报刊、杂志、网络等对儿童的社会性行为的性质和具体形式都有重要的影响。例如,儿童通过看电视,开阔了视野,认识了社会角色,并学习相应的行为规范;但同时,一些暴力的、恐怖的、不适合儿童接触的内容,也会成为儿童模仿的对象,不利于儿童的社会化发展。现在,越来越多的人已经意识到大众传媒对儿童社会化发展的双面影响。家长和老师要科学引导,理性选择,趋利避害。

(4) 社会文化的影响

社会文化对儿童社会性行为的影响主要体现在:不同国家和地区对攻击性行为的态度有程度上的差异,如有的文化极端反对和抵制攻击性行为,有的文化则对攻击性行为比较宽容。对攻击性行为比较宽容的社会,其社会成员的攻击性行为通常就比较多。每一种文化在赞同或鼓励亲社会行为方面显然是不同的。研究表明,西方社会幼儿的亲社会行为得分较低,对此结果的解释是与西方社会过分强调竞争,强调个人而不是集体有关。

3. 认知因素的影响

幼儿的攻击性行为多与其认知水平较低有关,对于来自同龄伙伴的信息幼儿往往以自我为中心作出判断。如果一个儿童将他人的行为判断为敌意的,他的行为就会表现出攻击性;反之,如果儿童将他人的行为判断为善意的,他就不会产生攻击行为。在儿童之间发生的很多攻击性行为都是因为彼此之间没有理解对方行为的动机是什么。一个攻击性强的幼儿往往用敌意性的动机去判断别人的动机,这样他攻击的次数和被攻击的次数都在增加。

(五) 社会性行为的培养与训练

儿童的亲社会行为和攻击性行为都不是与生俱来的,也并非随着儿童年龄的增长,儿童的亲社会行为就必然增多,攻击性行为就必然减少。要减少儿童的攻击性行为,促进他们亲社会行为的增多,就需要进行相应的引导和教育。

1. 移情训练

家长和教师要注意培养幼儿理解和认识他人的情绪情感,并通过教育训练引导幼儿产生与他人情感相一致的情感共鸣。移情训练的具体方法有听故事、引导理解、续编故事、角色扮演等,还要注意结合日常生活实际对儿童进行利他教育。例如,有的儿童会笑话盲人走路的样子好笑,教师就可以让幼儿尝试蒙上眼睛在教室里行走,切身体会盲人的痛苦和生活的不便,从而懂得应该主动关心、帮助残疾人,而不应该取笑他们。

2. 交往技能训练

交往技能是指在与他人交往和参与社会活动时表现出来的行为技能。学前阶段的幼儿在交往过程中之所以会表现出不恰当的社会行为,往往是因为缺乏相应的交往技能。

交往技能的训练首先要使儿童学会正确识别交往中的问题及其原因和特点,例如,为什么别人不喜欢跟我玩?为什么我的要求不能得到满足?特别是对于较大的幼儿来说,教会他们根据交往的具体情境和问题的具体情况来选择合适的反应是完全可能和必要的。技能训练应使儿童认识到,解决某个问题可以采用很多方法,但是每个方法的效果是不一样的,我们要选择最好的一种方法。例如,当有的小朋友要来抢你的玩具时,你可以一把将他推开,也可以去找老师帮忙,也可以拿着玩具跑开,还可以友好地跟对方说:"你别抢,咱们一起玩"。教师可以与幼儿一起讨论,哪种方法是最好的。

3. 利用精神奖励

奖励对行为的巩固作用是非常明显的。恰当地运用精神奖励能有效地促进学前儿童亲社会行为的发展,并能在一定程度上抑制儿童的攻击性行为。家长和教师可以通过对幼儿的欣赏、肯定、鼓励、表扬等方式,强化和巩固幼儿的亲社会行为。但值得注意的是,奖励作为一种外在的强化手段,不宜滥用,而应适时、适度,针对的是具体的、确实值得表扬的行为,否则幼儿就会因为得到表扬而趋利避害,产生负效应。

## 实践实训

1. 小南是独生子女,妈妈对小南百依百顺,爸爸则非常粗暴。家里玩具很多,但小南看到别人玩什么,她就要什么,还经常和小朋友打架。一开始,老师会严厉地责备她,但后来谁也管不了。妈妈开始担心。请分析小南行为的特点及成因。

**分析**:小南的特点主要是任性、攻击性强。这反映的是独生子女个性和社会性发展的问题。其主要原因是独生子女成长过程中的一些环境因素:

(1) 缺失,独生子女缺少兄弟姐妹,没有相互学习的机会;

(2) 独特,独生子女经历的独特性致使其心理发展有一定的特殊性;

(3) 家长与子女的关系,家庭教养方式直接影响儿童心理的发展,过度溺爱、过分保护对其发展都是不利的,而且小南的爸爸妈妈还存在教育的不一致性,导致小南出现这些问题。

2. 有一个7岁男孩威威,不喜欢说话,上课时,他独自一人在教室外走动,游戏时常独自玩耍,小朋友欺负他时候,他通常只是哭泣而不会告诉老师或其他人,因此,被怀疑有自闭倾向。但他有一个特点,喜欢在安静的课堂突然大声读新闻或广告,普通话很标准,记忆力很好。

教育方法:上课时让保育员在他的身边,以同伴的身份和他交流,经常和他说话。

效果:一段时间后,他上课时能够安静坐好、听课,不会突然大声喧哗,和同伴有很好的交流,有不开心的事情也会告诉老师。

分析:

老师的教育方法能够让孩子较之以前有所进步,这就是成功的,孩子的问题行为由以下因素导致形成:

(1) 与神经类型和遗传有关,还由于后天的教养方式不当,父母过分关心孩子,把孩子关在家里,缺少同伴交往,导致物质丰富但是精神缺乏,孩子内心孤独、内向、不合群。

(2) 有时孩子缺乏大人和老师的关注,在与同伴交往时受挫,交往能力低下,导致胆小、自卑,缺乏与人交流的勇气。

对策:

(1) 成人要帮助儿童建立宽松和谐的同伴关系,一般来说,受欢迎的儿童有安全感,被排斥的儿童会产生孤独感和自卑感,老师要做的就是帮助不同的孩子都能交上朋友,鼓励儿童主动把玩具借给他人玩,将食物与人分享,与他人建立和谐关系,形成谦让、互动、礼貌的习惯。儿童在交往中有良好的感情体验,继而就会产生与他人交往的强烈愿望。

(2) 成人指导孩子的交往,很重要的一点是引导孩子能够很好地与他人交往,交往的方式有语言和非语言,语言的交往能力是广泛深入进行社交的前提。家长应该强化孩子的语言交往功能,学会常用的语言交往方式,提高社交能力,以便更好地适应社会。像案例中的孩子普通话很好,喜欢阅读,本身就有很好的语言能力基础,如果能够加以利用,因势利导,那么孩子的交往能力就会大大提高。大人们要不厌其烦地鼓励儿童开口说话,消除儿童害怕交往的障碍,使儿童大胆与他人交往。

3. 有人认为现在电视几乎可以作为儿童的玩伴,儿童能够从电视中学到很多知识,所以,电视可以代替成人的陪伴。你同意这样的观点吗?为什么?

分析:这种观点是错误的。电视是儿童认识和了解世界的窗口,是儿童获取知识的重要渠道,也可以帮助儿童形成良好的道德行为习惯。但是,随着电视产业的发展,电视节目的类型多种多样,对儿童的影响也存在消极的方面。比如,一些电视节目中包含暴力与色情内容,由于少年儿童辨别是非的能力较弱,这些内容会对他们产生不好的影响。有的孩子长时间看电视,对身体健康不利,也有碍于儿童之间相互交流。因此,成人应严格控制儿童看电视的时间和内容,科学引导。对于儿童来讲,家人的陪伴和交流更为重要。

> 思考与练习

1. 3岁的轩轩,有着大大的眼睛、白里透红的皮肤,一看就很招人喜欢。然而,到幼儿园里没有几天,老师就发现轩轩特别好动,她所进行的活动都很短暂,总是一个接着一个地换,如在活动室里,她几乎每分钟都在改变活动,一会儿玩积木,一会儿玩小汽车,一会儿玩拼图,更加让老师担心的是,稍不注意她就会爬上窗台往外看,还会袭击其他小伙伴……

结合以上案例,分析为什么轩轩会有以上的行为表现。针对此类儿童,幼儿教师应如何教育?

2. 简述幼儿攻击性行为的特点。

扫一扫二维码
轻松获取单元
习题及答案

# 单元十三　学前儿童发展心理学主要理论流派

## 学习目标

1. 了解学前儿童发展心理学主要理论流派及其观点；
2. 能将各理论流派的观点运用到实践中，分析、解决所遇到的具体问题。

## 基础理论

### 一、西方学前儿童心理研究

#### （一）西方学前儿童心理的早期研究

在西方，早在古代就有些思想家提出了他们的儿童观。具有代表性的是古希腊和古罗马的儿童观。

古希腊的亚里士多德(Aristotle)，根据对儿童及青少年的身心发展特点的观察，首次提出了按年龄划分受教育阶段的观点。他把一个人受教育的年龄按每7年为一个自然阶段分为三个时期：从出生到7岁，7岁至14岁，14岁至21岁。这是最早的教育年龄分期，也是最早的对儿童及青少年发展的年龄特征问题的探讨。

古罗马思想家在公元前3世纪，也开始探讨儿童及青少年的发展与教育制度的关系问题，他们将其发展阶段分为四个时期：7岁前为第一时期，儿童主要是接受家庭教育；7岁至12岁为第二时期，儿童不论男女都可到初级学校学习；12岁至16岁为上文法学校或拉丁文法学校时期；16岁至18岁或20岁为第四时期。16岁的男孩作为正式的罗马公民，开始服兵役；如果要上学，则进入修辞学校，这种学校以培养演说家、雄辩家为主要目的。

从文艺复兴起，一些进步的思想家开始提出尊重儿童、发展儿童天性的观点，夸美纽斯就是其中的一个代表人物。

夸美纽斯(J. A. Comenius)是17世纪捷克著名的爱国主义者、伟大的资产阶级民主教育家，被尊崇为教育史上的"哥白尼"。他尖锐地抨击中世纪的学校教育，号召"把一切事物教给一切人"。他提出统一学校制度，主张采用班级授课制度，普及初等教育，扩大学科的门类和内容；强调从事物本身获得知识，并提出直观性、循序渐进性、启发儿童的学习愿望与主动性、彻底性和巩固性等教育原则，主要著作有《大教学论》《母育学校》《世界图解》等。其中《大教学论》是他的教育思想的代表作。夸美纽斯的儿童观对儿童心理学的产生很有影响。

17至19世纪是资本主义发展的时期,自由资本主义的儿童观相继出现,反映出资本主义社会的发展对儿童的看法和要求。洛克和卢梭是这一时期的杰出代表。

洛克的儿童观,是他的教育思想和哲学及心理学思想在儿童问题上的体现。洛克认为儿童心理发展的原因在于后天的教育。1693年,洛克发表了《教育漫话》一书,从反对天赋观念出发提出"白板说"。他强调培养儿童的兴趣,发展儿童的独立能力,同时提出重视儿童习惯的培养。他提倡培养绅士,并寓教育于体育、德育、智育三育之中。

18世纪法国杰出的启蒙思想家、哲学家和教育家卢梭(J. J. Rousseau)在他的教育名著《爱弥儿》中提出"自然教育理论",主张对儿童进行教育必须遵循"自然的法则",顺应人的自然本性,反对成人不顾儿童的特点,按照传统与偏见强制儿童接受违反自然的教育,干涉或限制儿童的自由发展。

达尔文(C. R. Darwin)在其进化论思想的推动之下,研究了个体心理的发生与发展。他通过长期观察并记录自己孩子心理发展的过程,于1876年写成并发表了《一个婴儿的传略》一书,成为儿童心理学早期的专题研究成果之一,对推动儿童心理的传记法研究有重要影响,为儿童心理学的产生奠定了直接的基础。

由于近代西方教育发展的要求,在教育理论中出现了一种所谓"心理学化教育"的观点,主张教育应以心理学规律为依据。其中著名的代表有裴斯泰洛齐、赫尔巴特、福禄贝尔等人。

裴斯泰洛齐(J. H. Pestalozzi)是瑞士教育家。裴斯泰洛齐的教育思想要求以心理学,特别是儿童心理学作为教育的依据。他认为教育的目的在于促进人的天赋力量和能力全面而和谐地发展,他非常重视教育和儿童发展的相互关系。他从人的和谐发展的基本观念出发,把智育跟德育密切地联系起来,提出了教育性的教学要求,还着重研究了智力教育和教学的要素。裴斯泰洛齐在教学理论方面的一个重大贡献,是他为初等学校建立了各种教学法。裴斯泰洛齐的主要著作有《林哈德和葛笃德》、《葛笃德怎样教育她的子女》、《母亲读物》等。

赫尔巴特(J. F. Herbart)是德国的哲学家、心理学家和教育家。赫尔巴特强调运用严格方法管理儿童,以建立秩序和纪律,认为这是实现教育过程的必要条件。他提出了"教学的教育性"的概念,把教学看作是教育的主要手段,要求通过教学发展多方面的兴趣,灌输五种道德观念。赫尔巴特根据其关于心理活动规律的认识,将教学过程分为"明了"、"联想"、"系统"、"方法"四个阶段;同这四个阶段相应的心理状态实际上是兴趣,亦即"注意"、"期待"、"探究"和"行动"。赫尔巴特的主要著作有《普通教育学》、《心理学教科书》、《教育学讲授纲要》等。

福禄贝尔(F. W. Frobel)是德国学前教育家。他的学前教育活动及其指导思想,对儿童心理学的建立起着重大作用。1837年,福禄贝尔在卡伊尔霍附近的勃郎根堡小城中开办了德国的第一所幼儿园。福禄贝尔根据他自己的教育实践,建立起了一套具有特色的儿童发展的理论。福禄贝尔认为,一切发展都是由单纯的统一通过多样性而达成复杂的统一;儿童的发展是多方面的,身心必须同等发展;而儿童发展的年龄阶段可分为三期,即婴儿期、幼儿期和学龄期。福禄贝尔在对幼儿教育的研究和幼儿园实际工作经验的总结中认识到,儿童具有活动、认识、艺术和宗教四种本能,教育就是促进这些本能发展的过程。他认为,游戏是幼儿教育的基础;同时,他创制了一套儿童活动玩具,在幼儿园和家庭中都可使用,取名为"恩物";另外,他还详细地规定了幼儿园的作业内容和方法。福禄贝尔的主要著作是《人的教育》。福禄贝尔的学前教育活动及其理论,不仅为儿童心理学的建立提出了要求,也为儿童心理学的建立提供了一定的实践基础和理论观点。

1879年德国冯特(W. Wundt)在莱比锡大学建立了第一个心理实验室,使心理学正式成为一门独立的科学。从此,儿童心理学的产生也就成为历史的必然了。

19世纪后半期,德国生理学家和心理学家普莱尔(W. Preyer)为儿童心理学的发展作出了杰出的贡献,从而成为科学儿童心理学的奠基人。他对自己的孩子从出生到3岁每天进行系统的观察,有时也进行一些实验研究,最后把这些记录和结果整理成了一部有影响力的著作《儿童心理》,该书于1882年出版,被公认为第一部科学的、系统的儿童心理学专著,它标志着儿童心理学的诞生。

19世纪末至20世纪初,是西方儿童心理学的形成时期,继普莱尔之后,还有一些重要的先驱者和开创者,如霍尔、鲍德温、杜威、卡特尔、比纳、斯特恩等,他们都以各自出色的成就,为这门科学的建立和发展,作出了各自的贡献。

霍尔(G. S. Hall)是美国心理学的先驱,美国儿童(发展)心理学的创始人,也是美国教育心理学的开拓者。他主要采用问卷法对儿童心理进行研究,掀起了儿童研究运动,并创办了《教育学报》(现改为《发生心理学杂志》),发表儿童研究与教育心理学方面的研究成果。霍尔继承了高尔顿遗传决定论的观点,并且提出了一个论断,"一两的遗传胜过一吨的教育",将遗传的作用夸大到了极致。同时,他提出了个体心理发展的复演说,认为胎儿在胎内的发展复演了动物进化的过程,而出生后个体的心理发展,则复演了人类进化的过程。这一学说虽引起了很大的争论,但对推动美国儿童心理学的发展有着重要意义。霍尔的主要著作有《青少年心理学》、《从心理学的观点看耶稣基督》、《老年心理学》等,而《青少年心理学》一书是他的代表作。

斯特恩(W. Stern)是德国的心理学家。他是继普莱尔之后闻名于世界的德国儿童心理学家。斯特恩对儿童心理学的研究,具有一定的开创性,他提出了儿童心理发展的理论,提出了划分儿童心理发展阶段的标准,提出了儿童心理学的完整体系并进行了一系列具体的儿童心理学的研究,对儿童心理学的发展,具有不可磨灭的贡献。他借用普莱尔的研究方法,和他的夫人一道,对自己的三个子女从出生起进行了长达6年的系统观察,最终形成了自己的专著《六岁以前早期儿童心理学》,这是一部较早的学前儿童发展心理学著作。

(二)西方学前儿童心理研究的分化和发展

自20世纪初到20世纪60年代中期,儿童心理学进入一个快速发展的时期,众多学者投身到儿童心理的研究潮流中来,围绕儿童心理发展问题进行了多方面的理论和实验研究,从而形成了不同的理论派别。

1. 精神分析理论

(1)弗洛伊德的精神分析理论

奥地利精神病学家弗洛伊德是精神分析理论的创始人,他提出了关于儿童人格发展的理论。弗洛伊德认为人格结构由本我、自我、超我三部分组成。

本我即原我,是指原始的自己,包含生存所需的基本欲望、冲动和生命力。本我是人格结构中比重最大的一部分,有很强的生物进化性,是人们基本需要的源泉。本我是一切心理能量之源,按快乐原则行事,处在潜意识层面,它不理会社会道德、外在的行为规范,它唯一的要求是获得快乐,避免痛苦,本我的目标乃是求得个体的舒适、生存及繁殖,它是无意识的,不被个体所觉察。

自我,其德文原意即是指"自己",是自己可意识到的执行思考、感觉、判断或记忆的部分,自我的机能是寻求本我冲动得以满足,而同时保护整个机体不受伤害,它遵循的是现实原则,为本我服务。

超我是人格结构中代表理想的部分,它是个体在成长过程中通过内化道德规范、内化社会及文化环境的价值观念的方式而形成的,其机能主要在监督、批判及管束自己的行为。超我的特点是追求完美,所以它与本我一样是非现实的,超我大部分也是无意识的,超我要求自我按社会可接受的方式去满足本我,它所遵循的是道德原则,体现在根据情境对自我进行约束和决策选择。

心理性欲发展阶段的理论是弗洛伊德关于儿童心理发展的主要理论。弗洛伊德既提出了划分儿童心理发展阶段的标准,又具体规定了儿童心理发展阶段的分期。弗洛伊德认为人在不同的年龄,性的能量——力比多(libido)投向身体的不同部位,使口腔、肛门、生殖器等相继成为快乐与兴奋的中心。以此为依据,弗洛伊德将儿童的心理发展分为以下五个阶段:

① 口唇期(0—1岁)

这一时期口唇区域为快感中心。这个时期的婴儿主要通过吮吸、咀嚼、吞咽、咬等口腔刺激获得食物和快感。婴儿的口唇活动如能得以顺利释放,就会形成倾向于达观、慷慨和活跃的人格特征;相反,婴儿的口唇活动如果受到限制,力比多将固着于口唇期,成年后会形成倾向于依赖、悲观、被动和退缩的人格特征。

弗洛伊德又将口唇期分为两期:第一时期是0—6个月;第二时期是6—12个月。

从出生到6个月,儿童的世界是无对象的,他们还没有现实存在的人和物的概念,仅仅是渴望得到快乐、舒适的感觉,而没有认识到其他人对他是分离而存在的。

约在6个月的时候,儿童开始发展出关于他人的概念,特别是母亲作为一个分离而又必要的人,当母亲离开的时候,儿童就会焦虑不安。

弗洛伊德认为,每个人都会经历口唇期的阶段,流露出较早阶段的快感和偏见。往后的发展阶段直至成人,出现的吮吸或咬东西(如咬铅笔等)的愉快感,或抽烟和饮酒的快乐感,都是口唇快感的发展。

② 肛门期(1—3岁)

此时儿童的力比多集中到肛门区域。例如,排便时产生肛门区域粘膜上的愉快感觉,或以排泄为快乐。这种轻松与快感,使儿童体验到了操纵与控制的作用。这是训练儿童大小便习惯的关键时期。如果肛门活动不受限制,力比多将固着于肛门期,成年后形成肮脏、浪费、凶暴和无秩序的性格特征;肛门活动如果得到严格的限制,则倾向于形成清洁、忍耐、吝啬和强迫性的性格特征。因此,此时必须使儿童掌握生理排泄的过程,以释放在肛门区积聚的力比多能量。

③ 性器期(3—5岁)

此时力比多转移集中于生殖器上,性器官成为儿童获得快感的中心。儿童开始关注身体的性别差异,开始对生殖器感兴趣。这一阶段的儿童会产生恋母情结或恋父情结,即男孩把自己的母亲作为性恋对象出现恋母情结,女孩把自己的父亲作为性恋对象出现恋父情结。恋父(母)情结最终要受到压抑,因为儿童惧怕同性父母的惩罚。这种情结的健康解决办法取决于儿童对于同性别父母的角色认同。如果儿童能够克服这两种情结,就会形成与自己的性别角色相适应的人格特征,否则,这一情结的固化,可能成为导致各类精神疾病及其他变态心理的根源。

④ 潜伏期(5—12岁)

随着建立较强的抵御恋母情结的情感,儿童进入潜伏期。潜伏期意即力比多进入休眠状态,最大特点是对性缺乏兴趣,男女界限分明,甚至互不往来,直到青春期这种现象才有所转变。儿童把上一阶段指向异性父母的性冲动转移到对外界事物的关注上去,开始进入有目的、有意识地学习和生活当中。儿童交往的兴趣也转向同伴,但有了性别界限,集体活动中常常是同性别的儿童在一组。这一时期,儿童的社会性获得较快的发展。

这一阶段的一个重要任务是建立与同性别父母的角色认同。男孩向父亲学习行为方式和角色意识,女孩向母亲学习行为方式和兴趣点。此阶段如果没有同性别的父母可以模仿或者亲子关系不好,可能影响到孩子性别上的心理认同与成熟。

⑤ 生殖期(12—20岁)

经过潜伏期,青春期的风暴就来到了。从年龄上讲,女孩约从11岁,男孩约从13岁开始进入青春期。

进入青春期后,生理上出现第二性征,心理上开始对异性感兴趣,开始关注自身形象,注重外貌、服饰、表现等。由于年龄的增长,儿童对成人的依赖逐步消除,并产生摆脱父母从而独立生活的意识倾向。他们的性冲动重新被激活,对异性产生了浓厚的兴趣,此时的快感来源于对异性的选择和追求之中,并开始承担社会责任,社会化基本完成。

弗洛伊德认为,儿童的发展不是一帆风顺的,会出现固结和倒退的危机。在力比多发展的过程中,应该进入后一个时期的个体,如果停留在前面某一阶段,则称为固结;如果走回头路,返回到较早的发展阶段,则叫作倒退。固结是由于力比多的停滞,倒退则由于力比多的倒流。二者都是一种病态。这两种危机都会导致儿童人格发展的不完善,甚至最终形成病态的人格。同时,他指出儿童将来发展的程度如何,5岁前具有决定性的意义。

弗洛伊德的精神分析理论第一次强调了早期经验和家庭教养对学前儿童心理和行为发展的影响,但由于其人格结构和发展阶段的假设不能被证实,带有很强的假设性,在应用于学前儿童时仍有很大的局限。

(2) 埃里克森的心理发展理论

埃里克森是现代美国著名的精神分析理论家,新精神分析学派的重要代表人物之一。他的学说是对弗洛伊德自我心理学的发展,他在接受弗洛伊德人格结构说的基础上,提出了人的社会心理发展渐成说。

埃里克森认为,人的自我意识发展持续一生,他以自我渐成为中心,把人格发展分为八个阶段,每个阶段都有其特定的发展任务。这八个阶段的顺序是由遗传决定的,但是每一阶段能否顺利度过由环境决定,因此,这个理论可称为心理社会阶段理论。每一个阶段都是不可忽视的。

埃里克森是新精神分析学派的代表人物。他强调儿童所处的心理社会环境对个体发展的影响也非常注重儿童自我的功能,因此,他的理论也被称为"自我心理学"。

埃里克森认为人生发展可分为八个阶段,每个阶段都面临一对危机或冲突。要想顺利进入下一个发展阶段,就必须先解决好当前所面临的危机。

在这八个阶段中,前六个阶段属于人的成长过程,而后两个阶段是成人期和老年期。

① 婴儿期(0—1.5岁)

信任和怀疑的冲突。

不要认为在这一阶段的婴儿还不懂事,只要吃饱不哭就行。这一阶段是基本信任和怀疑的心理冲突期,在这期间儿童开始认识他人,当儿童哭或饿时,父母是否出现则是建立信任感的重要前提。信任在人格中形成了希望这一品质,它起着增强自我的力量。具有信任感的儿童敢于希望,富于理想,具有强烈的未来定向。反之则不敢希望,时时担忧自己的需要得不到满足。埃里克森把希望定义为:对自己愿望的可实现性的持久信念,反抗黑暗势力、标志生命诞生的怒吼。

② 儿童期(1.5—3岁)

自主与害羞和疑虑的冲突。

这一时期,儿童掌握了大量的技能,如爬、走、说话等。更重要的是他们学会了怎样坚持或放弃,也就是说儿童开始有意志决定做什么或不做什么。这时候父母与子女的冲突很激烈,也就是第一个反抗期的出现,一方面父母必须承担起控制儿童行为使之符合社会规范的任务,即养成良好的习惯,如训练儿童大小便,使他们对随地大小便感到羞耻,训练他们按时吃饭,节约粮食等;另一方面儿童开始有了自主感,他们坚持自己进食、排泄的方式,所以训练良好的习惯不是一件容易的事。这时儿童会反抗外界控制,而父母不能听之任之、放任自流,这将不利于儿童的社会化。反之,若过分严厉,又会伤害儿童自主感和自我控制能力。如果父母对儿童的保护或惩罚不当,儿童就会产生疑虑,并感到害羞。因此,把握好度的问题,才有利于在儿童人格内部形成意志品质。埃里克森把意志定义为:不顾不可避免的害羞和疑虑心理而坚定地自由选择或自我抑制的决心。

③ 学龄初期(3—5岁)

主动和内疚的冲突。

在这一时期如果幼儿表现出的主动探究行为受到鼓励,幼儿就会形成主动性,这为他将来成为一个有责任感、有创造力的人奠定了基础。如果成人讥笑幼儿的独创行为和想象力,那么幼儿就会逐渐失去自信心,使他们更倾向于生活在别人为他们安排好的狭窄圈子里,缺乏自己开创幸福生活的主动性。

当儿童的主动感超过内疚感时,他们就有了目的的品质。埃里克森(E. H. Eriksen)把目的定义为:一种正视和追求有价值目标的勇气,这种勇气不为幼儿想象的失利、罪疚感和惩罚的恐惧所限制。

④ 学龄期(6—12岁)

勤奋和自卑的冲突。

这一阶段的儿童都应在学校接受教育。学校是训练儿童适应社会、掌握今后生活所必需的知识和技能的地方。如果他们能顺利地完成学习课程,他们就会获得勤奋感,这使他们在今后的独立生活和承担工作任务中充满了信心。反之,就会产生自卑。埃里克森说:如果一个人把工作当成他唯一的任务,把做什么工作看成是唯一的价值标准,那他就可能成为自己工作技能、老板们驯服的最无思想的奴隶。

当儿童的勤奋感大于自卑感时,他们就会获得有能力的品质。埃里克森认为能力是不受儿童自卑感削弱的,完成任务所需要的是自由操作的熟练技能和智慧。

⑤ 青春期(12—18岁)

自我同一性和角色混乱冲突。

一方面青少年本能冲突的高涨可能会产生社会问题,另一方面更重要的是青少年面临新的社会要求和与自我的冲突则引发困扰和混乱。所以,青少年期的主要任务是建立新的同一感或自己在别人眼中的形象,以及他在社会集体中所占的情感位置。这一阶段的危机是角色混乱。

这种同一性的感觉也是一种不断增强的自信心,一种在过去的经历中形成的内在持续性和同一感(一个人心理上的自我)。如果这种自我感觉与一个人在他人心目中的感觉相称,将为一个人的生涯增添绚丽的色彩。

埃里克森把同一性危机理论用于解释青少年对社会不满和犯罪等社会问题上,他认为如果一个儿童感到他所处的环境剥夺了他在未来发展中获得自我同一性的种种可能性,他就将以令人吃惊的力量抵抗社会环境。在人类社会的丛林中,没有同一性的感觉,就没有自身的存在,所以,他宁做一个坏人,或干脆如死人般地活着,也不愿做不伦不类的人,他会自由地选择这一切。这一时期,如果自我同一性和角色混乱的冲突得以解决,将会形成忠诚的品质。埃里克森把忠诚定义为:不顾价值系统的必然矛盾,而坚持自己确认的同一性的能力。

⑥ 成年早期(18—25岁)

亲密和孤独的冲突。

只有具有牢固的自我同一性的年轻人,才敢与他人发生亲密关系。因为与他人发生亲密关系,就是把自己的同一性与他人的同一性融为一体。这里有自我牺牲或损失,只有这样才能在恋爱中建立真正亲密无间的关系,从而获得亲密感,否则将产生孤独感。埃里克森把爱定义为压制异性间遗传的对立性而永远相互奉献。

⑦ 成年期(25—65岁)

生育和自我专注的冲突。

当一个人顺利地度过了自我同一性时期,以后的岁月中将过上幸福充实的生活,他将生儿育女,关心后代的繁殖和养育。埃里克森认为,生育感有生和育两层含义,一个人即使没生孩子,只要能关心孩子、教育指导孩子也可以具有生育感。反之没有生育感的人,其人格贫乏和停滞,是一个自我关注的人,他们只考虑自己的需要和利益,不关心他人(包括儿童)的需要和利益。

在这一时期,人们不仅要生育孩子,同时要承担社会工作,这是一个人对下一代的关心和创造力最旺盛的时期,将获得关心和创造力的品质。

⑧ 成熟期(65岁以上)

自我调整与绝望感的冲突。

由于衰老,老人的体力、心力和健康每况愈下,对此,他们必须作出相应的调整和适应,因此这一阶段被称为自我调整与绝望感的心理冲突期。

当老人们回顾过去时,可能怀着充实的感情与世告别,也可能怀着绝望走向死亡。自我调整是一种接受自我、承认现实的感受。如果一个人的自我调整大于绝望,他将获得智慧的品质,埃里克森把它定义为:以超然的态度对待生活和死亡。

老年人对死亡的态度直接影响下一代儿童信任感的形成。因此,第8阶段和第1阶段首尾相连,构成一个循环或生命的周期。

埃里克森认为,在每一个心理社会发展阶段中,解决了核心问题之后所产生的人格特质,都包括了积极与消极两个方面,如果各个阶段都保持向积极品质发展,就算完成这阶段的任务,能逐渐实现健全的人格,否则就会产生心理社会危机,出现情绪障碍,形成不健全的人格。

埃里克森的人格发展渐成说不再过分强调弗洛伊德的本能论和泛性说,而是强调文化和社会因素对人格的影响,主张人在发展过程中形成的是兼具生物、心理和社会三方面因素的统一体。他把各个发展阶段看作是在自我与其社会环境相互作用的推动下,不断产生和解决矛盾的过程,认为发展有自我治疗、自我教育的作用,强调重视家庭和社会对儿童的教育作用。但是,埃里克森学说的基本倾向仍然和精神分析学派一样,认为先天因素决定后天因素,生物因素决定社会因素,这实质上还是一种生物学化的先天预成论的观点。这也是我们在研究人格发展问题上应该注意的。

2. 行为主义理论

(1) 华生的环境决定论

美国心理学家华生(J. B. Watson)在巴甫洛夫条件反射学说的基础上创立了行为主义心理学理论。1913年,华生发表了《行为主义者心目中的心理学》一文,反对以意识为心理学的研究对象,主张研究行为,摒弃感觉、知觉、情绪、意志等概念,采用刺激、反应、学习、习惯等概念;反对以内省法作为心理学的主要研究方法,主张采用实验、观察方法,提出"刺激－反应"公式,宣称这一公式是从生物界到人类社会的普遍原则。他强调环境对人的行为的作用,行为对客观环境具有依存性,主张机械的反应论,将人看成是被动的,仅接受外界的刺激而作出反应。

华生是把学习理论的原则应用于儿童发展问题研究的最主要的心理学家。他认为儿童是被动的个体,其成长取决于所处的环境。儿童成长成什么样的人,教育者负有很大的责任。

基于经典条件作用理论,华生对养育孩子也提出了独到的见解。他认为父母应避免拥抱、亲吻婴儿,因为这样做会让婴儿将父母与纵容的反应联系起来,就不会学习离开父母独自探索世界。他主张把孩子当成小大人般对待,用良好的方式训练他们,从而使儿童从小养成好的习惯。

在遗传与环境的关系问题上,华生否认遗传的作用,片面强调环境对心理发展的影响,认为人的行为完全是由环境造成的,这使得华生成为环境决定论的代表人物之一。华生把行为作为心理学的研究对象,发展了客观的研究方法,这对于确立心理学的科学地位起到了很大的作用。另外,他的行为主义理论也扩大了心理学的研究领域,促进了心理学的应用。

**知识拓展**

### 华生的教育万能论

华生说过一段话充分地体现出他的教育万能论,他说:"请给我十几个强健而没有缺陷的婴孩,让我放在我自己之特殊的世界中教养,那么,我可以担保,在这十几个婴孩之中,我随便拿出一个来,都可以训练其成为任何专门家。无论他的能力、嗜好、趋向、才能、职业及种族是怎样,我都能够任意训练他成为一个医生,或一个律师,或一个艺术家,或一个商界首领,或可以训练他成为一个乞丐或窃贼。"

(2) 斯金纳的操作主义说

从学习理论的观点看,经典条件作用似乎只限于对某些反射或先天的反应。对于人们是如何学习复杂的技能及进行主动的学习,经典条件作用很难进行解释,于是心理学家开始研究其他形式的条件作用。斯金纳就是其中最有影响的一位。同华生一样,他也是一位行为主义心理学家,但他研究的条件作用并不是巴甫洛夫式的。在斯金纳看来,巴甫洛夫所研究的反应其实是一种应答,是由刺激自动引起的,大多数这样的应答都是简单的条件反射。斯金纳感兴趣的是操作性的行为,是对环境的主动操作。个体在环境中可能有多种反应,哪些行为保留下来或更有可能再次发生,取决于行为发生之后所得到的强化。

为了研究操作性条件作用,斯金纳发明了一种仪器,叫做斯金纳箱。动物在里面可以自由活动,当他无意中压了杠杆时,会得到食物作为奖励,以后,动物就会经常地挤压杠杆。他将反应的比率作为测量学习的指标,当反应受到强化时,行为发生的比率也会增加。

斯金纳认为,操作性行为在人类生活中比应答性行为扮演更为重要的角色。如读书并不是由某一具体刺激引起的,而在于读书曾给我们带来的结果。如果读书得到的是奖励如好成绩,人们就更有可能投入这种行为,因此,行为是由其结果决定的。

操作性行为的保持及去除与强化有直接关系,因此,如何对行为进行强化就显得至关重要。形成操作性条件作用应注意以下原则:

(1) 强化与消退。可充当强化的事物有很多,有些强化如食物或去除痛苦叫做一级强化,它们本身就带有强化的属性。有些强化如成人的微笑、表扬或注意则是条件性强化。它们的效能取决于与一级强化的联结频率。当行为得不到强化时,就会渐渐消退。如有些儿童的不良行为仅仅是为了得到成人的注意,如果对这些行为不予注意,就会逐渐消失。

(2) 及时强化。对反应及时给予强化,才会保留下来。这一点对教育儿童有特别重要的意义。对好的行为及时表扬,这种行为再次发生的可能性就会提高。如果强化延迟了,行为将不会得到加强。

（3）操作性行为的获得并不是按照"全或无"的法则进行的，通常是逐步学会的。儿童的行为获得也是如此。当儿童的行为向正确的方向发展时，都会得到强化、肯定，并在此基础上对他提出进一步的要求，每取得一定的进步都会得到强化，通过这种方式，儿童最终可以掌握完全正确的行为。

（4）强化的时间安排。人们的日常行为很少受到连续强化，大多都是间歇强化，如并不是每次看电影都会感到心情愉悦。间歇强化的不同安排会有不同的效果。一种安排叫做固定间隔式，即每隔一段时间给予一次强化，这种安排下的反应速度是相当低的。另一种安排是固定比率式，即反应每达到一定的次数，即会获得奖励，这种安排能带来较高的反应速度。但这两种安排在有机体得到强化后都会表现出一个反应安静期，仿佛它们知道距下一次强化还远。这种安静期可以通过不定期强化或不定比率强化得到避免。前者是将奖励的时间间隔进行灵活变动，后者是将能够得到奖励的反应次数设为可变的。在这两种情况下反应的速度都会变快，之所以能保持反应是因为奖励随时都可能出现。间歇强化形成的行为要比连续强化获得的行为更不易消退。当我们希望教会学生一个好的行为时，最好由连续强化开始，但是要想使行为保持下去，最好使用间歇强化。

（5）负强化和惩罚。前面提到的强化都是正强化，强化意味着提高了反应的速度或可能性。正强化是通过给予一些正面的结果如食物、表扬、注意的方式加强了行为；负强化是通过去掉某些不好的、不愉快的刺激令反应得到增强。如学生为了避免受到教师的批评而认真学习，教师的批评就是负强化。负强化与惩罚不同。惩罚不是为了增强而是试图去掉某些行为反应。当发生了某些不好的行为后，给予不愉快的刺激，这就是惩罚。但是惩罚往往不一定有效并会带来一定的负面结果。首先，惩罚往往压抑不良行为，并没有教导出新的行为。儿童并没有因惩罚而学会更有建设性的行为。其次，惩罚易使人产生怀恨心理，使被惩罚者对惩罚者心怀不满，并常常表现出攻击行为。再次，在成人眼里是惩罚，在儿童眼里可能变成奖励。如儿童作出不良行为，可能就是为吸引成人的注意，成人加以惩罚，正是对儿童的注意，儿童不但不会改变行为，反而变本加厉。

斯金纳的操作条件理论在实践中主要应用于行为矫正和程序教学。在行为矫正方面，对不良行为给予惩罚或不予注意，对好的行为给予奖励，不良行为就会逐渐消退，好的行为就会渐渐保留。而程序教学允许学生选择短文，回答问题，然后及时判断和反馈回答的结果是否正确，如果正确则继续学习，错误则退回重新学习。程序教学遵循几个原则：第一，小步子原则，行为的获得是循序渐进的；第二，学习者是主动的；第三，要及时反馈。

3. 社会学习理论

社会学习理论的主要代表人物是班杜拉（Albert Bandura）和沃尔特斯（Richard Walters）。班杜拉在美国心理学界建树颇丰，在社会科学方面的学识跨越许多领域，被誉为"现代的多面手"。1980年获得美国心理学会"杰出科学贡献奖"。

社会学习理论的主要观点有：

（1）儿童行为的起源

班杜拉认为，个体行为起源于以偶然强化为中介的直接学习和模仿。儿童的行为，如对他人的信任、对自己的攻击冲动抑制、道德行为以及性别化行为等不是性本能发展的产物，而是直接学习、模仿和强化的结果。

① 直接学习

班杜拉认为，对于个体社会行为的掌握而言，与模仿相比，直接学习是一种更基本的途径。在直接学习中，儿童的某种行为所产生积极的或消极的结果直接决定着儿童是否重复这些行为。也就是说，儿童通过观察自己的某一行为所产生的后果，就会逐渐形成"何种行为在何种场合下是适宜"的假设。这些假设指导着儿童日后的行为或行动。

② 观察学习

班杜拉认为，人类的大多数行为是通过观察而习得的。人们通过观察他人的行为，可获得榜样行为的符号性表征，并可以此引导观察者在今后做出与之相似的行为。班杜拉认为，这一过程受到注意、保持、动作再现和动机四个子过程的影响。注意过程调节着观察者对示范活动的探索和知觉；保持过程使得学习者把瞬间的经验转变为符号概念，形成示范活动的内部表征；动作再现过程以内部表征为指导，把原有的行为成分组合成信念的反应模式；动机过程则决定哪种经由观察习得的行为得以表现。

第一阶段，注意过程。

注意过程是观察学习的首要阶段。如果人们对榜样行为的重要特征不加注意，就无法通过观察进行学习。班杜拉认为，注意过程决定着在大量的榜样影响中选择什么作为观察的对象，并决定着从正在进行的榜样活动中抽取哪些信息。影响注意过程的因素主要有以下三种：

榜样行为的特性。榜样行为的显著性、复杂性、普遍性和实用价值等影响着观察学习的速度和水平。一般而言，独特而简单的活动容易成为观察的对象。榜样行为越流行，越容易被模仿，如各种大众传播媒介中的榜样行为极易成为时尚，尤其是电视明星的行为更容易成为学习的对象。同时，敌对的、攻击性的行为远比亲社会行为易于受到模仿，榜样行为被奖励比被惩罚更能引起模仿的倾向。这一点已在实验中得到证明。

榜样的特征。在年龄、性别、兴趣爱好、社会背景等方面与观察者越相似的榜样，越易引起人们的注意。同时，人们倾向于注意那些受人尊敬、地位较高、能力较强、拥有权力且具有吸引力的榜样，而社会地位较低、能力较弱、权力很小且缺乏吸引力的榜样，则难以成为模仿的对象。

观察者的特点。观察者本身的信息加工能力、情绪唤醒水平、知觉定势、人格特征和先前经验等也影响到观察学习。信息加工能力强、情绪唤醒水平高的个体，能从观察中学到更多的东西。观察者过去形成的知觉定势，会影响到他们在观察中抽取什么特征以及如何对所见所闻作出解释。缺乏自信、低自尊、依赖性强的人，更易于注意他人并模仿榜样行为。同时，先前获得强化经验的行为在当前的观察学习情境中，将比较容易受到注意。

第二阶段，保持过程。

如果人们只注意观察他人的示范行为而不能把这种示范以符号编码的形式保存下来，那么对示范行为的观察就不会对他们产生多大影响，因此，观察学习的第二个心理过程是保持。观察者如果想要在以后什么时候再现榜样行为，就必须把这种反应模式以符号的形式保存在记忆系统中。这样,个体才能根据言语符号来唤醒表象,并指导自己的行动。

班杜拉认为,示范信息的保持主要依赖于两种符号系统,即表象系统和言语系统。在儿童发展早期,视觉表象在观察学习中起着重要作用;在他们的言语技能发展到一定阶段时,言语编码就成为了主要的信息保存形式。同时,动作的演练也可作为一种重要的记忆支柱。有些通过观察而习得的行为,由于社会禁令或缺乏机会,不能用外显的手段轻易地形成,此时如能在头脑中进行演练,可大大提高熟练程度,增强保持时间。

第三阶段,动作再现过程。

观察学习的第三个子过程是把符号性表征转换成适当的行为。一个人即使已经充分意识到了榜样行为,并把它经过编码后保持在记忆中,但是如果没有适当的动作能力,个体仍不能再现这种行为。因此,动作再现过程决定那些已经习得的动作转变为行为表现的范围和程度。

班杜拉认为,个体对榜样行为的再现过程可以划分成反应的认知组织、反应的发起和监控,以及在信息反馈基础上的精炼几个阶段。在行为实施的初始阶段,反应在认知水平上得到筛选和组织。学习者能否用行为的方式表现观察学习的内容,部分取决于他们是否已具备再现榜样行为所必需的子技能。如果学习者已具备这些子技能,则很容易综合起来,产生新的反应模式;相反,则行为的再现就会很困难,必须首先发展基本的子技能。

要把观察学习到的东西付诸行动,在行为水平上还存在着其他障碍。观察在第一次转化成行为时,很少是正确无误的。观察和行为的完全一致通常是通过对初步尝试的调整而得到的。符号表征与实际行为之间的差异,可用来作为矫正行为的线索。在学习复杂技能时的一个常见问题是操作者无法全面观察自己的反应,他们只能依赖模糊的动作线索或观察者的口述来得到一些行为再现情况的信息,但是这些是难以有效指导行为的。

仅仅通过观察,技能不会完善;仅仅通过试误,技能也不会得到发展。在大多数日常学习中,人们通常会通过榜样大致掌握新的行为方式,然后通过自我矫正,才逐渐熟练掌握这种技能。

第四阶段,动机过程。

任何人都无法复演所学过的所有动作,因此,班杜拉把习得和行为表现相区分,认为行为表现是由动机变量控制的。动机过程包括外部强化、替代强化和自我强化。首先,如果按照榜样行为去行动会导致有价值的结果,而不会导致无奖励或惩罚的后果,人们倾向于表现这一行为。这是一种外部强化。其次,观察到榜样行为的后果,与自己直接体验到的后果是以同样的方式影响观察者的行为表现的,即学习者的行为表现是受替代强化影响的。事实上,在通过观察而习得的反应中,看到他人获得积极效果的行为,比看到他人得到消极结果的行为,更容易表现出来。最后,人们对自己的行为所产生的评价,也会调节他们将表现出哪些习得行为。他们倾向于做出自我满意的行为,拒绝那些个人厌恶的东西,这实际上是一种自我强化。自我强化实质上是指人们能够自发地预测自己行为的结果,并依靠信息反馈进行自我评价和调节。班杜拉特别强调替代强化及自我强化的作用,这无疑是强调学习中的认知性和学习者的主观能动性。

班杜拉认为,由于大量因素影响观察者学习,因此即使提出最引人注目的榜样,也不会使观察者产生相同的行为。如果要使观察者最终表现出与榜样相匹配的反应,就要反复示范榜样行为,指导他们如何去再现这种行为,并当他们失败时客观地予以指点,当他们成功时给予奖励。

③ 强化

在社会学习理论中,强化是儿童获得行为的又一重要机制。强化分为直接强化和替代性强化。直接强化是儿童自己行为所产生的结果对该行为以后重复发生的可能性的影响。在直接学习中,儿童行为的结果构成了对该行为的直接强化。替代性强化则是指榜样行为的结果对学习者的学习所起的强化作用。

(2) 自我与社会学习

20世纪70年代末期以后,班杜拉的研究兴趣开始转到自我效能感上来。班杜拉认为,所谓自我效能感,是指人们对自身能否利用所拥有的技能去完成某项工作行为的自信程度。自我效能感与人的行为动机之间有着密切的联系,这是因为人们对自己能力的判断影响着其对自己将来行为的期望。因此,自我效能感通过决定着人试图去做什么以及在做的过程中要付出多大的努力的预期而对个体行为起着重要的引导作用。尤其是个体自己的行为与榜样行为之间存在差距时,其自我效能感就会产生影响。例如,如果一个人觉得榜样的行为在自己的能力范围之内,那么,他就有可能去模仿这一行为。反之,如果他的自我效能感很低,觉得榜样行为超乎其能力之外,自己不具备完成活动的能力,就会产生消极情绪,进而妨碍其采取积极的行动。因此,从自我效能感的功能来看,两个具有同样数学能力的人,如果其中一个具有较高的自我效能感,而另一个自我效能感较低,那么,在实际的学习中,前者的学习效果要优于后者。

个体的自我效能感来源于两个方面,一是他在某一领域所取得的成就。班杜拉认为,即使儿童也会形成关于自己能力的知觉。如果他能够成功地作用于环境,那么,这些成功便会导致他更加密切地关注自己的行为及其效果。因此,父母过分的保护会损害儿童的自我效能感,因为父母的这些行为会剥夺儿童成功的机会,从而剥夺了儿童体验成功的机会。自我效能感的第二个来源是对他人活动效能的观察。在这方面,儿童同伴间的比较对儿童自我效能感的发展有着重要的影响。儿童通过对同伴所能够完成的活动的观察,可以为自我评价提供参考。

**知识拓展**

在一个经典研究中,班杜拉(1965)让4岁儿童单独观看一部电影。在电影中一个成年男子对充气娃娃表现出踢、打等攻击行为,影片有三种结尾。孩子被分成三组,分别看到的是结尾不同的影片。奖励攻击组的儿童看到的是在影片结尾时,进来一个成人对主人公进行表扬和奖励。惩罚攻击组的儿童看到另一成人对主人公进行责骂。控制组的儿童看到进来的成人对主人公既没奖励,也没惩罚。看完电影后,将儿童立即带到一间有与电影中同样的充气娃娃的游戏室里,实验者透过单向镜对儿童进行观察。结果发现,看到榜样受到惩罚的孩子表现出的攻击行为明显少于另外两组,而另外两组则没有差别。在实验的第二阶段,让孩子回到房间,告诉他们如果能将榜样的行为模仿出来,就可得到橘子水和一张精美的图片。结果,三组孩子(包括惩罚攻击组的孩子)模仿的内容是一样的。说明替代性惩罚抑制的仅仅是对新反应的表现,而不是获得的,即儿童已学习了攻击的行为,只不过看到榜样受罚,而没有表现出来而已。

4. 自然成熟理论

格赛尔(A. Gesell)是美国耶鲁大学教授,著名的儿童心理学家。

格赛尔认为支配儿童心理发展的因素有两个:成熟和学习。他把发展看作是一个顺序模式的过程。这个模式是由机体成熟预先决定和表现的。他认为成熟是一个由内部因素控制的过程,它基本的方面不可能受到像教育这样一些外部因素的影响。个体成熟原理强调内部机制发展的重要性,认为这种内部机制决定机体发展的方向和模式,而环境不是发展的主要原因,因为引起变化的原因是成熟的顺序或机体的机制所固有的。格赛尔的理论来源主要是他的著名的双生子实验。

格赛尔让一对同卵双胞胎练习爬楼梯。其中一个实验对象(代号为T)在他出生后的第46周开始练习,每天练习10分钟。另外一个(代号为C)在他出生后的第53周开始接受同样的训练。两个孩子都练习到他们满54周的时候,T练了8周,C只练了2周。C训练2周后就很快能灵活地爬梯子了,与经过了8周训练后的T达到了相同的爬梯水平。

基于此实验,格塞尔认为成熟是推动儿童的主要动力。没有足够的成熟,就没有真正的变化,脱离了成熟的条件,学习本身并不能促进发展。

5. 皮亚杰的发生认识论

皮亚杰是当代最著名的儿童心理学家或发生认识论专家。皮亚杰所领导的研究中心设在瑞士的日内瓦,所以皮亚杰学派又称为日内瓦学派。皮亚杰的心理学,偏重于儿童认知、智力或思维发展的研究。他把生物学、数理逻辑、心理学、哲学、科学史等方面的研究综合起来,并吸收各派心理学的特点,综合成比较完整的体系,建立了自己的结构主义的儿童心理学或发生认识论。因此,皮亚杰学派的出现,使儿童心理学走向新的发展阶段。

皮亚杰儿童心理学的理论核心是发生认识论,主要是研究人类的认识(认知、智力、思维、心理)的发展和结构。

皮亚杰认为,儿童心理(智力、思维)既不是起源于先天的成熟,也不是起源于后天的经验,而是起源于主体的动作。这种动作的本质是主体对客体的适应。主体通过动作对客体的适应,是儿童心理发展的真正原因。适应的本质在于取得机体与环境的平衡。皮亚杰认为适应是通过两种形式实现的:一个是同化,即把环境因素纳入机体已有的图式或结构之中,以加强和丰富主体的动作;另一个是顺应,即改变主体动作以适应客观变化,如从吃奶改为吃饭,这就需要改变原来的机体动作,采取新的动作,以适应环境。这样,个体就通过同化和顺应这两种形式来达到机体与环境的平衡。如果机体和环境失去平衡,就需要改变行为以重建平衡。这种不断的平衡——不平衡——平衡的过程,就是适应的过程,也就是儿童心理发展的本质和原因。

皮亚杰把从婴儿到少年的认知发展分为感知运动阶段、前运算阶段、具体运算阶段和形式运算阶段。

(1) 感知运动阶段(约 0—2 岁)

在这一阶段,婴儿通过一系列先天性条件反射,如摇头、摆手、抓握等这类极简单的动作,发展了感知运动图式,逐渐地把自己和环境区分开来,形成了对客体的最初反映和表象记忆。感知图式的发展为以后的认知发展奠定了基础。

这一阶段又分为六个小的阶段:

① 反射练习时期(0—1 个月);②动作习惯和知觉的形成时期(1—4.5 个月);③有目的的动作的形成时期(4.5—9 个月);④范型之间的协调,手段和目的之间的协调时期(9—11、12 个月);⑤感知运动智力时期(11、12—18 个月);⑥智力的综合时期(18 个月—2 岁)。

(2) 前运算阶段(约 2—7 岁)

这一阶段的儿童已经掌握了口头语言,但他们使用的语词或其他符号还不能代表抽象的概念,他们的思维仍受具体直觉表象的束缚。皮亚杰用"前运算"一词来描述这一思维发展阶段的特征。所谓"运算",系皮亚杰从逻辑学中借用的一个术语,指借用逻辑推理将事物的一种状态转化为另一种状态,例如,5 + 3 = 8,可以说 8 是由 5 和 3 转化而来。这一时期的儿童在思维上都有着不可逆性的特点。可逆性是指改变人的思维方向,使之回到起点。前运算的儿童不具有这样思维。例如,问一名 4 岁的儿童:"你有兄弟吗?"他回答:"有。""兄弟叫什么名字?"他回答:"吉姆。"但反过来问:"吉姆有兄弟吗?"他则会回答:"没有。"

(3) 具体运算阶段(约 7—12 岁)

这个阶段的儿童虽缺乏抽象逻辑思维能力,但他们能够凭借具体形象的支持进行逻辑推理。这个阶段出现的标志是守恒观念的形成。所谓守恒是指儿童认识到客体在外形上发生了变化,但其特有的属性不变。此时他们的思维具有可逆性。

(4) 形式运算阶段(约 12 岁—成人期)

这一阶段的儿童不仅能认识真实的客体,而且也能考虑非真实的、可能出现的事件。这种能超越时空的、对假设性因素的考虑,是思维发展中的一个很大的进步。此时的儿童能够进行假设——演绎思维,即不仅从逻辑考虑现实的情境,而且考虑可能的情境(假设的情境),也能运用符号进行抽象思维,同时还能进行系统思维,即在解决问题时,能分离出所有有关的变量和这些变量的组合。

6. 柯尔伯格的道德发展阶段论

美国发展心理学家柯尔伯格,依据不同年龄儿童进行道德判断的思维结构提出了自己的一套儿童道德认识发展的阶段模式。柯尔伯格运用"道德两难"故事法来推断儿童的道德发展水平,提出了三水平六阶段品德发展理论:

(1) 前习俗水平(0—9 岁)

儿童的道德观念是纯外在的,儿童为了免受惩罚或获得奖励而顺从权威人物规定的行为准则。这一水平包括着两个阶段:

第一阶段:惩罚和服从取向。这阶段的儿童根据行为的后果来判断行为的好坏及严重程度,凡是不受到惩罚的和顺从权威的行动都被看作是对的。服从权威或规则只是为了避免处罚。这时的儿童没有真正的准则概念。

第二阶段:朴素的享乐主义或工具性取向。这阶段的儿童为了获得奖赏或满足个人需要而遵从准则,他们认为如果行为者最终得益,那么为别人效劳就是对的。这时规则不再被看成是绝对的、固定不变的东西。他们能部分地根据行为者的意向来判断过错行为的严重程度。

(2) 习俗水平(9—15 岁)

这一水平的儿童为了得到赞赏和表扬或维护社会秩序而服从准则,有维持这种秩序的内在欲望;规则已被内化,自己感觉到的是正确的。因此,行为价值是根据遵守那些维护社会秩序的规则所达到的程度。此水平又分为两个阶段:

第一阶段:好孩子取向。尊重大多数人的意见和惯常的角色行为,避免非议以赢得赞赏,重视顺从和做好孩子。儿童心目中的道德行为就是取悦于人的,有助于人的或为别人所赞赏的行为。他们希望被人看作是好人。这时儿童已能根据行为的动机和感情来评价行为。

第二阶段:权威和社会秩序取向。这个阶段的儿童注意的中心是维护社会秩序,判断某一行为的好坏,要看它是否符合维护社会秩序的准则。

(3) 后习俗水平(15 岁以后)

这一水平又称"原则水平",它的特点是道德行为由共同承担的社会责任和普遍的道德准则支配,道德标准已被内化为他们自己内部的道德命令了。此水平又分为两个阶段:

第一阶段:社会契约取向。这一阶段的道德推理具有灵活性。他们认为法律是为了使人们能和睦相处,如果法律不符合人们的需要,可以通过共同协商和民主的程序加以改变,认为反映大多数人意愿或最大社会福利的行为就是道德行为。

第二阶段:良心或原则取向。他们认为应运用适合各种情况的道德准则和普遍的公正原则作为道德判断的根据。背离了一个人自选的道德标准或原则就会产生内疚或自我谴责感。

柯尔伯格的这种研究是根据美国的社会情况作出的划分。他向我们勾划出了道德发展是一种连续变化的过程。柯尔伯格认为,这些发展顺序是一定的,不可颠倒的,但各个阶段的时间长短是不相等的。同时,不同个体的道德发展水平也不一致,有些人可能只停留在前习俗水平或者习俗水平上,而永远达不到后习俗水平的阶段。

**知识拓展**

### 道德两难故事:海因兹偷药救妻

欧洲有个妇人患了癌症,生命垂危。医生认为只有一种药可以救她,就是本城一个药剂师最近发明的镭。制造这种药要花很多钱,药剂师索价还要高过成本 10 倍。他花了 200 元制造镭,而这点药他竟索价 2 000 元。病妇的丈夫海因兹到处向熟人借钱,一共才借的 1 000 元,只够药费的一半。海因兹不得已,只好告诉药剂师,他的妻子快要死了,请求药剂师便宜一点卖给他,或者允许他赊欠。但药剂师说:"不成!我发明此药就是为了赚钱。"于是,海因兹走投无路撬开商店的门,为妻子偷来了药。

## 7. 社会文化理论

维果斯基,苏联心理学家,"文化—历史"理论的创始人。维果斯基的理论强调文化、社会对儿童认知发展的影响。其观点为:人的高级心理机能亦即随意的心理过程,并不是人自身所固有的,而是在与周围人的交往过程中产生与发展起来的,受人类的文化历史所制约。其实现的具体机制是通过物质工具,如刀斧、计算机等,以及精神工具,如各种符号、词和语言等实现的。

高级的心理机能来源于外部动作的内化,这种内化不仅通过教学,也通过日常生活、游戏和劳动等来实现。另一方面,内在的智力动作也外化为实际动作,使主观见之于客观。内化和外化的桥梁便是人的活动。另外,维果斯基在说明教学与发展的关系时,提出了"最近发展区"的理论。他认为学生的发展有两种水平:一种是学生的现有水平,指独立活动时所能达到的解决问题的水平;另一种是学生可能的发展水平,表现为儿童还不能独立地完成任务,但在成人的帮助下,在集体活动中,通过模仿,却能够完成这些任务,也就是通过教学所获得的潜力。这两种水平之间的距离,就是最近发展区。教学应着眼于学生的最近发展区,考虑儿童已达到的水平并要走在儿童发展的前面,为学生提供带有难度的内容,调动学生的积极性,发挥其潜能,超越其最近发展区而达到下一发展阶段的水平。

维果斯基的理论常被认为是社会文化取向的观点,因为他想了解社会和文化如何影响一个孩子的发展,其理论强调四种层次的人类发展的相似与相异处:①人类种族是通过进化而发展的;②人类是通过历史而发展的;③个人是通过儿童期以及成人期而发展的;④能力是通过儿童及成人个别工作或活动而发展的。

维果斯基的儿童发展观点假设社会互动和孩子参与真实的文化活动,均是发展的必要条件,同时在进化过程中,人类的心智能力也因需要沟通而被唤起。

## 8. 社会生态系统理论

美国心理学家布朗芬布伦纳(Bronfenbrenner,1979)提出了一个颇有影响的儿童发展理论模型,他认为对儿童发展特点的研究要强调其发展的情景性,提出了生态系统理论观点,强调研究"环境中的发展"或者"发展的生态学"的重要意义。"生态"在这里是指有机体或个人正在经历着的,或者与个体有着直接或间接联系的环境。布朗芬布伦纳认为,儿童发展的生态环境由若干相互镶嵌在一起的系统组成,如图13-1。

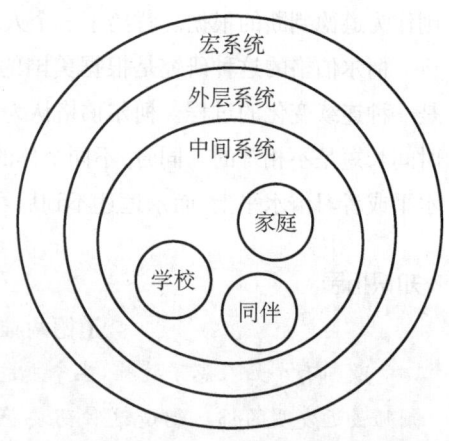

图13-1 社会生态系统理论模型

布朗芬布伦纳在其理论模型中将人生活于其中并与之相互作用的不断变化的环境称为行为系统。该系统分为4个层次,由小到大分别是:微观系统、中间系统、外层系统和宏系统。这4个层次是以行为系统对儿童发展的直接影响程度分界的,从微系统到宏系统,对儿童的影响也从直接到间接。

环境层次的最里层是微观系统(microsystem),指个体活动和交往的直接环境,这个环境是不断变化和发展的,是环境系统的最里层。对大多数婴儿来说,微系统仅限于家庭。随着婴儿的不断成长,活动范围不断扩展,幼儿园、学校和同伴关系不断纳入到婴幼儿的微系统中来。对学生来说,学校是除家庭以外对其影响最大的微系统。在这个系统中儿童自己主动接受和探索外部信息,属于一种相对封闭的自为系统。其行为带有很强的个体色彩,这就是他们的生理能力、气质体系以及外部塑造的心理行为体系。

　　布朗芬布伦纳强调,要认识这个层次儿童的发展,必须看到所有关系是双向的,即成人影响着儿童的反应,但儿童决定性的生物和社会的特性也影响着成人的行为。例如,母亲给婴儿哺乳,婴儿饥饿的时候会以哭泣来引起母亲的注意,影响母亲的行为。如果母亲能及时给婴儿喂奶则会消除婴儿哭泣的行为。当儿童与成人之间的交互反应能很好地建立并经常发生时,会对儿童的发展产生持久的作用。但是当成人与儿童之间的关系受到第三方影响时,如果第三方的影响是积极的,那么成人与儿童之间的关系会更进一步发展。否则,儿童与父母之间的关系就会遭到破坏。例如,婚姻状态作为第三方影响着儿童与父母的关系。当父母互相鼓励其在育儿中的角色时,每个人都会更有效地担当家长的角色。相反,婚姻冲突是与不能坚守的纪律和儿童敌对的反应相联系的。

　　第二个环境层次是中间系统(mesosystem),中间系统是指各微系统之间的联系或相互关系,相对于微观系统它的交互作用范围更大一些,包括伙伴、父母、邻居、托幼学校、诊所、社区活动场所等即时环境。儿童和这些环境要素相互影响,每种状态都是双方共同作用的结果,儿童和成人以及伙伴都是主动的,直到建立一种氛围和价值的平衡。中间系统保证了家庭氛围中社会因素的加入。布朗芬布伦纳认为,如果微系统之间有较强的积极的联系,发展可能实现最优化。相反,微系统间的非积极的联系会产生消极的后果。儿童在家庭中与兄弟姐妹的相处模式会影响到他在学校中与同学的相处模式。如果在家庭中儿童处于被溺爱的地位,在玩具和食物的分配上总是优先,那么一旦在学校中享受不到这种待遇则会产生极大的不平衡,就不易于与同学建立和谐、亲密的友谊关系,还会影响到教师对其指导教育的方式。

　　第三个环境层次是外层系统(exosystem),是指那些儿童并未直接参与但却对他们的发展产生影响的系统。这些系统既有对儿童发展的制约,也提供了儿童发展的支持。外系统的衰弱会带来消极影响。由于个人或社团关系少,或受到失业影响,导致与社会隔离的家庭出现冲突和虐待儿童的比率在增加,包括父母单位、社区邻居、亲朋、各种媒体、机关、医疗机构等。例如,父母的工作环境就是外层系统影响因素。父母的工作环境会影响儿童在家中的行为,并因此影响到父母的抚养质量。因此,尽管儿童并不直接参与父母的工作环境,但却间接地受到这些环境的影响。

　　第四个环境系统是宏观系统(macrosystem),指的是存在于以上三个系统中的文化、亚文化和社会环境,包括养育价值、社会习俗、教养法规及文化价值观、法律、文化和资源等,是儿童成长的大的环境保证。宏观系统实际上是一个广阔的意识形态。它规定如何对待儿童,教给儿童什么以及儿童应该努力的目标。在不同文化中这些观念是不同的,但是这些观念存在于微系统、中系统和外系统中,直接或间接地影响儿童知识经验的获得。也就是说,宏系统会间接影响儿童的微系统进而影响他们的发展。

时间系统是这四个系统的状态属性,它更强调四个子系统的即时变化和非静止性。它是不断变化的。重要的生活事件,如同胞的出生、上学、搬入新的邻里环境或父母离婚,都会改变儿童和环境的关系,产生影响发展的新环境。

布朗芬布伦纳社会生态系统理论表明,宏系统的变化(职业状况的变化)会影响到外层系统(父母的工作经历),并进而影响到儿童的微系统和中间系统。这一理论对发展心理学研究的一个重要启示是,在研究设计时,对儿童发展的分析不应仅停留在微系统上,而应在各系统的相互联系中来考查儿童的发展。

## 二、中国学前儿童心理研究发展概况

我国古代的心理学、儿童心理学的思想是丰富的。这些思想虽然是朴素的,有些甚至带有猜测性,但直到现在仍然闪烁着民族智慧的光辉。

### (一) 中国古代的儿童心理学思想

在中国古代,在一些思想家和教育家的著作中,有着大量有关心理学和儿童心理学问题的论述。这不仅对中国后来的心理学和儿童心理学思想的发展具有一定的奠基作用,而且就在当代的心理学和儿童心理学的研究中,也可以发现我国先辈们在某些心理学和儿童心理学问题上对我们的有益启示。

1. 关于遗传、环境和教育在儿童心理发展上的作用问题

在中国古代儿童心理学思想史上,孔子是最早看到遗传、环境和教育对儿童心理发展作用的。他充分肯定绝大多数儿童的生理基础是差不多的。他说:"性相近也,习相远也。""性"即是儿童的先天素质,"习"则是后天环境、教育对儿童影响的结果。同时,他还承认遗传的作用,并把人的遗传素质视气质分作"上智"、"中"、"下愚"三种。特别值得一提的是,孔子的"上智"、"中"、"下愚"不同于董仲舒和韩愈的"性三品",前者是按人的智力高低来划分,而后者则是按人的阶级等级进行区别的。孔子认为"唯上智下愚不移"。当然,这个观点是不完全恰当的,但我们应体会孔子的这句话是紧接着"性相近也,习相远也"讲的,故不能单从一个方面去理解和苛求。尤其可贵的是,孔子在认识到"柴也愚,参也鲁,师也辟,由也哮"的情况下,仍对他们一视同仁,悉心传教,使柴、参后来也都从三千弟子的行列跨入到七十二贤之位。这足以看出孔子也充分认识到后天教育的实际作用。孔子对自己也曾中肯地分析道:"我非生而知之者,好古,敏以求之者也。"

荀子也认为儿童的先天素质相近,其个性差异主要是由环境教育所形成的。他说过"干、越、夷、貉之子,生而同声,长而异俗,教使之然也","学莫便乎近其人"。他认为不同区域出生的婴儿,最初并没有什么差别。有如鲁迅先生指出的那样:"其实即使是天才,在生下来的时候的第一声啼哭,也和平常的儿童一样,决不会是一首好诗。"可是后来各学各的语言,各地风俗习惯,特别是教养水平不同,使其成人后也不尽相同,甚至差异很大。而"学莫便乎近其人",故儿童应向良师益友学习,才好化性起伪,长大成才。

另外,王廷相曾从"人之常情"的角度出发,力图验证后天环境对儿童成长的极大意义。

综上所述,这些研究儿童心理的中国先驱者普遍认为儿童的先天素质大多相近,遗传仅

造成气质差异,故使儿童明理成才的关键还是环境和教育。这些关于儿童心理的真知灼见,即便在世界儿童心理学史上恐怕也是罕见的。

2. 关于儿童心理发展的动力问题

现在一般认为,在儿童主体和客观事物相互作用的过程中,社会和教育向儿童提出的要求所引起的新的需要和儿童已有的心理水平之间的内部矛盾,是儿童心理不断向前发展的动力。这种认识在中国古代儿童心理学思想中同样有所反映。王充就认为,一岁的婴儿无论是生理上,还是精神上,需要都在不断发展。因受经验之约束,婴儿普遍对"吃"和"玩"感兴趣,尤其是对一岁婴儿来说,"吃"和"玩"是其个体需要的主要内容。

3. 关于教育和发展的辨证关系问题

辨证唯物主义认为,量变是质变的必要准备,质变是量变的必然结果,质变引起新的量变,为新的量变开辟道路。对于儿童心理的发展,除要认识前述环境教育的外因和儿童心理的内因的关系外,还要注意,儿童心理的明显发展要经历一定量变至质变的过程。王充曾深刻地指出:"蓬生麻间,不扶自直;白纱入缁,不练自黑。彼蓬之性不直,纱之质不黑,麻扶缁染,使之直黑。夫人之性,犹蓬纱也,在所渐染而善恶变矣。"

4. 关于儿童心理发展的年龄阶段性问题

儿童心理发展的各个阶段所表现出来的质的特征,即为儿童心理年龄特征。具体探索儿童心理年龄特征及其年龄阶段的划分问题,对研究儿童心理学有着极大的指导意义。

王清任依据自己当时所能掌握到的生理知识,并经过对婴幼儿长期缜密的观察,认为初生儿因"脑未全,囟门软",就没有视觉、听觉、嗅觉和语言能力;满了一周岁,"脑渐生,囟门渐长",稍有视觉、听觉、嗅觉和语言能力,到了三四岁,"脑髓渐满,囟门长全",则完全具有了视觉、听觉、嗅觉和语言能力。当然,这种认识用现代生理学、心理学观点来看,并不完全正确。但王清任关于儿童年龄特征同儿童脑生理变化有直接关系的认识,确是19世纪开创性的提法。这不仅为近代唯物主义生理心理学作出了贡献,也为以后的儿童心理年龄特征及其年龄阶段划分提供了先例。

至于学龄初期的开始,中国古代一般认为是7—9岁。孔子早年曾明确地将人的心理发展划分为少、壮、老三个年龄阶段。这样的划分虽然过于粗略,但却体现了人的心理发展的一般规律,并一直影响着我国两千多年来个体心理发展年龄的划分。

(二) 中国近现代儿童心理学的发展

中国古代教育家在教育理论和实践上虽也涉及很多儿童心理方面的问题,但儿童心理学作为一门独立学科在中国出现较晚。20世纪初期,开始有人翻译介绍西方儿童心理学著作,如艾华编译的《儿童心理学纲要》、陈大齐译的《儿童心理学》等。

中国最早开创儿童心理学研究的是陈鹤琴,他于1919年留学回国后,在南京高等师范学校讲授儿童心理学课程。他的《儿童心理之研究》是中国第一部儿童心理学教科书。他还用日记法对其子从出生到三岁进行了长期的观察,这也是较早的有系统地对儿童心理展开的研究工作。

20世纪30年代,黄翼重复皮亚杰的实验,并提出了自己的看法,著有《儿童心理学》、《神仙故事与儿童心理》《儿童绘画之心理》等书,还进行了儿童语言发展及儿童性格评定等研究。

新中国成立后,儿童心理学取得很大进展。20世纪50年代,在苏联儿童心理学的影响下,着重探讨了儿童心理学研究的理论方向问题。20世纪60年代,朱智贤编写的《儿童心理学》一书批判地吸取国内外研究成果,密切联系中国的实际,对中国儿童心理学的研究和教学起到了积极作用。

60年代前后,中国儿童心理学除理论方面的探索以外,实验研究工作也广泛开展起来。实验对象大多集中在幼儿期和童年期的儿童。研究课题以认知发展的研究较多,如学前儿童方向知觉的特点,6—7岁儿童的时间知觉,学前儿童因果思维的发展,儿童左右概念的发展,4—12岁儿童图画认识能力的发展等等。还进行了关于6岁儿童入学问题、儿童道德品质形成问题等研究。

20世纪60年代,中国儿童心理学研究工作主要集中于儿童心理发展方面,几乎没有重视方法学研究。约从70年代后期起,一些学者开始重视对方法学的研究,并在研究的课题、类型、设计、变量、被试、标准化及具体实验研究方法等方面作了有益的探索。

近30多年来,我国学前儿童发展心理学在研究成果和教材建设方面都取得了较大的成就,在研究内容上,逐步由关注儿童认知的发展转向注重儿童个性、社会性发展;在学前儿童自我意识的发展、同伴交往、品德的发展与培养、亲子关系等方面作了大量的探索,特别是近年来,超常儿童的心理发展、独生子女的心理特征、单亲家庭儿童心理发展成为备受重视的课题。另外,心理测量工作在我国重新兴起,心理学工作者修订了一批学前儿童心理量表,如龚耀先修订了韦克斯勒学龄前儿童智力量表等,同时着手编制出我国自己的学前儿童智力和个性量表,并在研究和实践领域都得到了广泛的应用。

## 实践实训

1. 谈谈对"摘桃子,要让学生跳一跳"这句话的理解。

**分析**:根据维果斯基的最近发展区理论,教师提问时问题应该设在学生智力的最近发展区内才是合适的。因为最近发展区是学生现有发展水平与潜在发展水平之间的正处于形成状态的心理机能和活动水平。如果教师把问题设在现有发展水平区域内,学生不需要跳就能摘到"桃子",显得太容易,对学生不能起到激发思考的作用,也不能促进学生智力的发展。但是如果教师把问题设在超过最近发展区的区域内,那么,学生即使使劲地跳,也不可能摘到"桃子",那就显得太难了,同样对学生也起不到激发思考的作用,也不能促进学生智力的发展。可见,只有将问题设在最近发展区内,既不容易也不是很难,让学生跳一跳,就能摘到"桃子",这样才能激发学生思考的积极性,才能有效地促进学生智力的发展。

2. 大班的小宇十分好动,最近迷上了"跳楼梯"的游戏,每次下楼梯,最后两级甚至三级台阶总要一起跳下来,完成一次之后还会大声欢呼,引得其他小朋友也跃跃欲试。老师多次告诉小宇跳楼梯的危险性,可是一旦老师没看见,小宇还是继续这项刺激的游戏。中班的朵朵是个喜欢用暴力解决问题的小姑娘,一旦和小伙伴发生争执,挥起拳头就打,经常有小朋友哭着向老师告状。老师告诉朵朵打人是不能解决问题的,朵朵满不在乎地说:"我在家就是这样的"。

试分析上述两个幼儿的行为。

**分析:** 在幼儿园中,幼儿有时会做出一些危险动作,就像小宇和朵朵一样。这些动作,有些是出于幼儿的好奇心,有些是源于幼儿从小养成的不良习惯,如不及时制止,将会对幼儿自身和他人造成极大的危害。然而,在这些危险动作中,幼儿似乎尝到了一些"甜头",如小宇跳楼梯体验到刺激的感受,朵朵打人抢到了心仪的玩具,因而,要想纠正幼儿,常规的教育方式效果并不理想。这时,适度的惩罚能够起到快速"制动"幼儿不良行为的作用,让幼儿知道这些行为将可能带来可怕的后果,让幼儿因畏惧而停止危险行为。需要强调的是,惩罚并不等于体罚。体罚的手段往往过于严酷,会对幼儿的身心健康造成严重的伤害,是一种非常极端的惩罚方式,在幼儿园中绝不应该出现。而像减少游戏时间、在静思角反思等惩罚方式,既能够起到停止不良行为的作用,也不至于影响幼儿的身心健康,可以说,在一些情况下,适当的惩罚是十分必要且有效的。

### 思考与练习

1. 评述弗洛伊德心理发展的阶段理论。
2. 评述埃里克森心理社会性发展的阶段理论。
3. 简述华生的心理发展观。
4. 简述班杜拉社会学习理论的主要观点。
5. 简述皮亚杰的发生认识论。
6. 谈一谈对社会生态系统理论中四个系统对儿童发展的影响的认识。
7. 作为幼儿教师,如何在实际工作中运用最近发展区理论?

扫一扫二维码
轻松获取单元
习题及答案

# 综合练习题及答案(共十一套题)

扫一扫二维码
轻松获取综合
练习题及答案

# 参 考 文 献

[1] 陈帼眉.学前心理学[M].北京：人民教育出版社,2003.

[2] 罗家英.学前儿童发展心理学(第二版)[M].北京：科学出版社,2012.

[3] 张丽霞.学前儿童发展心理学[M].武汉：华中师范大学出版社,2013.

[4] 陈帼眉,冯晓霞,庞丽娟.学前儿童发展心理学[M].北京：北京师范大学出版社,2004.

[5] 杨广学,刘大文,邹本杰.心理学[M].济南：山东科学技术出版社,2001.

[6] 丁祖荫.幼儿心理学[M].北京：人民教育出版社,2006.

[7] 王雁.普通心理学[M].北京：人民教育出版社,2002.

[8] 王振宇.幼儿心理学[M].北京：人民教育出版社,2012.

[9] 刘金花.儿童发展心理学[M].上海：华东师范大学出版社,1997.

[10] 张文新.儿童社会性发展[M].北京：北京师范大学出版社,1999.

[11] 朱智贤.中国儿童青少年心理发展与教育[M].北京：中国卓越出版公司,1990.

[12] 陈惠芳等.4—14岁儿童注意广度发展的实验研究[J].心理科学通讯,1989(1).

[13] 教育部.3—6岁儿童学习与发展指南[EB/OL].http://www.moe.cn/publicfiles/business/htmlfiles/moe/s3327/201210/143254.html.

[14] 武杰,蔡鼎文.中国古代儿童心理学思想述评[J].江西师范大学学报(哲学社会科学版),1984(1).

[15] 王彤音.可以惩罚幼儿吗？——基于强化理论的幼儿园有效奖惩策略[J].江苏幼儿教育,2014(3).